U0128824

21世纪高职高专新概念规划教材

动态网页设计

（Dreamweaver CS3+ASP.NET）

主　编　张德芬

副主编　邓之宏

中国水利水电出版社
www.waterpub.com.cn

内 容 提 要

本书以 Dreamweaver CS3 为开发环境，采用"任务驱动，实例教学"编写方式，深入浅出地介绍使用 ASP.NET 进行动态网页开发的基本知识和相关技术。全书共 10 章，内容包括网站规划、网站运行环境选择与创建、HTML 语法基础、VB.NET 语法基础、服务器控件、验证控件、常用内置对象、数据库访问技术和电子商务网站发布与管理等。最后以留言板系统和新闻发布系统为例，指导学生进行 ASP.NET 开发实训，详细介绍 ASP.NET 在网站建设中的应用。

本书注重"教、学、做"统一协调，以培养学生的动态网页设计能力为主线，每一章节均围绕工作任务展开教学，图文并茂，学生可以按图索骥，独立完成相关任务；在内容安排上将理论知识与技能训练有机结合，实训内容与每章知识点结合恰当。

本书可以作为高职高专院校、成人高校和民办院校动态网页设计课程教材，也可作为 ASP.NET 的培训教材或自学参考书，对于网络工程人员和软件项目开发人员也有一定的参考价值。

本书所配教学电子教案、实例素材及相关教学资源，均可以从中国水利水电出版社网站 www.waterpub.com.cn/softdown 及万水书苑网站 www.wsbookshow.com 上下载，也可以访问编者教学网站 www.sunnysnow.com 或者与编者（zhangdefen@sina.cn）联系。

图书在版编目（C I P）数据

动态网页设计：Dreamweaver CS3+ASP．NET / 张德芬主编． -- 北京：中国水利水电出版社，2011.1
21世纪高职高专新概念规划教材
ISBN 978-7-5084-8043-5

Ⅰ．①动… Ⅱ．①张… Ⅲ．①主页制作－图形软件，Dreamweaver
CS3－高等学校：技术学校－教材②主页制作－程序设计－
高等学校：技术学校－教材 Ⅳ．①TP393.092

中国版本图书馆CIP数据核字(2010)第219622号

策划编辑：雷顺加		责任编辑：李 炎　　　　封面设计：李 佳
书　　名		21世纪高职高专新概念规划教材 **动态网页设计（Dreamweaver CS3+ASP.NET）**
作　　者		主　编　张德芬 副主编　邓之宏
出版发行		中国水利水电出版社 （北京市海淀区玉渊潭南路 1 号 D 座　100038） 网址：www.waterpub.com.cn E-mail：mchannel@263.net（万水） 　　　　sales@waterpub.com.cn 电话：（010）68367658（营销中心）、82562819（万水）
经　　售		全国各地新华书店和相关出版物销售网点
排　　版		北京万水电子信息有限公司
印　　刷		北京市天竺颖华印刷厂
规　　格		184mm×260mm　16 开本　18.5 印张　454 千字
版　　次		2011 年 1 月第 1 版　2011 年 1 月第 1 次印刷
印　　数		0001—4000 册
定　　价		30.00 元

凡购买我社图书，如有缺页、倒页、脱页的，本社营销中心负责调换
版权所有·侵权必究

21世纪高职高专新概念规划教材
编委会名单

主任委员　刘　晓　严文清

副主任委员　胡国铭　张栴勤　王前新　黄元山　柴　野

　　　　　　　张建钢　陈志强　宋　红　汤鑫华　王国仪

委　员（按姓氏笔划排序）

马洪娟	马新荣	尹朝庆	方　宁	方　鹏
毛芳烈	王　祥	王乃钊	王希辰	王国思
王明晶	王泽生	王绍卜	王春红	王路群
东小峰	台　方	叶永华	宁书林	田　原
田绍槐	申　会	石　焱	刘　猛	刘尔宁
刘慎熊	孙明魁	孙街亭	安志远	许学东
闫菲	何　超	宋锦河	张　晞	张　慧
张弘强	张怀中	张晓辉	张浩军	张海春
张曙光	李　琦	李存斌	李作纬	李京文
李珍香	李家瑞	李晓桓	杨永生	杨庆德
杨名权	杨均青	汪振国	沈祥玖	肖晓丽
闵华清	陈　川	陈　炜	陈语林	陈道义
单永磊	周杨姊	周学毛	武铁敦	郑有想
侯怀昌	胡大鹏	胡国良	费名瑜	赵　敬
赵作斌	赵秀珍	赵海廷	唐伟奇	夏春华
徐　红	徐凯声	徐雅娜	殷均平	袁晓州
袁晓红	钱同惠	钱新恩	郭振民	曹季俊
梁建武	章元日	蒋金丹	蒋厚亮	覃晓康
谢兆鸿	韩春光	詹慧尊	雷运发	廖哲智
廖家平	管学理	蔡立军	黎能武	薄　杨
魏　雄				

项目总策划　雨　轩

编委会办公室　　主　任　周金辉

　　　　　　　　　副主任　孙春亮　杨庆川

参 编 学 校 名 单

（按第一个字笔划排序）

万博科技职业学院
三门峡职业技术学院
三联职业技术学院
山东大学
山东交通学院
山东农业大学
山东建工学院
山东省电子工业学校
山东省农业管理干部学院
山东省教育学院
山东商业职业技术学院
山西运城学院
山西经济管理干部学院
广东技术师范学院天河学院
广东金融学院
广东科贸职业学院
广州市职工大学
广州城市职业技术学院
广州铁路职业技术学院
广州康大职业技术学院
中山火炬职业技术学院
中华女子学院山东分院
中国人民解放军军事经济学院
中国人民解放军第二炮兵学院
中国矿业大学
中南大学
中南林业科技大学
中原工学院
内蒙古工业大学职业技术学院
内蒙古民族高等专科学校
内蒙古警察职业学院
天津职业技术师范学院
太原城市职业技术学院

太原理工大学阳泉学院
长沙大学
长沙民政职业技术学院
长沙交通学院
长沙航空职业技术学院
长春汽车工业高等专科学校
兰州资源环境职业技术学院
包头轻工职业技术学院
北华航天工业学院
北京对外经济贸易大学
北京科技大学成人教育学院
北京科技大学职业技术学院
四川托普职业技术学院
宁波城市职业技术学院
石家庄学院
辽宁交通高等专科学校
辽宁经济职业技术学院
华中科技大学
华东交通大学
华北电力大学
安徽水利水电职业技术学院
安徽交通职业技术学院
安徽行政学院
安徽国防科技职业学院
安徽职业技术学院
安徽新闻出版职业技术学院
扬州江海职业技术学院
江汉大学
江西大宇职业技术学院
江西工业职业技术学院
江西服装职业技术学院
江西城市职业学院
江西渝州电子工业学院

江西赣西学院
西北大学软件职业技术学院
西安文理学院
西安外事学院
西安欧亚学院
西安铁路职业技术学院
杨陵职业技术学院
国家林业局管理干部学院
昆明冶金高等专科学校
武汉大学
武汉工业学院
武汉工程大学
武汉工程职业技术学院
武汉广播电视大学
武汉电力职业技术学院
武汉软件职业学院
武汉科技大学工贸学院
武汉科技大学外语外事职业学院
武汉铁路职业技术学院
武汉商业服务学院
河南济源职业技术学院
南昌大学共青学院
南昌工程学院
哈尔滨金融专科学校
济南大学
济南交通高等专科学校
济南铁道职业技术学院
荆门职业技术学院
贵州无线电工业学校
贵州电子信息职业技术学院
重庆工业职业技术学院
重庆正大软件职业技术学院

恩施职业技术学院
浙江工业职业技术学院
浙江水利水电高等专科学校
浙江国际海运职业技术学院
黄冈职业技术学院
黄石理工学院
湖北工业大学
湖北水利水电职业技术学院
湖北长江职业学院
湖北交通职业技术学院
湖北汽车工业学院
湖北经济学院
湖北药检高等专科学校
湖北教育学院
湖北第二师范学院
湖北职业技术学院
湖北鄂州大学
湖南大众传媒职业技术学院
湖南大学
湖南工业职业技术学院
湖南工学院
湖南信息科学职业学院
湖南涉外经济学院
湖南郴州职业技术学院
湖南商学院
湖南税务高等专科学校
黑龙江司法警官职业学院
黑龙江农业工程职业学院
福建水利电力职业技术学院
福建林业职业技术学院
蓝天学院

序

根据 1999 年 8 月教育部高教司制定的《高职高专教育基础课程教学基本要求》（以下简称《基本要求》）和《高职高专教育专业人才培养目标及规格》（以下简称《培养规格》）的精神，由中国水利水电出版社北京万水电子信息有限公司精心策划，聘请我国长期从事高职高专教学、有丰富教学经验的教师执笔，在充分汲取了高职高专和成人高等学校在探索培养技术应用性人才方面取得的成功经验和教学成果的基础上，撰写了此套《21 世纪高职高专新概念规划教材》。

为了编写本套教材，出版社进行了广泛的调研，走访了全国百余所具有代表性的高等专科学校、高等职业技术学院、成人教育高等院校以及本科院校举办的二级职业技术学院，在广泛了解情况、探讨课程设置、研究课程体系的基础上，经过学校申报、征求意见、专家评选等方式，确定了本套书的主编，并成立了编委会。每本书的编委会聘请了多所学校主要学术带头人或主要从事该课程教学的骨干，教学大纲的确定以及教材风格的定位均经过编委会多次认真讨论。

本套《21 世纪高职高专新概念规划教材》有如下特点：

（1）面向 21 世纪人才培养的需求，结合高职高专学生的培养特点，具有鲜明的高职高专特色。本套教材的作者都是长期在第一线从事高职高专教育的骨干教师，对学生的基本情况、特点和认识规律等有深入的了解，在教学实践中积累了丰富的经验。因此可以说，每一本书都是教师们长期教学经验的总结。

（2）以《基本要求》和《培养规格》为编写依据，内容全面，结构合理，文字简练，实用性强。在编写过程中，作者严格依据教育部提出的高职高专教育"以应用为目的，以必需、够用为度"的原则，力求从实际应用的需要（实例）出发，尽量减少枯燥、实用性不强的理论概念，加强了应用性和实际操作性强的内容。

（3）采用"问题（任务）驱动"的编写方式，引入案例教学和启发式教学方法，便于激发学习兴趣。本套书的编写思路与传统教材的编写思路不同：先提出问题，然后介绍解决问题的方法，最后归纳总结出一般规律或概念。我们把这个新的编写原则比喻成"一棵大树、问题驱动"的原则。即：一方面遵守先见（构建）"树"（每本书就是一棵大树），再见（构建）"枝"（书的每一章就是大树的一个分枝），最后见（构建）"叶"（每章中的若干小节及知识点）的编写原则；另一方面采用问题驱动方式，每一章都尽量用实际中的典型实例开头（提出问题、明确目标），然后逐渐展开（分析解决问题），在讲述实例的过程中将本章的知识点融入。这种精选实例，并将知识点融于实例中的编写方式，可读性、可操作性强，非常适合高职高专的学生阅读和使用。本书读者通过学习构建本书中的"树"，由"树"找"枝"，顺"枝"摸"叶"，最后达到构建自己所需要的"树"的目的。

（4）部分教材配有实验指导和实训教程，便于学生练习提高。

（5）部分教材配有动感电子教案。为顺应教育部提出的教材多元化、多媒体化发展的要求，大部分教材都配有电子教案，以满足广大教师进行多媒体教学的需要。电子教案用PowerPoint制作，教师可根据授课情况任意修改。相关教案的具体情况请到中国水利水电出版社网站www.waterpub.com.cn下载。

（6）提供相关教材中所有程序的源代码，方便教师直接切换到系统环境中教学，提高教学效果。

总之，本套教材凝聚了数百名高职高专一线教师多年的教学经验和智慧，内容新颖，结构完整，概念清晰，深入浅出，通俗易懂，可读性、可操作性和实用性强。

本套教材适用于高等职业学校、高等专科学校、成人及本科院校举办的二级职业技术学院和民办高校。

新的世纪吹响了我国高职高专教育蓬勃发展的号角，新世纪对高职教育提出了新的要求，高职教育占据了全面素质教育中所不可缺少的地位，在我国高等教育事业中占有极其重要的位置，在我国社会主义现代化建设事业中发挥着日趋显著的作用，是培养新世纪人才所不可缺少的力量。相信本套《21世纪高职高专新概念规划教材》的出版能为高职高专的教材建设和教学改革略尽绵薄之力，因为我们提供的不仅是一套教材，更是自始至终的教育支持，无论是学校、机构培训还是个人自学，都会从中得到极大的收获。

当然，本套教材肯定会有不足之处，恳请专家和读者批评指正。

21世纪高职高专新概念规划教材编委会

2001年3月

前　　言

Dreamweaver CS3 是 Adobe 公司在 Dreamweaver 8 基础上推出的一款非常优秀的网页制作与网站建设的工具软件，它对可视化的设计和开发动态网页提供了很好的工具支持。微软 ASP.NET 作为当前 Web 应用开发的一项主流技术，近年来已在电子商务、电子政务中得到越来越广泛的应用。Dreamweaver CS3+ASP.NET 是一种轻量级的实现可视化 ASP.NET 动态网页制作的新途径，它降低了 ASP.NET 的学习门槛，尤其对网页制作的爱好者来说，利用 Dreamweaver CS3 制作 ASP.NET 动态网页，有助于揭开 ASP.NET 的神秘面纱，快速进入 ASP.NET 的精彩世界。

本书以 Dreamweaver CS3 为开发环境，采用"任务驱动，实例教学"编写方式，深入浅出地介绍使用 ASP.NET 进行动态网页开发的基本知识和相关技术，具有内容新颖、结构完整、概念清晰、深入浅出、实用性强等特点，并配有大量的图解，按图索骥，通俗易懂，是一本关于 ASP.NET 动态网站开发技术的实用性教材。通过本书的学习，学生能够快速掌握运用 ASP.NET 技术制作动态网页的基本方法和实际技能，为将来从事网站建设和维护工作以及深入学习微软.NET 技术打下良好的基础。

本书特点总结如下：

1. 入门容易。本书以 Dreamweaver CS3 作为开发工具，从静态网页设计逐步过渡到 ASP.NET 动态网页开发，循序渐进，学习门槛低。

2. 任务驱动。本书注重"教、学、做"的紧密结合，以工作任务驱动的思想组织内容，具有很强的可操作性，适合高职高专的特点。

3. 案例详实。每章均设计了典型的动态网页开发工作任务，采用的案例较为经典，开发过程的描述完整详实，提供完整源代码和相关资源。

4. 按图索骥。本书讲解深入浅出，图文并茂，学生可以按图索骥，独立完成相关任务，提高学生自主学习和解决问题的能力。

5. 资源丰富。本书配有丰富的电子课件、教案、实例素材及其他相关教学资源，可以从中国水利水电出版社网站及万水书苑上下载供任课教师使用，网址为：www.waterpub.com.cn/softdown 及 www.wsbookshow.com，也可以访问编者教学网站 www.sunnysnow.com 或者与编者（zhangdefen@sina.cn）联系。

全书共 10 章，内容概括如下：

第 1 章讲解网站规划方法；

第 2～4 章介绍动态网页开发的基础知识，包括 ASP.NET 和 Dreamweaver CS3 的安装；

第 5～7 章介绍 ASP.NET 的控件知识和内置对象；

第 8 章在全面介绍 Dreamweaver CS3 环境下 ASP.NET 的数据库访问页面设计；

第 9 章介绍两个小型 ASP.NET 项目在 Dreamweaver CS3 中的开发；

第 10 章介绍网站发布和管理方法。

本书建议教学课时（含课堂实训）为 64 学时，各章学时数分配参考如下：

章节	学时
第 1 章　网站规划	4
第 2 章　网站运行环境选择与创建	4
第 3 章　HTML 语言基础	6
第 4 章　VB.NET 语言基础	6
第 5 章　服务器控件	8
第 6 章　验证控件	6
第 7 章　常用内置对象	6
第 8 章　访问数据库	10
第 9 章　ASP.NET 开发实训	10
第 10 章　电子商务网站发布与管理	4

　　本书由多年从事动态网页设计教学的一线教师共同策划编写。张德芬主编，负责全书的统稿、修改、定稿工作，并编写了第 4、5、6、7、8、9 章；邓之宏副主编，编写了第 1、2、3、10 章。本书写作过程中还得到了耿壮、刘远东、谭旭、陈宝文、陈冰冰、冯敢、刘含波、冯艳玲等老师的帮助，在此一并表示感谢。由于编者水平有限，书中难免有不足之处，敬请各位读者批评指正。

编　者

2010 年 10 月

目 录

第1章 网站规划与设计

随着网络技术及相关电子技术的迅速发展和普及，电子商务企业不断增多。利用互联网开展电子商务、进行网络营销活动已成为时尚。电子商务网站建设是企业能否顺利开展网络营销的前提。作为开展电子商务活动的平台，企业通过建立自己的电子商务网站，可以发布商品信息、提供咨询服务、接收客户反馈，从而扩大企业知名度，树立良好的企业形象。虽然电子商务网站是网页的集合，但电子商务网站设计与管理却是一个系统工程，不仅需要在建设前对电子商务网站进行良好的规划与设计，而且需要在建设过程中与建设后进行合理的优化、管理和维护。

- ➤ 企业网站需求调研的步骤
- ➤ 企业网站技术可行性分析
- ➤ 企业网站经济可行性分析
- ➤ 企业网站规划书的内容
- ➤ 企业网站内容设计
- ➤ 企业网站功能设计
- ➤ 企业网站形象设计
- ➤ 企业网站结构设计

1.1 任务概述：撰写企业网站规划书

建设网站之前，首先要进行网站规划。本章我们先来学习如何撰写企业网站规划书。企业网站的规划是指从战略高度，对网站建设、运营进行的全盘谋略与策划，包括总体规划和详细规划。一个网站的成功与否与建站前的网站规划有着极为重要的关系。在建立网站前应明确建设网站的目的，确定网站的功能，确定网站规模、投入费用，进行必要的市场分析等。只有详细的规划，才能避免在网站建设中出现的很多问题，使网站建设能顺利进行。

1.2 网站需求调研

1.2.1 企业网站需求调研的含义

需求调研是需求分析的关键步骤。需求分析来自于软件工程概念，是指对要解决的问题进行详细的分析，弄清楚问题的要求，包括需要输入什么数据，要得到什么结果，最后应输出什么。企业网站项目的确立是建立在各种各样的需求上面的，这种需求往往来自于客户的实际需求或者出于公司自身发展的需要。面对网站建设所涉及的公司内外的客户，项目负责人对客户需求的理解程度，在很大程度上决定了此类网站开发项目的成败。因此如何更好地了解、分析、明确用户需求，并且以准确、清晰的文档形式表达给参与项目开发的每个成员，保证开发过程按照满足用户需求为目的的正确项目开发方向进行，是每个网站开发项目管理者需要面对的问题。为了有效进行需求分析，必须做好需求调研工作。

1.2.2　企业网站需求调研的意义

需求调研是企业网站开发的开始阶段，通过需求调研产生的需求分析报告是网站设计阶段的输入。需求调研的质量对于企业网站建设来说，是一个极其重要的阶段，决定了企业网站的质量。怎样从客户中听取用户需求、分析用户需求就成为调研人员最重要的任务。只有明确了网站建设所要实现的功能及想要达到的目的，才能使后续的网站规划与设计有基本的依据。

网站的需求调研主要解决的问题是明确网站的使用者、建设网站的主要目的、核心的业务流程、网站建设的技术条件、用户群之间的关系等。在这里，网站的使用者是多种多样的，可能是消费者、企业，也可能是行业领导机构。即使是企业，也因为分工不同而有不同的使用者。各种不同的使用者对网站建设都有不同的期望，他们希望得到什么或者网站能提供什么都是他们所关心的，也是在调研阶段应该明确的。

除此以外，电子商务网站的调研还必须对竞争对手进行调查分析，了解竞争对手网站的主要业务、网站的基本架构、营运策略等，从而学习竞争对手的长处，吸取竞争对手的经验，突出自己的优势。

1.2.3　企业网站需求调研的步骤

1．制定调研计划

（1）制定调研目标。调研目标应该是十分明确的，但实际工作中电子商务网站的需求调研并不是一次就可以完成的，有时还需要分阶段进行。另外，调研目标也是不断深入与细化的，这就需要分阶段制定调研的目标，解决详细的需求问题。一般情况下，前期的调研着眼于网站的总体框架，后期的调研才注重各种分项需求。

（2）确定调研对象。调研对象是指电子商务网站的使用者、管理者和相关群体，调研对象应该越明确越好。因此，如果调研是面向某个单位的，应该让这个单位尽可能的细化，明确要调研的部门或者员工，只有通过调研人员与调研对象的直接沟通，才能取得第一手的资料。

（3）确定调研方法。目前被广泛采用的调研方法有许多种，如问卷调查、访谈、座谈、查阅企业的有关资料、现场考察与实践等。为了达到调研的总体目标，应该根据每次调研的目标、调研对象等因素采用不同的调研方法。在互联网高度发达的今天，有些调研项目可以通过网络的形式来完成。

（4）确定调查时间、人员、资金预算。为了有效地进行调研，必须十分重视调研时间表的制定，而调研时间表的制定必须在与调研对象沟通的基础上确定下来。调研时间表包括调研计划的制定、调研准备、调研、资料整理、撰写调研报告以及向领导汇报等时间安排。调研人员数量是根据调研工作量与调研时间表安排而确定的。通常，由领队、调研员、需求分析人员等组成调研小组。项目小组每个成员、客户甚至是开发方的部门经理的参与是必要的。调研的资金预算主要包括调研所需要的交通费、人力资源费用、耗材费等。

（5）设计调研表。当调研正式开始之前，应该设计好具有针对性的调研问题列表。对于每一个调研对象，分别列出需要调研的问题。

2. 实施需求调研

（1）调研准备。在制定了调研计划的基础上，对调研小组的每个成员进行分工，让每个调研人员了解调研计划与分阶段的调研目标，由此制作出调研的相关表格。

（2）需求调研。需求调研是将调研计划付诸实践的行为，这一工作就是以调研计划为指导，将事先设计好的调研表中所列的问题与调研对象进行沟通，明确业务流程与调研对象的期望，搜集相关的文字资料与数字资料。在这一过程中，需要反复与调研对象就调研内容与时间进行沟通与协调，以提前准备好需要调研小组讲解的内容，以保证调研的正常进行。

（3）调研资料的整理。由于调研过程搜集的资料是杂乱的，或者是重复无用的，这就需要按照调研目的进行归类整理，使资料系统化与条理化。这一过程需要运用多种技术手段与统计方法，去粗存精，从大量资料中找出有价值的信息。

3. 撰写调研报告

调研报告是对调研成果的文字反映，其主要内容包括调研目标、调研过程、调研方法、调研总结，也就是对网站建设相关问题的现状与建设期望进行描述，让需求分析与网站设计人员有个基本依据。调研报告除了正文以外，应该将调研过程中各种详细记录以附件的形式作为调研报告的一部分，因为这些记录中包含了各种原始需求信息，应作为需求分析的重要参考。

值得注意的是，电子商务网站需求调研往往需要分多次完成，每次调研的目标、方法与成果都不同，需要每次制定相应的调研计划，经过具体的调研并通过整理形成调研报告，在此基础上再形成需求分析说明书。在调研的基础上，分析人员可以开展对网站的需求分析。通过分析，要发现网站建设者最关注的需求，确立需求的优先级别，并可以制作用户界面原型，使用户对建成后的网站有更直观的了解。

1.3　网站建设可行性分析

电子商务网站的可行性分析包括技术可行性分析、经济可行性分析和可实施性分析。

1.3.1　技术可行性分析

1. 网站建设技术的选择

目前的网站建设技术有很多，除了原有的 html 技术外，出现了许多动态网站建设技术。早期的动态网页主要采用 CGI（Common Gateway Interface，公用网关接口）技术。可以使用不同的程序编写适合的 CGI 程序，如 Visual Basic、Delphi 或 C/C++等。虽然 CGI 技术已经发展成熟而且功能强大，但由于编程困难、效率低下、修改复杂，所以有逐渐被新技术取代的趋势。目前流行的新技术主要有 PHP（即 Hypertext Preprocessor）、ASP（即 Active

Server Pages）、ASP.NET、JSP（即 Java Server Pages）等。以上几种技术在制作动态网页上各有特色。作为微软.NET 框架的重要组成部分，ASP.NET 已逐步代替 ASP 成为网站建设中常用的动态网页技术。

2．服务器操作系统的选择

服务器操作系统，一般指的是安装在网站服务器上的操作系统软件，是企业 IT 系统的基础架构平台。服务器操作系统主要分为三大流派：Windows、UNIX 和 Linux。

Windows 服务器操作系统是由全球最大的操作系统开发商——Microsoft 公司开发的。其服务器操作系统重要版本有 Windows NT 4.0 Server、Windows 2000/Advanced Server、Windows 2003/Advanced Server，是目前市面上应用最多的服务器操作系统。

UNIX 服务器操作系统由 AT&T 公司和 SCO 公司共同推出，主要支持大型的文件系统服务、数据服务等应用。由于一些出众的服务器厂商生产的高端服务器产品中只支持 UNIX 操作系统，因而在很多人的眼中，UNIX 甚至成为高端操作系统的代名词。目前市面上流传的主要有 SCO SVR、BSD UNIX、Sun Solaris、IBM-AIX。

Linux 服务器操作系统是在 Posix 和 UNIX 基础上开发出来的，支持多用户、多任务、多线程、多 CPU。Linux 开放源代码政策，使得基于其平台的开发与使用无须支付任何单位和个人的版权费用，成为后来很多操作系统厂家创业的基石，同时也成为目前国内外很多保密机构服务器操作系统采购的首选。目前国内主流市场中使用的主要有 Novell 的中文版 Suse Linux 9.0、小红帽系列、红旗 Linux 系列等。

3．数据库的选择

目前主流的数据库技术主要有 Access、SQL Server、Oracle、DB2 四种，这四种数据库各有千秋，其中 Access 适合小型企业用，SQL 适合大中型企业用，Oracle 和 DB2 适合大型企业用。同时，在选择数据库时，也要结合网站建设的技术，一般而言，两者采用的组合为 PHP+MySQL、ASP.NET/ASP +Access/SQL、JSP+MySQL/Oracle/MS SQL。

1.3.2　经济可行性分析

电子商务网站经济可行性分析是指对电子商务网站建设与运行阶段的投入与产出进行评估。电子商务网站在建设过程中需要投入大量的人力、物力和财力。人员、技术、设备和材料等的投入构成了电子商务的成本，其中在规划、分析、设计与构建过程中的投入是投资的主要部分。一般情况下，将电子商务网站的成本分为构建开发成本与运行管理成本两部分。如表 1.1 所示是电子商务网站的成本构成。

表 1.1　企业网站的成本构成

构建开发成本	开发费用	调查研究费用
		业务分析费用
		方案设计费用
		设计、制作费用
		人员培训费用
	设备设施费用	域名、主机费用
		软硬件费用

运行管理成本	运行费用	网站推广与人员费用
		安全保证费用
		设备折旧与耗材费用
		技术资料与咨询费用
	维护费用	数据更新维护费用
		系统纠错维护费用
		完善性维护费用
	管理费用	行政管理费用
		监督审查费用

电子商务网站构建的费用主要包括域名使用的费用、硬件的费用、主机托管的费用、系统软件、开发工具及开发费用等。网站的开发费用是比较难以准确计算的。一般来说，开发费用的成本是按照员工工资、各项费用和利润来计算的，即总价＝工资＋费用＋利润。

目前，网站开发费用有多种计算方法。如果参考电子商务服务商的报价，网站开发费用的常见计算方法有 3 种：套餐法、时间法和项目评估法。套餐法也称页面法，即指定明确的页面数、图像数、链接数和功能等。这种办法最通用，但不是一种较好的计算办法。因为按照页面计价，开发商对有关开发费用的解释很含糊。时间法就是按照每小时成本计算的方法。这种方法也经常遭到质疑和拒绝，因而实行起来比较困难。项目评估法是将整个项目分解成一个一个小的工作项目，评估每个工作的技能难度，计算其完成的时间，再根据每小时成本计价。表 1.2 列出了某网络公司页面设计报价，表 1.3 列出了某网络公司程序设计的报价。

表 1.2　某网络公司页面报价单

项目	内容	价格（元）
网站形象设计	以树立企业良好形象为主的首页视觉设计	500～2000
网站优惠套餐	基本型套餐（适合小型企业）	1000
	标准型套餐（适合中、小型企业）	3000
	豪华型套餐（适合大、中型企业）	6000
	定制型套餐（适合各种企业）	面议
静态页面制作	标准页（包括图片、文字，A4 纸大小）	50/页
BANNER 广告条（468*60）	静态	100/个
	动态	200/个
Flash 动画效果	标准效果：150 元/秒；纯手工绘制：250 元/秒	面议
Java 或 JavaScript 程序效果	例如：导航条下拉，图片切换等	100/种
图片处理	扫描、处理成可用于网页中的格式，量大面议	10/张

表 1.3　某网络公司程序设计报价单

项目	内容	价格（元）
在线会员注册/管理系统	该功能可以收集网站浏览潜在客户的基本信息，数据库将记录浏览者的基本信息以便于网站统计分析	2000~3000
产品发布及查询系统	分门别类的展示，产品有图文介绍，网站管理员可以对产品的类别、详细介绍进行方便的管理	2000~4000
客户反馈系统	用户可以通过填写表格在线发送产品订购信息、商务要求、来样定做和建议反馈；信息反馈到后台	500~1000
邮件订阅系统	邮件订阅使企业信息快速发布，使最新产品消息等更快发到客户邮箱。通过邮件订阅系统，客户可以迅速了解到他们各自订阅的内容	2000~4000
网上购物系统	网上购物系统，是在网络上建立一个虚拟的购物商场，集会员、产品、订购、新闻等系统于一身	8000~15000
网上调查系统	用户调查是企业实施市场策略的重要手段之一。通过开展行业问卷调查，可以迅速了解社会不同层次、不同行业的人员需求，客观地收集需求信息	500~3000
网上招聘系统	本系统可以使客户在其网站上增加在线招聘的功能，通过后台管理界面将企业招聘信息加入数据库，再通过可定制的网页模板将招聘信息发布	1000~2000
留言本系统	留言本系统是企业实现与客户信息交流的基本手段，使客户可以及时的与企业交流信息，企业可以收集到来自客户的宝贵意见	500~1000
计数器	计数器相对于访问统计系统更简单，运行更稳定，计数器针对网站的刷新流量	免费
其他订制服务	根据客户所需	面议

1.3.3　企业网站可实施性分析

电子商务网站的可实施性分析主要是从项目的社会环境、法律法规依据、企业管理水平、各级领导重视程度、对实施的项目技术人员要求等方面做出分析。可实施性分析主要还是采用定性的分析方法进行。

1.4　网站规划书的内容

网站规划是指在网站建设前对市场进行分析、确定网站目的和功能，并根据需要对网站建设中的技术、内容、费用、测试、维护等做出规划。网站规划对网站建设起到计划和指导的作用，对网站的内容和维护起到定位作用。网站规划书的写作要科学、认真、实事求是，应尽可能涵盖网站规划中的各个方面，要求全面、完整、系统地体现网站开发过程中各项工作的要求和标准。网站规划书包含的内容如下：

1．项目概述

简要说明项目的要点，介绍整个项目的大体情况，包括以下内容：

（1）项目名称。

（2）项目背景（需求和迫切性）。

（3）项目的目标。

（4）项目的内容（包括实现的主要功能和采用的相应技术）。

（5）项目的投资规模、建设周期。

（6）项目的收益。

2．项目需求分析

根据需求调研得到的结果，从企业、市场、行业等方面分析电子商务能为企业解决哪些问题，带来哪些商业机会，说明企业开展电子商务的必要性。

（1）企业业务分析：从企业自身业务角度分析电子商务的需求情况。

① 企业简介：简要介绍企业的概况，包括企业名称、主要业务、所属行业、行业的概况、特点及发展趋势、企业拥有的资源和优势、商务模式、业务流程等情况。

② 存在的问题：目前存在哪些方面的问题，可从工作效率、信息传递速度、客户服务效果等方面考虑。

③ 企业的电子商务需求：说明电子商务能否解决存在问题，产生新的商机，以及企业自身有哪些电子商务需求。

（2）市场分析：从企业目标客户角度分析电子商务的需求情况。

① 企业的目标市场：说明企业目标市场的范围。

② 目标市场的特点：分析企业目标客户的特点，如个人客户的上网情况，企业客户的信息化情况。

③ 目标市场的电子商务需求：说明目标市场有哪些电子商务需求，电子商务是否更能满足目标客户要求，稳固现有客户群？是否能发掘新的目标客户群？潜力有多大？

（3）竞争对手分析：列出主要的竞争对手，分析其电子商务开展情况及效果，说明竞争对手可供借鉴的内容，以及本企业的竞争优势。

3．项目可行性分析

从技术、经济和业务等方面分析项目实施的可行性。

（1）技术可行性：根据当前技术发展状况，结合项目特点，从技术角度分析项目的可行性。

（2）经济可行性：定性或定量分析项目带来的经济价值，结合企业可使用资源状况，分析项目运作的经济可行性。

（3）业务实施可行性：说明项目实施对企业商务活动、目标客户以及合作伙伴（供应商、代理商）会产生哪些影响，分析这些影响是否成为项目实施的障碍。

4．项目总体规划

（1）网站目标定位：说明网站的业务领域和服务对象，以及网站建设所要达到的目的，明确网站不同阶段要达到的目标。网站的目标应重点体现出其价值性，对创业型网站还应体现出其新颖性。

（2）网站运营模式：

① 商务模式：描述电子商务采用的商务模式。

② 主要业务流程：以流程图的方式表示电子商务下的核心业务流程，并加以文字说明。

③ 盈利方式：说明电子商务方式下企业如何盈利。

（3）网站技术规划：

① 系统体系结构：说明网站的基本组成部分、逻辑层次结构及其相互关系。

② 技术路线选择：比较目前主流的技术路线并根据项目的特点加以选择。

③ 网站域名规划：设计若干个与企业目标和特点相适应的备选域名。

5．网站平台系统设计

（1）网站网络结构设计：说明网站的网络结构，绘制拓扑结构图。

（2）网站安全设计：说明网站在安全保障方面的考虑和措施。

（3）硬件选型方案：说明网站使用的各种硬件、网络设备选型。

（4）软件选型方案：说明网站使用的各种软件选型。

6．网站应用系统设计

（1）网站形象设计：网站的形象是指站点展现在用户面前的风格，包括站点的标志、色彩、字体、标语、版面布局等方面的内容。

（2）网站功能设计：以图形方式表示网站的栏目划分，并用文字说明各栏目所要实现的功能。

7．项目实施方案

（1）网站实施的任务：按照工作程序和类别将整个项目分解为实施过程中的任务，描述各项任务包括的具体内容，可以从业务流程改造、域名注册、合作伙伴选择、网站平台建设、应用系统开发、网站测试与验收、网站初始内容建设、人员培训等方面考虑。

（2）网站实施人员组织：确定项目实施各项任务的执行部门或单位及其职责划分。

（3）网站实施进度计划：确定项目实施各项内容的时间，并以图表方式表示出来。

8．项目运营管理计划

（1）网站推广计划：网站推广使用的方法和措施。

（2）网站组织管理计划：保证系统正常运行的组织结构、岗位职责、管理制度等。

（3）网站系统管理计划：网站软硬件、网络系统的管理、维护工作。

（4）网站安全管理计划：确保网站安全运行的管理措施。

9．项目预算

实施本项目的总体预算及明细列表。

10．项目评估

从技术、经营、管理、市场等方面评估系统实施可能面临的风险，以及可以获得的收益，并对面临的风险提出改进的策略。

1.5　企业网站设计

1.5.1　网站内容设计

针对大多数企业网站而言，根据企业网站的基本功能，可以归纳出企业网站的信息结构主要有以下几个方面，这些内容也是网站建设中规划网站栏目结构时应该考虑的因素。

1．公司信息

公司信息主要是让访问者对公司的情况有一个概括性的了解，尽量提高公司资信的透明度，让客户从多个方面了解公司的状况。在公司信息中，如果内容比较丰富，可以进一步分解为若干子栏目，如公司背景、发展历程、主要业绩、公司动态和组织结构等。这些将作为网络推广的第一步，也可能是非常重要的一步。

2．产品信息

企业网站上的产品信息应全面反映所有系列和各种型号的产品，对产品进行详尽的介绍。为了方便客户在网上查看，有的产品还需配以图片、视频和音频信息等。用户的购买决策是一个复杂的过程，其中可能受到多种因素的影响，因此企业在产品信息中除了添加产品型号、性能等基本信息之外，其他有助于用户产生信任和购买决策的信息，如用户评论、权威机构认证等都可以适当地发布到企业网站上。

3．客户服务

客户服务主要提供客户服务和技术帮助信息。用户对不同企业、不同产品所期望获得的服务有很大的差别。满意的客户服务必定带来丰厚的回报。常见的网站客户服务有产品说明书、产品使用常识及在线问答等。例如，有许多企业网站提供常见问题解答（FAQ），网上自动回答用户的常见问题等。

4．促销信息

当网站拥有一定的访问量时，企业网站本身便具有一定的广告价值，因此，可在自己的网站上发布促销信息，如网络广告、有奖竞赛、有奖征文、下载优惠券等。网上的促销活动通常与网下结合进行，网站可以作为一种有效的补充，供用户了解促销活动细则、参与报名等。

5．销售信息

（1）销售网络：研究表明，尽管目前一般企业的网上销售还没有成为主流方式，但用户从网上了解产品信息而在网下购买的现象非常普遍，尤其是高档产品以及技术含量高的新产品，一些用户在购买之前已经从网上进行了深入研究，但如果无法在方便的地点购买，仍然是一个影响最终成交的因素。因此，应通过公布企业产品销售网络的方式尽可能详细地告诉用户在什么地方可以买到他所需要的产品。

（2）网上订购。现实中用户直接在网上订货的并不一定多，但网上看货网下购买的现象比较普遍，尤其是价格比较贵或销售渠道比较少的商品。但是也有许多网站提供了网上销售系统，允许客户在线购买，大大方便了客户。即使企业网站并没有实现整个电子商务流程，针对相关产品为用户设计一个网上订购程序仍然是必要的，这样可以免去用户打电话或者发电子邮件订购的许多麻烦。

（3）售后服务。有关质量保证条款、售后服务措施。以及各地售后服务的联系方式等是用户比较关心的信息。是否可以在本地获得售后服务往往是影响用户购买决策的重要因素，应该尽可能地详细。

6．市场调研

市场调研是营销的基础和关键环节，网上调研具有传统的市场调研不可比拟的优势。网上调研可以提供多种在线调查表格，收集客户对产品或服务的评价、建议等传统调研方式所能获得的大部分信息。由此可以建立起市场信息的数据库，作为营销决策的基础。

7．公众信息

公共信息是指并非以用户的身份对公司进行了解的信息，如投资人、媒体记者、调查研究人员等。这些人员访问网站虽然并非以了解和购买产品为目的（当然这些人也有成为公司客户的可能），但同样对于公司的公关形象等具有不可低估的影响，对于公开上市的公司或者知名企业而言，对网站上的公众信息应给予足够的重视。公众信息一般包括：股权结构、投资信息、企业财务报告、企业文化、公关活动等。

8．联系信息

企业网站上应该提供足够详尽的联系信息。除了企业的地址、电话、传真、邮政编码、E-mail 地址等基本信息之外，最好能详细地列出客户或者业务伙伴可能需要联系的具体部门的联系方式。对于有分支机构的企业，同时还应当有各地分支机构的联系方式，在为客户提供方便的同时，也起到了对各地业务的支持作用。

9．其他信息

根据企业的需要，可以在网站上发表其他有关的信息，如招聘信息、采购信息等。也可以是本企业、合作伙伴、经销商或客户的一些新闻、产品发展趋势等信息。

1.5.2 网站功能设计

企业网站的功能，可以从技术功能和网络营销功能两个方面来研究，网站的技术功能是整个网站得以正常运行的技术基础，网站的网络营销功能则是站在网络营销策略的角度来看一个企业网站具有哪些可以发挥网络营销作用的功能。显然，网站的技术功能是为网站的网络营销功能提供支持的，网站的网络营销功能是技术功能的体现。

1．网站网络营销功能

为什么要研究企业网站的网络营销功能呢？在策划一个企业网站时，很有必要考虑这样的问题：为什么要建这样一个网站？我们期望这个网站发挥哪些作用？理想的企业网站应该具备什么功能？要回答这些问题，就需要对网站的网络营销功能有一定的认识。研究认为，充分理解企业网站的网络营销功能，才能把握企业网站与网络营销关系的本质，从而掌握这种内在关系的一般规律，建造适合网络营销需要的企业网站，为有效开展网络营销奠定基础。

通过对众多企业网站的研究发现，无论网站规模多大，也不论具有哪些技术功能，网站的网络营销功能主要表现在八个方面：品牌形象、产品/服务展示、信息发布、顾客服务、顾客关系、网上调查、资源合作、网上销售。即使最简单的企业网站也具有其中的至少一项以上的功能，否则由于不具备企业网站的基本特征，也不能称之为企业网站了。八项网络营销功能描述如下：

（1）品牌形象。网站的形象代表着企业的网上品牌形象，人们在网上了解一个企业的主要方式就是访问该公司的网站，网站建设的专业化与否直接影响企业的网络品牌形象，同时也对网站的其他功能产生直接影响。尤其对于以网上经营为主要方式的企业，网站的形象是访问者对企业的第一印象，这种印象对于建立品牌形象、产生用户信任具有至关重要的作用，因此具备条件的企业应力求在自己的网站建设上体现出自己的形象，但实际上很多网站对此缺乏足够的认识，网站形象并没有充分体现出企业的品牌价值，相反一些新兴的企业利用这一原理做到了"小企业大品牌"，并且获得了与传统大型企业平等竞争的机会。

（2）产品/服务展示。顾客访问网站的主要目的是为了对公司的产品和服务进行深入的了解，企业网站的主要价值也就在于灵活地向用户展示产品说明的文字、图片甚至多媒体信息，即使一个功能简单的网站至少也相当于一本可以随时更新的产品宣传资料，并且这种宣传资料是用户主动来获取的，对信息内容有较高的关注程度，因此往往可以获得比一般印刷宣传资料更好的宣传效果，这也就是为什么一些小型企业只满足于建立一个功能简单的网站的主要原因，在投资不大的情况下，同样有可能获得理想的回报。

（3）信息发布。网站是一个信息载体，在法律许可的范围内可以发布一切有利于企业形象、顾客服务以及促进销售的企业新闻、产品信息、各种促销信息、招标信息、合作信息、人员招聘信息等。因此，拥有一个网站就相当于拥有一个强有力的宣传工具，这就是企业网站具有自主性的体现。当网站建成之后，合理组织对用户有价值的信息是网络营销的首要任务，当企业有新产品上市、开展阶段性促销活动时，也应充分发挥网站的信息发布功能，将有关信息首先发布在自己的网站上。

（4）顾客服务。通过网站可以为顾客提供各种在线服务和帮助信息，比如常见问题解答（FAQ）、电子邮件咨询、在线表单、通过即时信息实时回答顾客的咨询等。一个设计水平较高的常见问题解答，应该可以回答 80％以上顾客关心的问题，这样不仅为顾客提供了方便，也提高了顾客服务效率、节省了服务成本。

（5）顾客关系。通过网络社区、有奖竞赛等方式吸引顾客参与，不仅可以起到产品宣传的目的，同时也有助于增进顾客关系，顾客忠诚度的提高将直接增加销售。尤其是对于产品功能复杂或者变化较快的产品，如数码产品、时装、化妆品等，顾客为了获得更多的产品信息，对于企业网络营销活动参与兴趣较高，可充分利用这种特点来建立和维持良好的顾客关系。

（6）网上调查。市场调研是营销工作不可或缺的内容，企业网站为网上调查提供了方便而又廉价的途径，通过网站上的在线调查表或者通过电子邮件、论坛、实时信息等方式征求顾客意见等，可以获得有价值的用户反馈信息。无论进行产品调查、消费者行为调查，还是品牌形象等方面的调查，企业网站都可以在获得第一手市场资料方面发挥积极的作用。

（7）资源合作。资源合作是独具特色的网络营销手段，为了获得更好的网上推广效果，需要与供应商、经销商、客户网站，以及其他内容、功能互补或者相关的企业建立资源合作关系，实现资源共享到利益共享的跨越。如果没有企业网站，便失去了很多积累网络营销资源的机会，没有资源，合作就无从谈起。常见的资源合作形式包括交换链接、交换广告、内容合作、客户资源合作等。

（8）网上销售。建立网站及开展网络营销活动的目的之一是增加销售，一个功能完善的网站本身就可以完成订单确认、网上支付等电子商务功能，即企业网站本身就是一个销售渠道。随着电子商务价值越来越多地被证实，更多的企业将开拓网上销售渠道，增加网上销售手段。实现在线销售的方式有多种，利用企业网站本身的资源来开展在线销售是一种有效的形式。

2．网站技术功能模块

上述的网络营销功能需要通过技术功能来实现。企业网站可以根据企业的业务类型及其网站的类型选择一些功能模块。电子商务网站常用的功能模块及其说明见表 1.4。功能模块越多，则网站的开发费用越高。这些功能模块可以请专业的公司代为开发，也可由企业自行完成。

表 1.4　网站常用的功能模块及其说明

功能模块	常见功能简介
信息发布系统	网站内容发布系统，是将网页上的某些需要经常变动的信息，类似新闻、产品发布等更新信息集中管理，并通过信息的某些共性进行分类，最后系统化、标准化发布到网站上的一种网站应用程序
产品展示系统	是一套基于数据库的即时发布系统，可用于各类产品的实时发布展示销售，前台用户可通过页面浏览查询，后台管理可以管理产品价格、简介、样图等多类信息
在线调查系统	客户调查是企业实施市场策略的重要手段之一。可以在一个网站上同时进行两个以上的调查。可设置调查内容，自动统计调查结果，并自动生成分析图表
网上购物系统	系统实现网上产品定购和网上交易的功能。客户或会员可对感兴趣的商品，进行购买、下订单并填写客户资料，提交反馈表单，并可实现安全的在线支付（在线支付需到相关平台开通服务方可实现），网站管理员在后台可对订单信息、购买信息进行完善的统计、管理
会员管理系统	企业用户可以在网站上登记注册，选择会员的类别、查看的权限范围并成为预备会员，并提交到用户管理数据库。待网站审核通过后成为正式会员，享有网站提供的相应服务
信息检索系统	在 Web 中，提供方便、高效的查询服务，查询可以按照分类、关键词等进行，也可以是基于全文内容的全文检索。支持对任意字段的复杂组合检索；支持中英文混合检索；支持智能化模糊检索
社区论坛系统	论坛系统服务已经是互联网站一种极为常见的互动交流服务。可以作为客户与企业交流的渠道，客户可在此发布意见、建议或咨询信息，网站管理员可在后台对所有留言信息进行回复和删除管理
留言板系统	在线管理、删除留言内容；留言内容搜索；留言自动分页，并可以设定分页页数；有新留言增加时可以用 E-mail 来通知页主
在线招聘系统	网站动态提供企业招聘信息，管理员可进行发布、更新、删除，应聘者可将简历提交，提交的简历存入简历库，网站管理员可在后台查看应聘简历
在线支付系统	与银联合作，提供各类个人和企业客户的在线电子支付系统

1.5.3　网站形象设计

　　企业形象设计（简称为 CI，Corporate Identity）就是通过视觉来统一企业的形象，也即将企业经营理念与精神文化，运用整体视觉传达系统，有组织、有计划和正确、准确、快捷地传达出来，并贯穿在企业的经营行为之中。现实生活中的 CI 策划比比皆是，杰出的例子如可口可乐公司，全球统一的标志、色彩和产品包装，给我们的印象极为深刻。一个杰出的网站，和实体公司一样，也需要整体的形象包装和设计。准确的，有创意的 CI 设计，对网站的宣传推广有事半功倍的效果。在您的网站主题和名称定下来之后，需要思考的就是网站的 CI 形象。

1．设计网站标志

　　网站的标志（Logo）也可以说是企业的标志，应尽可能地出现在每一张网页上，如页眉、页脚或者背景上。网站有代表性的人物、动物、花草，可以用它们作为设计的蓝本，加以卡通化和艺术化，如迪斯尼的米老鼠、搜狐的卡通狐狸等。专业性的网站，可以以本专业有代表的物品作为标志，比如中国银行的铜钱标志、奔驰汽车的方向盘标志等。最常用和最简单的方式是用自己网站的英文名称作标志，采用不同的字体、字母的变形，字母的组合可以很容易制作好自己的标志，如淘宝网。

2．设计网站的标志色彩

网站色彩是体现网站形象与网站内涵的色彩，确定标志色彩是相当重要的事。例如阿里巴巴与淘宝网的标志色彩都与网站标志颜色一致，其主色调是大多数客户都喜欢的。IBM 的深蓝色及可口可乐的红色都让人感觉贴切、和谐。这些颜色与企业的形象又融为一体，成为企业的象征，使人们对它由熟悉了解而产生信任感和认同感。

一般来说，一个网站的标准色彩不超过 3 种，太多则让人眼花缭乱。标志色彩要用于网站的标志、标题、主菜单和主色块，给人以整体统一的感觉。至于其他色彩也可以使用，只是作为点缀和衬托，绝不能喧宾夺主。适合于网页标准色的颜色通常有：蓝色，黄/橙色，黑/灰/白色三大系列色。不同的色彩代表的含义不同，要根据网站的基调选择合适的色彩。常见的颜色及其含义如表 1.5 所示。

表 1.5　常见的颜色及其含义

序号	颜色	含义
1	红色	热情、活泼、热闹、温暖、幸福、吉祥
2	橙色	光明、华丽、兴奋、甜蜜、快乐
3	黄色	明朗、愉快、高贵、希望
4	绿色	新鲜、平静、和平、柔和、安逸、青春
5	蓝色	深远、永恒、沉静、理智、诚实、寒冷
6	紫色	优雅、高贵、魅力、自傲
7	白色	纯洁、纯真、朴素、神圣、明快
8	灰色	忧郁、消极、谦虚、平凡、沉默、中庸、寂寞
9	黑色	崇高、坚实、严肃、刚健、粗莽

3．设计网站标志字体

所谓标志字体是指网站用于标志、标题、主菜单的特有字体，因为只有被安装在客户计算机操作系统中的字体才能显示出来，而操作系统所安装的字体又是有限的几种，所以大多数商务网站采用网页的默认字体。中文网站里的字体大都为宋体，设计者也可以根据设计的需要选择一些特别字体。如少年儿童站点可以用咪咪体，给人以活泼童真的印象。传统艺术站点可以用篆字、隶书，以此衬托深厚的文化底蕴。高新技术站点可以用综艺体，以显示出简洁、强烈的现代感。政府站点的标准字体则应在宋体、黑体或楷体中选择，显得庄重、大方。设计者可根据自己网站表达的内涵，选择具有表现力的字体。

4．设计网站标语

电子商务网站的标语是网站的精神，是网站的目标表达。网站的标语可以用一句话或者一个词来概括，类似实际生活中的广告句。如 Intel 的"给你一颗奔腾的心"，阿里巴巴网站的"全球最大的网上贸易市场"，主题突出，个性鲜明，极其精练，高度浓缩了本企业最重要的信息。这些标语放在首页动画、Banner 里或者醒目的位置，所起的作用相当大。

1.5.4 网站结构设计

网站结构包含两方面的意思，一是目录结构或物理结构，即网站真实的目录及文件存储的位置所决定的结构；二是链接结构或逻辑结构，即网页内部链接所形成的逻辑的或链接的网络图。此外，在考虑网站结构设计时，还应该做好页面元素的布局工作。

1．网站的目录结构

网站的目录结构是指网站组织和存放站内所有文档的目录设置情况。任何网站都有一定的目录结构，用 FrontPage 建立网站时都默认建立了根目录和 images 子目录，大型网站的目录数量多、层次深、关系复杂。网站的目录结构是一个容易忽略的问题，许多网站设计者都未经周密规划，随意创建子目录，给日后的维护工作带来不便。目录结构的好坏，对浏览者来说并没有什么太大的感觉，但是对于站点本身的上传维护，内容的扩充和移植有着重要的影响。所以在网站设计中需要合理定义目录结构和组织好所有文档。在设计网站目录结构时，应注意以下几个方面。

（1）不要将所有文件都存放在根目录下。一些网站设计人员为了方便，将所有文件都放在根目录下。这样做造成的不利影响主要体现在以下两个方面：

① 文件管理混乱。项目开发到一定时期后，设计者常常搞不清楚哪些文件需要编辑和更新，哪些无用的文件可以删除，哪些是相关联的文件，影响工作效率。

② 上传速度慢。服务器一般都会为根目录建立一个文件索引。如果将所有文件都放在根目录下，那么即使只上传更新一个文件，服务器也需要将所有文件再检索一遍，建立新的索引文件。很明显，文件量越大，等待的时间也将越长。

（2）按栏目内容建立子目录。建立子目录的做法首先是按主菜单的栏目来建立。例如，企业站点可以按公司简介、产品介绍、价格、在线定单、意见反馈等栏目建立相应的目录。其他的次要栏目，如新闻、行业动态等内容较多，需要经常更新的可以建立独立的子目录。而一些相关性强，不需要经常更新的栏目，如关于本站、关于站长、站点经历等则可以合并放在一个统一目录下。所有的程序一般都存放在特定目录下，以便于维护和管理。例如：CGI 程序放在 cgi-bin 目录下，ASP.NET 网页放在 aspnet 目录下。所有供客户下载的内容应该放在一个目录下，以方便系统设置文件目录的访问权限。

（3）在每个主目录下都建立独立的 images 目录。在默认的设置中，每个站点根目录下都有一个 images 目录，可以将所有图片都存放在这个目录里。但是，这样做也有不方便的时候，当需要将某个主栏目打包供用户下载，或者将某个栏目删除时，图片的管理相当麻烦。经过实践发现，为每个主栏目建立一个独立的 images 目录是最方便管理的。而根目录下的 images 目录只是用来放首页和一些次要栏目的图片。

（4）目录的层次不要太深。为了使维护和管理方便，目录的层次建议不要超过 3 层。

（5）目录的命名方法。不要使用中文目录和中文文件名。使用中文目录可能对网址的正确显示造成困难，某些 Web Server 不支持对中文名称的目录和文件的访问。不要使用过长的目录，尽管服务器支持长文件名，但是太长的目录名不便于记忆，也不便于管理。尽量使用意义明确的目录，以便于记忆和管理。

2．网站的链接结构

网站的链接结构是指页面之间相互链接的拓扑结构。它建立在目录结构基础之上，但可以跨越目录。形象地说，每个页面都可以看作一个节点，链接则是在两个节点之间的连线。一个点可以和一个点链接，也可以和多个点链接。从逻辑上看，这些链接可以不分布在一个平面上，而可以形成一个立体空间。

研究网站链接结构的目的在于用最少的链接，使得浏览最有效率。一般建立网站的链接结构有以下两种基本方式：树状链接结构和网状链接结构。

（1）树状链接结构（一对一）。这是类似计算机文件管理的目录结构方式，其立体结构看起来就像一棵多层二叉树。这种链接结构的特点是条理清晰，访问者明确知道自己在什么位置。一般来说，在这种结构中首页的链接指向一级页面，一级页面的链接指向二级页面。

因此，浏览该链接结构的网站时，必须一级级进入，再一级级退出。其缺点是浏览效率低，从一个栏目下的子页面进入另一个栏目下的子页面时，必须绕经首页。

（2）网状链接结构（一对多）。这种结构类似网络服务器的链接，其立体结构像一张网。这种链接结构的特点是浏览方便。通常，在这种结构中每个页面相互之间都建立有链接，访问者随时可以到达自己喜欢的页面。缺点是链接太多，容易使访问者弄不清自己的位置以及看过的内容。

目前较好的结构设计是在网站首页与一级页面之间采用星型链接结构，在一级页面与下一级页面之间采用树型链接结构；若站点内容较多，需要超过三级页面，可设置导航条。

例如，某个网站的公共新闻子系统有财经新闻、体育新闻、IT 新闻、娱乐新闻等栏目，分为一级页面和二级页面。一级页面包括首页、财经新闻、体育新闻、IT 新闻、娱乐新闻等导航页面；二级页面包含更下一级的子栏目，如财经新闻1、财经新闻 2 等。

在这种情况下，首页、财经新闻页、娱乐新闻页、IT 新闻页之间可设计为网状链接，可以互相点击，直接到达。而财经新闻页和它的子页面之间设计为树状链接，浏览财经新闻 1 后，你必须回到财经新闻页，才能浏览财经新闻 2。所以，有的站点为了免去返回一级页面的麻烦，将二级页面直接用新窗口打开，浏览结束后关闭即可。

需要指出的是，在上面的例子中是用三级页面来举例。如果站点的内容更庞大，分类更明细，需要超过三级页面，那么需要在页面里显示导航条，以帮助浏览者明确自己所处的位置。

3. 网站的页面布局

网站设计不是把所有内容放置到网页中就行了，还需要我们把网页内容进行合理的排版布局，以给浏览者赏心悦目的感觉，增强网站的吸引力。在设计布局的时候我们要注意把文字、图片在网页空间上均匀分布并且不同形状、色彩的网页元素要相互对比，以形成鲜明的视觉效果。常见的布局结构有"同"字形布局、"国"字形布局、"匡"字形布局、"三"字形布局和"川"字形布局等。

（1）"同"字形布局：所谓"同"字形结构，就是整个页面布局类似"同"字，页面顶部是主导航栏，下面左右两侧是二级导航条、登录区、搜索区等，中间是主内容区，如 http://www.china-channel.com，如图 1.1 所示。

（2）"国"字形布局：它是在"同"字形布局上演化而来的，它在保留"同"字形的同时，在页面的下方增加一横条状的菜单或广告，如 http://www.gov.cn，如图 1.2 所示。

（3）"匡"字形布局：这种布局结构去掉了"国"字形布局的右边的边框部分，给主内容区释放了更多空间，内容虽看起来比较多，但布局整齐又不过于拥挤，如 http://www.sunnysnow.com/，如图 1.3 所示。

图 1.1 "同"字形布局示例

图 1.2 "国"字形布局示例

（4）"三"字形布局：一般应用在简洁明快的艺术性网页布局，这种布局一般采用简单的图片和线条代替拥挤的文字，给浏览者以强烈的视觉冲击，如 http://www.jecda.com/，如图 1.4 所示。

（5）"川"字形布局：整个页面在垂直方向分为三列，网站的内容按栏目分布在这三列中，最大限度地突出主页的索引功能，一般适用在栏目较多的网站里，如 http://www.cnebr.net/，如图 1.5 所示。

图 1.3 "匡"字形布局示例

图 1.4 "三"字形布局示例

热门信息排行		►► 教学园地		►► 科研交流	
▪ 德意电子商务实验室	(7442)	▪ 马云在首届网商交易会上演讲	(2009.5.20)	▪ 研究项目：网上商店氛围作用的实验探索	(2008.9.29)
▪《电子商务概论》（	(5630)	▪ 工程硕士班电子商务作业要求与模板	(2009.5.17)	▪ 基于OCB视角的虚拟社区知识共享影响	(2008.9.1)
▪ 西安博星电子商务教	(4857)	▪ 电子商务新模式案例分析——忧衣库淘宝	(2009.5.14)	▪ 电子政务公共服务的公众接受问题研究	(2008.9.1)
▪ 电子商务与CRM课	(4720)	▪ 2008级工程硕士班电子商务教学计划	(2009.5.8)	▪ 重庆市电子政务公共服务应用与政府管理	(2008.9.1)
▪ 电子商务概论复习提	(4395)	▪ CCTV《实话实说》：大学生淘宝创业	(2009.4.15)	▪ 电子商务课程理论与实践教学体系改革及	(2008.9.1)
▪ 关于教材专著配套资	(4233)	▪ 互联网络购物创业的激情与梦想	(2009.4.8)	▪ 面向电子商务欺诈规避的在线信誉系统研	(2008.9.1)
▪ 2005年中国电子	(3953)	▪ 中国青年报：校园千余人淘宝开店 一颗	(2009.3.19)	▪ 邵兵家博士参加首届网商发展学术研讨会	(2008.8.10)
▪ 电子商务实验计划	(3921)	▪ 大专生创业如火如荼 一学院千人上淘宝	(2009.2.25)	▪ 2008年度国家社科基金项目申报成功	(2008.6.11)
▪ 电子商务本科《电子	(3819)		更多...		更多...
▪ 邵兵家指导研究生毕	(3759)				
电商评论		►► 教材专著		►► 电商评论	
请输入您的e-mail:(说明)		▪ 电子商务概论（第2版）	(2006.8.3)	▪ 忧衣库：网上旗舰店开张10天 销售额	(2009.5.27)
		▪ 电子商务案例分析(第二版)	(2005.12.26)	▪ 垂直型线上销售渠道 外贸企业的春天？	(2009.5.20)
		▪ 电子商务案例教程	(2005.12.18)	▪ 商场网购少人试水 商场网站多是摆设	(2009.5.15)
◉ 订阅 ◯ 退订 确定		▪ 电子商务应用实验教程	(2005.12.18)	▪ 家电零售渠道：哪种模式将更有吸引力？	(2009.5.14)
本站数据		▪ 电子商务师资格认证技能实战	(2005.12.18)	▪ 首富是怎样炼成的 服装业网搏未来	(2009.5.13)
友暂链接		▪ 电子商务模拟实验教程（第2版）	(2005.12.30)	▪ 数字家电网购平台冲击传统卖场	(2009.5.13)
		▪ 客户关系管理——理论与实践	(2006.8.14)	▪ 北京市商务委员会关于促进网上零售业发	(2009.5.13)
专家学者 ▽		▪ 电子商务概论	(2005.12.17)	▪ 免费经济学催生新商业模式	(2009.5.8)
高等院校 ▽			更多...		更多...
研究机构 ▽		►► 实验园地		►► 电商论坛	
典型企业 ▽		▪ 智邦国际销售管理平台免费试用	(2008.9.1)	▪ 被神化了的电子商务	(2009.5.11)
		▪ 电子商务实验室(专业版)入口	(2007.4.20)	▪ 服装企业走向死胡同还是谋求新出路？	(2009.4.23)
		▪ 电子商务管理智能训练系统简介	(2007.3.11)	▪ 请授权	(2009.2.25)
		▪ EndNote研究支持工具	(2006.10.29)	▪ 请求授权	(2008.12.30)

图 1.5 "川"字形布局示例

1.6 任务实现：撰写企业网站规划书

本节将以编者撰写的"数码之窗——数码港网站规划书"为例说明网站规划书的制作方法。限于篇幅，这里只给出了网站规划书的目录和第一部分项目概述内容，规划书的全部内容详见编者的教学网站，具体网址为：http://www.sunnysnow.com/doc/dzswsxmch.swf。

1.6.1 网站规划书的目录

参考 1.4 节"网站规划书的内容"，列出网站规划书的目录如下：

1 项目概述

1.1 项目名称

1.2 项目背景

1.3 项目的目标

1.4 项目的内容

1.5 项目的投资规模与建设周期

1.6 项目的收益

2 项目需求分析

  2.1 企业业务分析

  2.2 市场分析

  2.3 竞争对手分析

3 项目可行性分析

  3.1 技术可行性

  3.2 经济可行性

  3.3 业务实施可行性

4 项目总体规划

  4.1 网站目标定位

  4.2 网站运营模式

  4.3 网站技术规划

  4.4 网站域名规划

5 网站平台系统设计

  5.1 网站网络结构设计

  5.2 网站安全设计

  5.3 硬件选型方案

  5.4 软件选型方案

6 网站应用系统设计

  6.1 网站形象设计

  6.2 网站功能设计

7 项目实施方案

  7.1 网站实施的任务

  7.2 网站实施人员组织

  7.3 网站实施进度计划

8 项目运营管理计划

  8.1 网站推广计划

  8.2 市场策略计划

1.6.2　网站规划书的项目概述示范

1.　创业项目概述

1.1　创业项目名称

"数码之窗——数码港网站项目策划"（以下简称"数码之窗"项目）

1.2　创业背景

随着中国互联网的长足发展、计算机的逐渐普及、中青年娱乐方式的改变以及大学生对时尚生活的追求，数码产品正驶入高速增长的快车道。根据赛迪顾问数据报告显示，2005 年中国数码市场规模达到 1600 亿元，保持 33.7%的高速增长，据预测未来 5 年内中国数码产品市场还将保持高速增长的态势，每年有望以30%的速度递增，这是一个让人欣喜的预测数据，此时数码港的介入可谓正是时候，同时，由于有利可图，新的生产商不断加入，数码产品将进入军阀混战的时代，激烈的竞争正在供应商和经销商各个领域展开。由于数码产品的时尚性和互联网在数码领域的特殊地位，潜在用户一般通过网络媒体来了解数码市场，网络媒体占用户了解数码市场信息来源的 65.3%，因此互联网已经成为各供应商和经销商竞争的第二战场，数码港作为专门经营数码产品的门户网站，已经成为供应商和经销商的必争之地。在这样的背景下，深圳希望数码商城在多年成功经营传统卖场的基础上，试图把数码业务拓展到网上，建立数码港，打破传统经营模式，以深圳为中心，逐步形成覆盖全国乃至全球的市场，保持持久的竞争优势。

1.3　创业项目目标

建立"数码之窗"数码港网站，将"数码之窗"打造成数码产品门户网站，同时，以深圳为基地，在各省、直辖市建立办事处或分公司，依靠各地的第三方物流公司实现产品的配送，逐步形成连锁经营模式，实现本地化经营。"数码之窗"定位为数码产品网上集散地，网下定位为供销商桥梁。"数码之窗"商业用户定位为数码产品供应商和经销商，个人用户定位为 IT 行业人士。

1.4 创业项目内容

"数码之窗"项目主要由项目概述、项目需求分析、项目可行性分析、项目总体规划、网站平台系统设计、网站应用系统设计、项目实施方案、项目运营管理计划、项目预算、项目评估等部分构成。

1.5 创业项目收益

"数码之窗"项目计划采取强有力的宣传策略，不断提升网站的知名度，吸引供应商、经销商和客户，通过收取广告费、会员费、短信收入等，在三到四年的时间内逐步实现盈利，并保持稳步增长的良好收益和发展态势。根据网站的发展情况和盈利模式，网站收入预测如表1所示。

表1 网站收益预测

单位（万元）

项目 年份	资金投入	广告费	会员费	短信收入	其他收入	年计
2006 年	100	50	10	1	1	−38
2007 年	60	60	15	5	4	−14
2008 年	40	100	40	6	5	+97
2009 年	10	120	50	7	6	+270

实训

假设你所在的学校需要构建校园 C2C 网上商城，该校园网上商城可以方便师生校园购物，为学生校园自主创业提供机会，在校学生可以通过该平台申请网上开店，培养学生的创业意识。请你按照网站设计规划书常规的格式，为贵校校园网上商城撰写网站规划书。

习题一

1. 企业网站需求调研的主要步骤有哪些？
2. 构成网站建设成本的因素有哪些？
3. 企业网站内容主要包括哪些方面？
4. 什么是商务网站的链接结构？
5. 什么是网站的 Logo，它有何作用？
6. 网站常用的功能模块有哪些？
7. 常见的网站色彩分别代表什么含义？
8. 网站规划书的主要内容有哪些？

第 2 章　搭建 ASP.NET 开发和运行环境

ASP.NET 是微软推出的一种全新的动态网页技术，是当前主流的面向 Web 应用的开发技术平台之一。ASP.NET 是基于 Windows 操作系统下的 Web 开发技术，在 Windows 操作系统下建立 ASP.NET 的运行环境需要安装如下软件：IIS、MDAC、.NET Framework。Dreamweaver CS3 是一种轻量级的实现可视化 ASP.NET 动态网页制作的工具，它降低了 ASP.NET 的学习门槛，有利于学习者快速进入 ASP.NET 的精彩世界。

- ➤ ASP.NET 概述
- ➤ ASP.NET 运行环境的建立
- ➤ Dreamweaver CS3 的安装和设置
- ➤ Dreamweaver CS3 的工作环境
- ➤ 在 Dreamweaver CS3 中建立站点
- ➤ 在 Dreamweaver CS3 中建立和运行 ASP.NET 程序

2.1　任务概述：使用 Dreamweaver CS3 制作 ASP.NET 个人主页首页

个人主页是从英文 Personal Homepage 翻译而来，更适合的意思是"属于个人的网站"。所以个人主页就是一种最简单的个人网站。一个图文并茂的"个人主页"可以充分地向其他人展示自己的才华，让别人知道你的长处。可以说你的"个人主页"就是你最好的简历。本章我们学习如何用 Dreamweaver CS3 制作个人主页首页，并将首页程序保存为 ASP.NET 格式，来体验一下 Dreamweaver CS3 作为 ASP.NET 动态网页制作利器的使用过程。不过这里制作的是静态网页，真正的动态网页制作将在后面的章节中逐步展开。

2.2　ASP.NET 简介

2.2.1　ASP.NET 发展历史

ASP 全称 Active Server Pages，是微软推出的动态服务器端编程技术。

早期的动态网页开发需要编写繁杂的代码，编程效率低下。ASP 使用简单的脚本语言，将代码直接嵌入到 HTML 中，大大简化了 Web 开发。

1996 年，ASP 1.0 诞生，它作为 IIS（Internet Information Service）的附属产品免费发送，并且于极短的时间内就在 Windows 平台上广泛使用。ASP 的强大功能得益于它的 ADO（ActiveX Data Object），开发者利用 ADO 可以很容易在一个数据库中建立和打开记录集。因此一推出，立刻受到了 Web 开发人员的欢迎。

1998 年，作为 Windows NT4 Option Pac 的一部分，微软推出了 ASP 2.0，与 ASP 1.0 的主要区别是 ASP 2.0 支持外部组件的调用，应用程序可以在单独的内存空间中运行组件，并且可以进行事务处理。

2000 年，随着 Windows 2000 的发布，ASP 3.0 和 IIS 5.0 一同出现。在 ASP 3.0 中提供了更加完善的组件支持，以及更强的稳定性。

2001 年，随着微软.NET 计划的逐步实现，新一代的 Active Server Pages——ASP.NET 正式推出。ASP.NET 是微软公司.NET 框架中用于 Web 应用的一种技术。ASP.NET 不是 ASP 3.0 的简单升级版本，而是微软新一代体系结构 Microsoft.NET 的重要组成部分。ASP.NET 提供了稳定的性能，优秀的升级性，更便捷的开发，更简单的管理，全新的语言以及网络服务。

ASP.NET 一经发布，立刻受到 Web 开发人员追捧，迅速成为 Windows 系统下 Web 服务端的主流开发技术。相对于另一主流的 Web 开发技术 J2EE 来说，.NET 年轻而充满希望。

2.2.2 ASP.NET 与 ASP 的区别

虽然 ASP.NET 是从 ASP 演变发展而来，但是 ASP.NET 与 ASP 有很大的不同。主要体现在以下方面：

1. 开发语言不同

ASP 仅局限于使用脚本语言来开发，用户给 Web 页中添加 ASP 代码的方法与客户端脚本中添加代码的方法相同，导致代码杂乱。而 ASP.NET 允许用户选择并使用功能完善的编程语言，也允许使用潜力巨大的.NET Framework。

2. 运行机制不同

ASP 是解释运行的编程框架，所以执行效率较低。而 ASP.NET 是编译执行，程序效率得到提高。

3. 开发方式

ASP 把界面设计和程序设计混在一起，维护困难。而 ASP.NET 把界面设计和程序设计以不同的文件分离开，复用性和维护性得到了提高。

2.2.3 ASP.NET 的工作原理

ASP.NET 的工作原理可以概述为：

（1）浏览器向 Web 服务器发送 HTTP 请求；

（2）Web 服务器分析 HTTP 请求，如果所请求的网页文件名的后缀是 aspx，则说明客户端请求执行 ASP.NET 程序；如果以前没有执行过该程序，则进行编译，然后执行该程序；否则直接执行已编译好的该程序，得到 HTML 结果；

（3）Web 服务器将 HTML 结果传回用户浏览器，作为 HTTP 响应；

（4）客户机浏览器收到这个响应后，将 HTML 结果显示成 Web 网页。

2.3 搭建 ASP.NET 网站运行环境

ASP.NET 是基于 Windows 操作系统下的 Web 开发技术。Windows 2000、Windows XP 或 Windows 2003 操作系统下都可以搭建 ASP.NET 的运行环境。

Windows 操作系统下建立 ASP.NET 的运行环境需要安装如下软件：

- IIS
- MDAC
- .NET Framework

2.3.1 IIS 的安装和设置

服务器软件是指建立电子商务网站的软件平台，它提供网站运行的软件环境，通常又被称为 Web 服务器软件。常见的 Web 服务器软件有 IIS（Internet Information Server，Internet 信息服务器）和 Apache，它们分别占据了服务器软件市场的前两位，几乎垄断了整个市场。其中 IIS 是 ASP.NET 唯一可以使用的 Web 服务器。

微软 IIS 是允许在公共 Intranet 或 Internet 上发布信息的 Web 服务器。IIS 通过使用 HTTP（超文本传输协议）传输信息，可配置 IIS 以提供 FTP（文件传输协议）和 gopher 服务。FTP 服务允许用户从 Web 节点下载文件或向 Web 节点上传文件。gopher 服务为定位文档使用菜单驱动协议。如今 HTTP 协议已经基本上代替了 gopher 协议。

IIS 提供了一个图形界面的管理工具，称为 Internet 服务管理器，可用于监视配置和控制 Internet 服务。Internet 服务管理器处于中心位置，它可以控制组织中所有运行 IIS 的计算机。安装有 Windows 操作系统的计算机都能安装和运行 Internet 服务管理器。IIS 已经从 4.0 升级到了现在的 8.0。

建立 ASP.NET 运行环境，首先必须安装 IIS。IIS 是 Windows 的一个组件，可以通过控制面板的"添加/删除程序"中的"添加/删除 Windows 组件"进行安装。

下面以 Windows XP Professional 上的 IIS5.1 为例介绍安装和设置。由于 Windows XP 的 Home 版没有该组件，因此 Windows XP 的 Home 版操作系统不能满足 ASP.NET 的运行要求。必须重装或升级成 Windows XP Professional 版才行。

1. 安装 IIS

在光盘驱动器中插入 Windows XP Professional 安装盘，执行以下操作安装 IIS。

（1）打开"控制面板"的"添加或删除程序"窗口，如图 2.1 所示。

（2）点击左边的"添加/删除 Windows 组件"功能，打开"Windows 组件向导"对话框，如图 2.2 所示。

（3）在对话框的组件列表中选中"Internet 信息服务（IIS）"复选框，并点击"详细信息"按钮，选择需要安装的 IIS 组件，如图 2.3 所示。

（4）最后点击"确定"按钮，回到"Windows 组件向导"对话框，点击"下一步"按钮，开始安装配置 IIS，如图 2.4 所示。当进度条跑到终点，IIS 的安装过程即告结束。

IIS 的安装虽然简单，但是并不能保证完成了安装过程就能保证 IIS 安装成功。安装完毕后一定要检查是否正确地装上了 IIS。测试 IIS 安装是否成功的方法是：在 IE 浏览器中输入

http://localhost 或 http://127.0.0.1，如果出现如图 2.5 所示的欢迎页面则表明 IIS 安装成功。否则要检查一下安装过程是否有问题，或者是 Windows 操作系统是否存在什么问题。

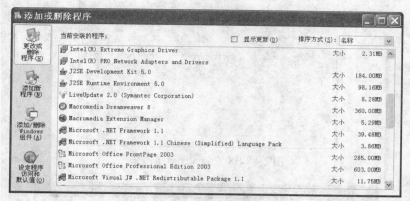

图 2.1　添加/删除程序

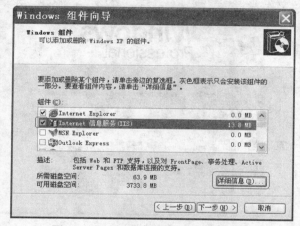

图 2.2　"Windows 组件向导"对话框

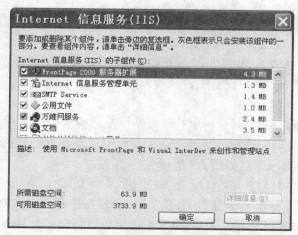

图 2.3　"Internet 信息服务（IIS）"对话框

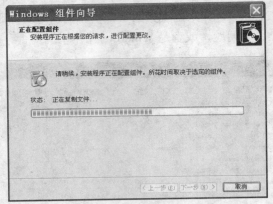

图 2.4　IIS 安装和配置进度条

图 2.5　IIS 的欢迎页面

2．IIS 的目录管理

IIS 的管理工具是 "Internet 信息服务"，可以在控制面板的 "管理工具" 中找到 "Internet 信息服务"。它的管理界面如图 2.6 所示。

为了在 IIS 上运行 ASP.NET 页面，需要对 IIS 进行设置。有两种设置方法可以选择：设置主目录和设置虚拟目录。其中设置主目录较为简单，这里先介绍，而设置虚拟目录的方法将在下节重点介绍。

展开 "Internet 信息服务" 目录树中的 "网站" 左边的 "+" 号，用鼠标右键点击 "默认网站"，从弹出的快捷菜单中选择 "属性" 命令，如图 2.7 所示。在打开的默认网站属性对话框中选择 "主目录" 选项卡，如图 2.8 所示。

主目录中存放着 HTTP 请求所需要的资源。默认情况下，主目录的路径为 "C:\Inetpub\wwwroot"。可以将 ASP.NET 建立的 Web 应用程序文件放到主目录对应的路径下，然后就可以在 IE 中输入 http://localhost/***.aspx 访问新建立的 Web 站点了。也可以根据实际情况重新设置主目录，作法是点击 "浏览" 按钮，指定新的本地路径为主目录。

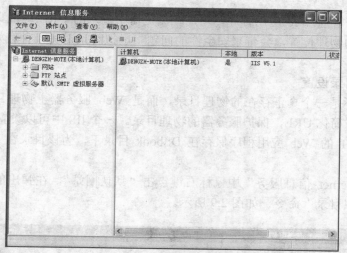

图 2.6　Internet 信息服务

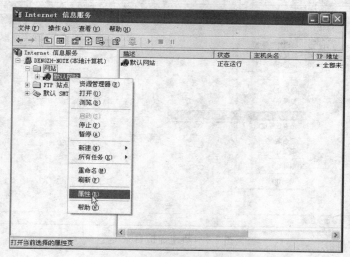

图 2.7　默认网站的弹出菜单

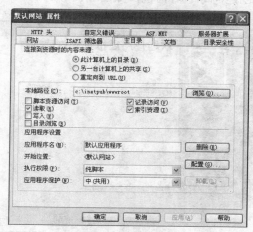

图 2.8　设置主目录

利用主目录来管理 Web 应用程序，用户在浏览器中输入的 URL 地址真实地反映了文件在服务器中所处的物理位置，会带来安全性的问题。虚拟目录是另一种较好的管理 Web 站点的方法。

3. IIS 虚拟目录设置

虚拟目录并不是一个真正存在的物理目录，而是 Web 服务器上物理目录的一个别名。设置虚拟目录可以简化 URL，保护服务器的物理目录。一个 IIS 中可以设置多个虚拟目录。

假设 ASP.NET 的 Web 应用程序保存在 D:\book 目录下，为该目录在 IIS 中建立虚拟目录的方法如下：

（1）在"Internet 信息服务"中鼠标右键点击"默认网站"，在弹出的快捷菜单中选择"新建"→"虚拟目录"命令，如图 2.9 所示。

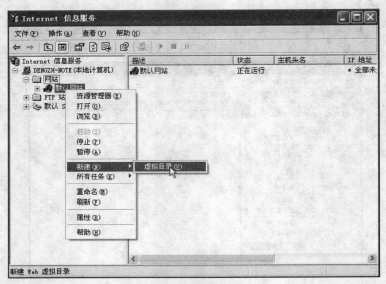

图 2.9　新建虚拟目录

（2）出现"虚拟目录创建向导"对话框，如图 2.10 所示。

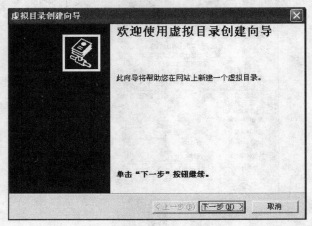

图 2.10　虚拟目录创建向导

（3）在"虚拟目录创建向导"对话框中，点击"下一步"按钮，打开如图 2.11 所示的"虚拟目录别名"对话框。在"别名"文本框中输入虚拟目录的别名，如"aspnet"。这个别名是用来从浏览器访问该虚拟目录中的网页的，通常比实际路径名简单，以方便输入和使用。

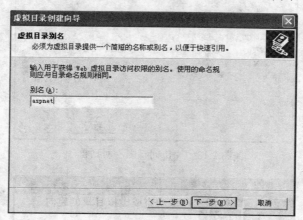

图 2.11 "虚拟目录别名"对话框

（4）点击"下一步"按钮，打开如图 2.12 所示的"网站内容目录"对话框。点击"浏览"按钮，在弹出的"浏览文件夹"对话框中找到存放 ASP.NET 应用程序的实际路径，如 D:\book。

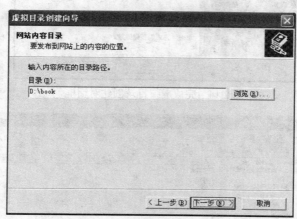

图 2.12 "网站内容目录"对话框

（5）点击"网站内容目录"对话框的"下一步"按钮，打开如图 2.13 所示的"访问权限"对话框。在此对话框中可以设置虚拟目录的访问权限，增强目录的安全性。默认权限设置为"读取"和"运行脚本"。

（6）点击"下一步"按钮，打开如图 2.14 所示的"已成功完成虚拟目录创建向导"对话框，点击"完成"按钮，结束虚拟目录的创建。虚拟目录"aspnet"在 IIS 中创建成功，如图 2.15 所示。

（7）利用虚拟目录访问网页。假设虚拟目录对应的物理路径下有一个 ASP.NET 文件 index.aspx，则访问该文件的方法是，在 IE 地址栏中输入"http://localhost/aspnet/index.aspx"，按回车键即可。

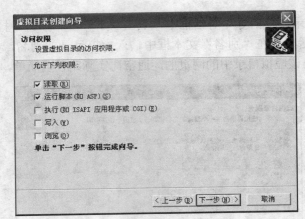

图 2.13 "访问权限"对话框

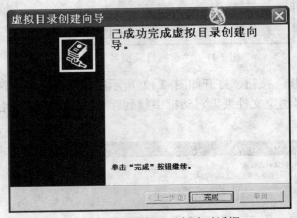

图 2.14 完成虚拟目录创建对话框

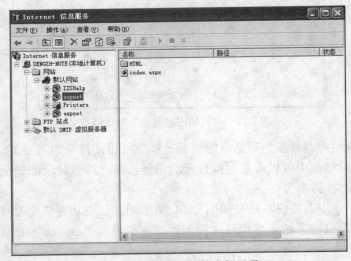

图 2.15 IIS 服务器的虚拟目录

另外，也可以直接在 IIS 中访问。方法是，在 Internet 信息服务中，鼠标右键点击要访问的 ASP.NET 文件，如图 2.16 所示。在弹出的快捷菜单中选择"浏览"命令即可。

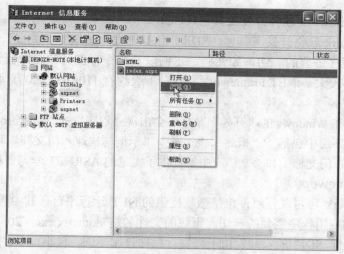

图 2.16　在 IIS 中访问虚拟目录中的 ASP.NET 文件

2.3.2　安装数据访问组件 MDAC

MDAC（Microsoft Data Access Components，微软数据访问组件）是 ASP.NET 与数据库进行通信并在页面上显示数据库内容的组件。现在最新的版本是 MDAC2.8，在微软的站点上可以免费下载，下载的文件名为 MDAC_TYP.exe，大小为 5M 左右。

MDAC 的安装很简单，直接运行下载后的 MDAC 应用程序即可。图 2.17 是 MDAC2.7 的安装示意图。

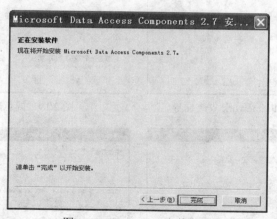

图 2.17　MDAC2.7 安装向导

2.3.3　安装.NET Framework

安装好 MDAC 后，才可以安装.NET Framework。.NET Framework 的安装主要包括两个文件：.NET Framework 可再发行组件包和.NET Framework 软件开发工具包（SDK）。两个文件都可以在微软的站点免费下载。为了更好地支持中文，还可以从微软网站下载 Microsoft .NET Framework 语言包安装。在安装的时候，只要分别执行下载的文件，按照提示步骤安装即可。

1．.NET Framework 软件开发工具包（SDK）

.NET Framework 软件开发工具包（SDK）包括开发人员编写、生成、测试和部署 .NET Framework 应用程序需要的一切，如文档、示例以及命令行工具和编译器等。下载的文件名是 setup.exe，文件较大。.NET Framework SDK 1.1 版约有 110MB，2.0 版本更是多达 400MB 以上。

安装成功后，在 Windows 的"开始"菜单中会出现"程序"→"Microsoft .NET Framework SDK"程序组。程序组中包括了"概述"、"工具"、"示例与快速入门文档"和"文档"。在"概述"、"示例与快速入门文档"和"文档"中都提供了大量的 ASP.NET 学习资料。

2．.NET Framework

.NET Framework 可再发行组件包是微软提供的.NET 运行平台，其中包括运行使用 .NET Framework 开发的应用程序需要的一切。下载的文件名是 dotnetfx.exe，20 MB 左右。可再发行组件包的安装类似 SDK 的安装，由于再发行组件包比 SDK 包小很多，因此可再发行组件包的安装要快得多。.NET Framework 2.0 主要安装过程如图 2.18 至图 2.21 所示。

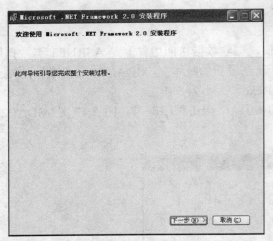

图 2.18　启动.NET Framework 安装向导

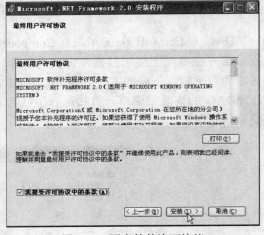

图 2.19　同意软件许可协议

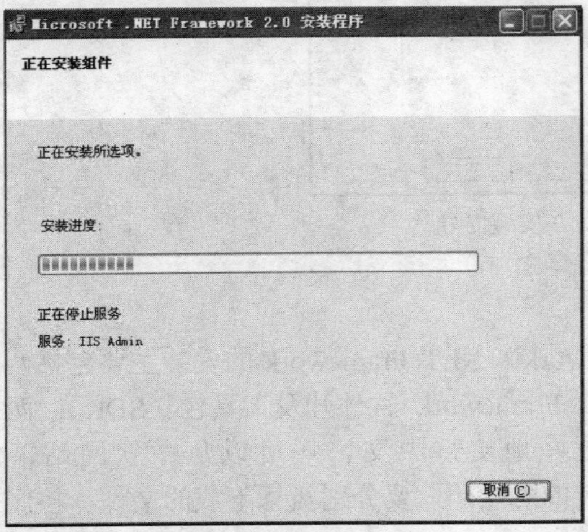

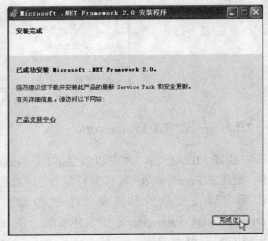

图 2.20　组件安装

图 2.21　安装完成

2.4　ASP.NET 开发工具

2.4.1　文本编辑工具

ASP.NET 文件的扩展名是*.aspx，是文本文件，因此可以用任何文本编辑器编写。可以用 Windows 操作系统自带的记事本来编写 ASP.NET 程序代码，另外，一些专门的文本编辑软件，如 UltraEdit 和 EditPlus 等，也可以用来编写 ASP.NET 程序代码。如图 2.22 所示的 UltraEdit 提供了界面友好的编程编辑器，支持语法高亮、代码折叠和宏，以及一些其他的功能，内置了对于 HTML、PHP 和 JavaScript 等语法的支持，和其类似的软件 EditPlus 也不错。

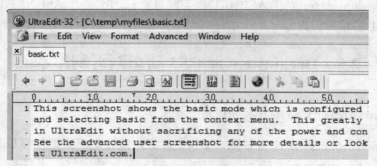

图 2.22　UltraEdit 文本编辑器

写好的 ASP.NET 程序保存在相应的物理目录中。测试时在 IE 中输入虚拟目录构成的 URL，按回车键后，在 IE 中就可以观察到 ASP.NET 程序执行的结果了。

使用文本编辑工具编写 ASP.NET 代码，对于初学者来说，有一定难度。

2.4.2　Visual Studio.NET

Visual Studio.NET 是微软公司提供的一款重量级.NET 开发工具，集开发环境、源程序编辑、编译、链接及项目管理和程序发布等于一体，功能十分强大。它提供多种语言支持，包括 VB.NET、C#、C++、C++.NET 等。主要功能包括：

- 可视化设计器
- 代码识别编辑器
- 集成的编译和调试功能
- 项目管理功能。

但是，使用 Visual Studio.NET 也要面对一些问题，比如 Visual Studio.NET 安装比较麻烦，占用空间很大，对机器要求也较高。因此，采用 Visual Studio.NET 来开发要付出比较高昂的使用成本，只有应用于大型的系统开发才有较好的性效比。对于初学者来说，Visual Studio.NET 工具本身也需要花费较多的时间学习，增加了 ASP.NET 的学习成本。

2.4.3　Dreamweaver CS3

Dreamweaver CS3 是由 Adobe 公司在并购 Macromedia 之后推出的最新版本，它是一款专业的 Web 站点开发软件，可用于 Web 站点、Web 页和 Web 应用程序的设计、编码和开发工作。在业界通常将 Dreamweaver、Flash、Fireworks 称为网页三剑客。

将各种网页制作的相关工具紧密联系起来是 Dreamweaver 系列的一大亮点，同时良好的插件体系，使 Dreamweaver CS3 可通过第三方插件进行补充。另外，Dreamweaver CS3 还为开发人员提供了动态语言支持与丰富的模板。Dreamweaver CS3 在功能强大与易用性之间具有很好的平衡，使用 Dreamweaver CS3 可以有效地提高 Web 开发的工作效率。

在对 ASP.NET 支持方面，Dreamweaver 内置了功能强大的可视化开发环境，从网页的编写到数据库技术的运用，提供了完整的解决方案，用户可以在专业的代码或可视化环境中组建自己的动态 ASP.NET 网站。Dreamweaver CS3+ASP.NET 是一种轻量级的实现可视化 ASP.NET 动态网页制作的新途径，它降低了 ASP.NET 的学习门槛，尤其对网页制作的爱好者来说，利用 Dreamweaver 制作 ASP.NET 动态网页，有助于揭开 ASP.NET 的神秘面纱，快速进入 ASP.NET 的精彩世界。

2.5　Dreamweaver CS3 动态网页制作基础

2.5.1　Dreamweaver CS3 的安装和设置

运行 Dreamweaver CS3 简体中文版的安装文件后，按以下步骤进行安装。

（1）打开 Dreamweaver CS3 安装文件后，将启动安装向导，进行系统检查后，如图 2.23 所示，点击接受软件用户使用版权协议，选择好安装位置。

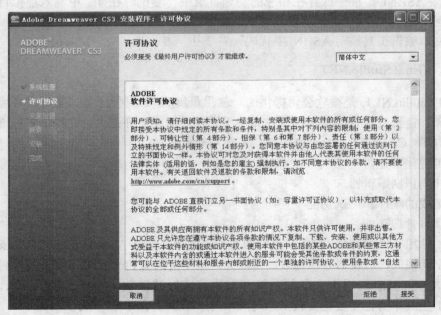

图 2.23　Dreamweaver CS3 许可协议

（2）按照向导连续几步操作后出现安装进度条，如图 2.24 所示，安装好 Dreamweaver CS3 和共享组件后即可完成安装，如图 2.25 所示。

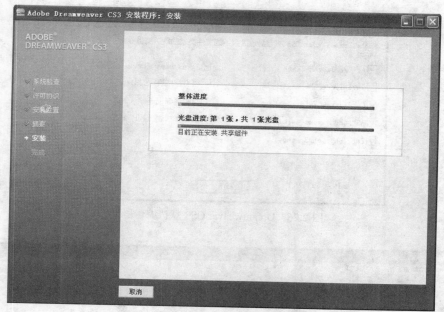

图 2.24　Dreamweaver CS3 安装进度

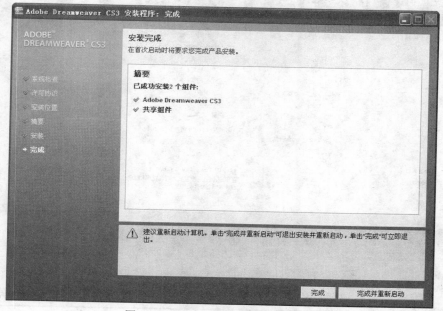

图 2.25　Dreamweaver CS3 安装完成

（3）启动 Dreamweaver CS3，出现默认编辑器界面，可以对文件所使用默认编辑器进行分类指派。也就是确认把 Dreamweaver 作为哪一部分特定类型文件的默认编辑器。在默认编辑器界面中增加 ASP.NET 选项，如图 2.26 所示。

（4）完成上述操作后，就可以看到如图 2.27 所示的起始页，至此，Dreamweaver CS3 安装结束，可以开始正常使用了。

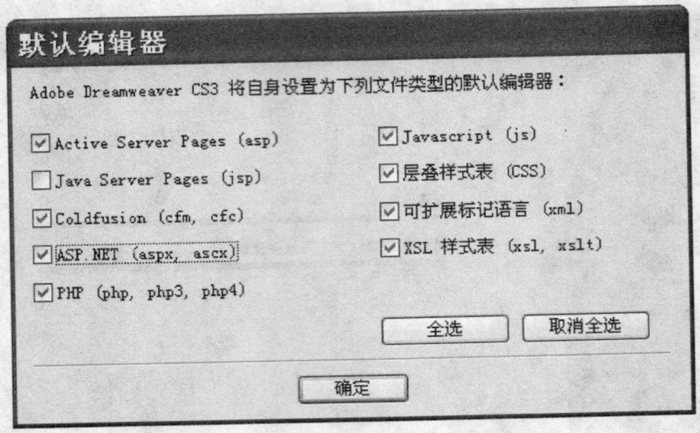

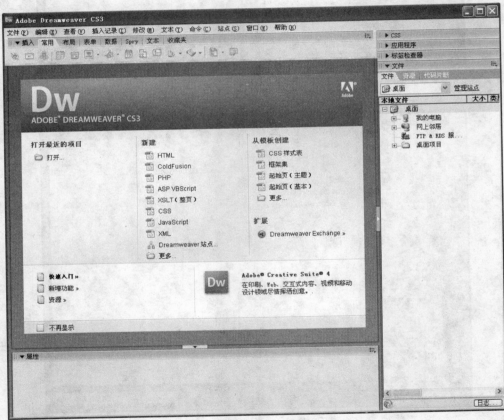

图 2.26　Dreamweaver CS3 默认编辑器

图 2.27　Dreamweaver CS3 起始页

2.5.2　Dreamweaver CS3 的工作环境

Dreamweaver CS3 所提供的工作区环境，将全部功能面板集成到了一个应用程序窗口中。网页设计师可以选择面向设计人员的布局模式进行开发，也可以选择面向手工编码人员的布局模式进行开发。

Dreamweaver CS3 的工作窗口包含如下几个组成部分: 菜单栏、"插入"工具栏、"文档"窗口、"文档"工具栏、"面板"组、标签选择器、"属性"检查器、"文件"面板等, 如图 2.28 所示。各部分简介如下。

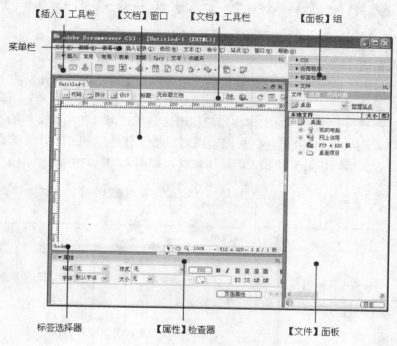

图 2.28 Dreamweaver CS3 的工作区

1. 菜单栏

菜单栏有 10 个菜单: 文件、编辑、查看、插入记录、修改、文本、命令、站点、窗口和帮助。每个菜单中都包含有下级菜单项。Dreamweaver CS3 的大多数功能都可以在菜单栏的各级菜单项中找到。各菜单的主要功能说明如下:

- "文件": 用于管理文件。例如新建, 打开, 保存, 另存为, 导入, 输出打印等。
- "编辑": 用来编辑文本。例如剪切, 复制, 粘贴, 查找, 替换和参数设置等。Dreamweaver 中的"首选参数"设置也在"编辑"菜单中。
- "查看": 用于切换视图模式以及显示、隐藏标尺、网格线等辅助视图功能。
- "插入记录": 用于插入各种网页元素, 例如图片、表单、表格及超级链接等。
- "修改": 用于修改页面元素。
- "文本": 用于对文本操作, 如设置文本格式。
- "命令": 包含所有的附加命令项。
- "站点": 主要用于创建和管理站点。
- "窗口": 用来显示和隐藏控制面板以及切换文档窗口。
- "帮助": 提供联机帮助功能。

2. "插入"工具栏

"插入"工具栏集中了创建网页中的各种对象时使用频率高的按钮, 这些按钮被组织到几个类别中。使用这些按钮可以将各类对象（如链接、表格和图像）插入到编辑文档中，如图 2.29 所示。在代码编辑模式下，每一个对象都会对应一段 HTML 代码。

图 2.29　"插入"工具栏

3. "文档"窗口

"文档"窗口用来显示当前创建和编辑的文档内容，是网站设计和开发的主要工作区。

4. "文档"工具栏

"文档"工具栏包含一系列的操作按钮，使用这些按钮可以在编辑文档的不同视图间快速切换，例如"代码"视图、"设计"视图，同时显示"代码"和"设计"的拆分视图。工具栏中还包括查看文档、传输文档相关的常用命令，如图 2.30 所示。

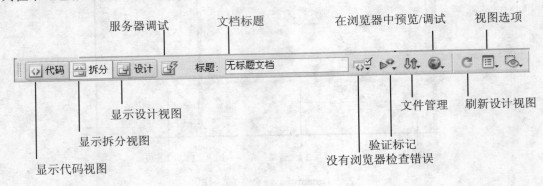

图 2.30　"文档"工具栏

5. "面板"组

针对具体功能模块，Dreamweaver CS3 把一些相关面板进行分组并集成在了一起。点击面板组名称，例如"文件"面板左侧的倒三角箭头，就能展开相对应的面板组。

6. 标签选择器

标签选择器可以理解成一个标签导航功能，这个功能可以很方便地定位到插入至页面中的任意标签。选中要编辑的插入对象，对其进行相关的属性设置。

7. "属性"检查器

"属性"检查器是用于查看和编辑所选对象或文本的各类属性（如格式、样式、字体等）的功能面板，如图 2.31 所示。点击"窗口"菜单中的"属性"菜单项可以显示或隐藏"属性"面板。"属性"面板的右下角有一个小三角图标，点击后可以折叠或扩展"属性"面板。

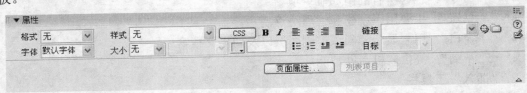

图 2.31　"属性"检查器

8."文件"面板

"文件"面板是用户管理文件和文件夹的功能面板。通过这个面板还使用户可以访问本地磁盘上的全部文件,或是服务器整个站点中的所有文件。操作模式类似于 Windows 的资源管理器,如图 2.32 所示。

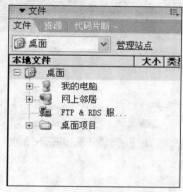

图 2.32 "文件"面板

2.5.3 在 Dreamweaver CS3 中建立站点

Dreamweaver CS3 是以站点定义来组织网站中的文件的。在利用 Dreamweaver CS3 进行网页开发之前,要先在 Dreamweaver CS3 中建立站点。

(1)选择菜单栏中"站点"→"管理站点"命令,在弹出的对话框中点击"新建"按钮,然后选择"站点",如图 2.33 所示。

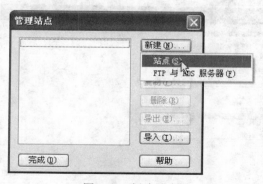

图 2.33 新建站点

(2)在弹出的输入站点名称对话框中,输入站点名称和 HTTP 地址。站点名称要与 IIS 中建立的虚拟目录名称相同,这时输入前面已建立的虚拟目录"aspnet",HTTP 地址同虚拟目录访问 IIS 时的输入,如图 2.34 所示。输入完毕后,点击"下一步"按钮。

(3)弹出如图 2.35 所示的选择服务器技术对话框。由于 ASP.NET 是服务器端动态网页编程技术,因此选择第二项"是,我想使用服务器技术"。展开"哪种服务器技术?"下拉列表,选择其中的"ASP.NET VB"。点击"下一步"按钮。

(4)在弹出的对话框中,选择"在本地进行编辑和测试",然后通过"浏览文件"图标，指定站点定义对应的文件夹路径，也就是虚拟目录对应的实际文件路径。这里设置为 aspnet 虚拟目录对应的路径"D:\Book"，如图 2.36 所示。设置完毕后，点击"下一步"按钮。

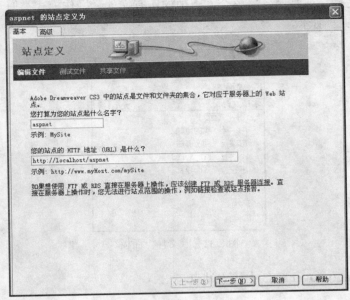

图 2.34　输入站点名称

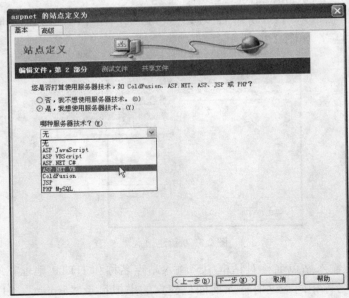

图 2.35　选择服务器端动态网页技术

（5）在弹出的对话框中设置浏览网站的 URL，输入方式参考对话框中的示例，这里设置为 http://localhost/aspnet/。注意，与步骤（2）不同的是，这里的 URL 中多了斜杠"/"。输入完毕后，点击对话框中的"测试 URL"按钮，如图 2.37 所示。如果弹出"URL 前缀测试已成功"的提示，则可进行下一步；否则，还要检查前面步骤，直到 URL 前缀测试通过。

（6）在接下来的如图 2.38 所示的对话框中选择"否"，因为只在本机进行开发测试，不使用远程服务器。点击"下一步"按钮，完成站点的相关设置，如图 2.39 所示。

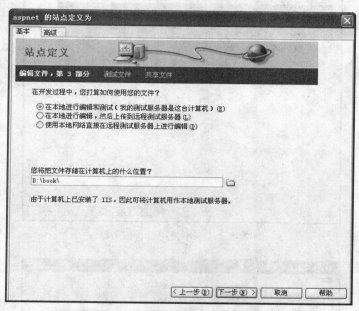

图 2.36　设置本地主机和文件存储路径

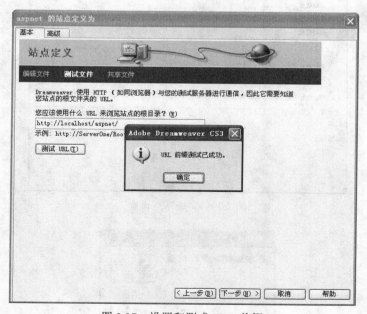

图 2.37　设置和测式 URL 前缀

（7）站点设置完成后，点击图 2.39 中的"完成"按钮，结束整个站点定义过程。界面回到"管理站点"对话框，如图 2.40 所示。与之前不同的是，对话框的空白处多了个站点"aspnet"，表示站点定义成功。点击"完成"按钮，关闭"管理站点"对话框。

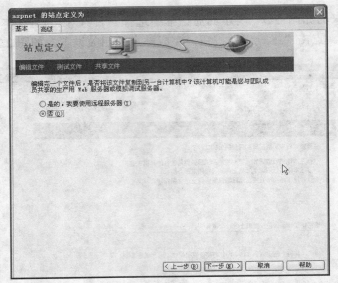

图 2.38　选择不使用远程服务器

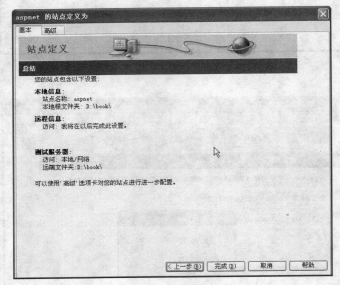

图 2.39　完成站点设置

图 2.40　站点定义成功

2.5.4 在 Dreamweaver CS3 中建立和运行 ASP.NET 程序

例 2-1 （test.aspx）在 Dreamweaver CS3 中建立和运行 ASP.NET 程序

定义完站点后，就可以着手建立 ASP.NET 网页了。下面我们来建立第一个 ASP.NET 程序。

（1）选择菜单"文件"→"新建"命令，在弹出的"新建文档"对话框中，选择左边"空白页"，在"页面类型"中选择"ASP.NET VB"，如图 2.41 所示。

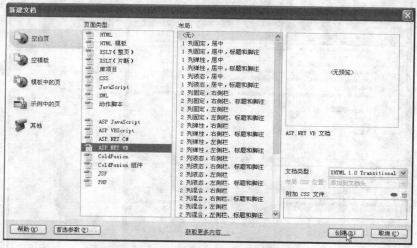

图 2.41　创建 ASP.NET 动态网页

（2）点击对话框下部的"创建"按钮后，打开了 Dreamweaver CS3 工作区，并出现了一个默认名是"Untitled-1"的文件，如图 2.42 所示。

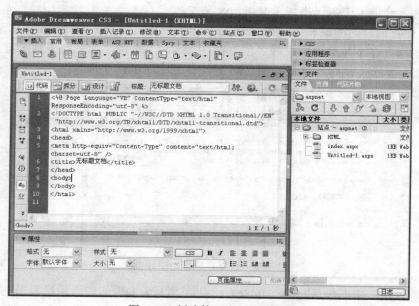

图 2.42　新建的 ASP.NET 网页

（3）保存这个新建的 ASP.NET 文件。选择菜单的"文件"→"保存"命令，将文件命名为 test.aspx，并保存到"D:\Book"路径下。

（4）点击文档工具栏的"拆分"按钮，切换到"拆分"视图。点击文档窗口下部（设计视图部分）的空白处，输入文字"这是第一个 ASP.NET 页面！"后，再次保存文件，如图2.43 所示。

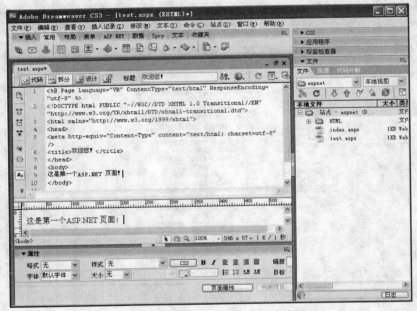

图 2.43　在拆分视图中输入文字

至此，我们就完成了第一个 ASP.NET 网页的设计。从图 2.43 可看到，右边的"文件"面板的"文件"选项卡中，已出现了 test.aspx 文件。

（5）下面我们开始测试和运行第一个 ASP.NET 网页。如图 2.44 所示，点击文档工具栏右边的地球图标，在下拉菜单中选择"预览在 IExplore"选项，或者点击功能键 F12，激活浏览器，查看 test.aspx 的运行结果。图 2.45 是浏览器显示的网页内容。

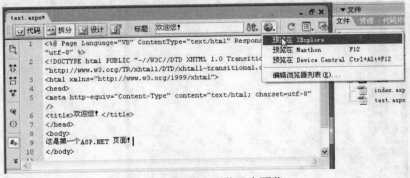

图 2.44　选择在浏览器中预览

为了方便叙述，本书今后将 Dreamweaver CS3 简写为 DW CS3。后续章节的实例均以刚建立的 aspnet 为站点定义，每一章节均在该站点下建立相应的子目录，各章节的实例均放在相应子目录中。

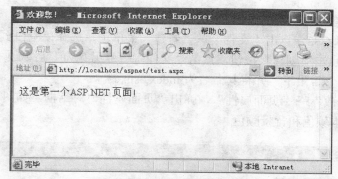

图 2.45　test.aspx 的运行结果

2.6　任务实现：使用 Dreamweaver CS3 制作 ASP.NET 个人主页首页

制作网页，需要首先勾勒网页结构草图。为了描述方便，我们先给出个人主页首页的效果，如图 2.46 所示，在开始制作之前，我们需要先对这个页面进行分析，了解和掌握这个页面的基本结构。

- 网页顶端的标题"我的主页"是一段文字；
- 网页中间是一幅图片；
- 最下端的欢迎词是一段文字；
- 网页背景是淡蓝色。

图 2.46　个人主页首页的效果图

构思好这个网页的结构，我们就可以开始制作了。同时需要做一些准备工作，主要有：

- 使用 Dreamweaver CS3 建立 aspnet 站点，站点目录指向 D:\book；
- 在 D:\book 下建立 ASPNET 文件夹，用于存放个人网站的程序文件，同时在 D:\book\ASPNET 下建立名为 images 的文件夹，把要使用的图片收集到 images 文件夹内。

上述个人主页首页的主要制作步骤如下：

（1）启动 DW CS3，点击"文件"→"新建"菜单项，选择"空白页"，页面类型选择"ASP.NET VB"，点击"创建"按钮，点击"文件"→"另存为"菜单项，将该文件保存在"D:\Book\ASPNET"目录下，并将其命名为 index.aspx。

（2）点击"修改"→"页面属性"，弹出"页面属性"对话框，如图 2.47 所示，并按照图示参数设置文本颜色和背景颜色。

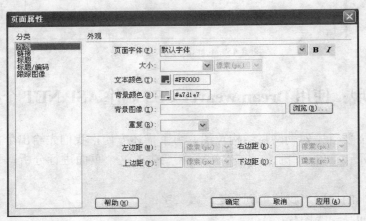

图 2.47　页面属性设置

（3）在 DW CS3 中，切换到"设计"视图，将光标移到第一行，输入文字"我的主页"，在"属性"面板中将字体改为 36，对齐方式设为居中。

（4）在标题"我的主页"右边空白处点击鼠标，回车换一行，按照以下方法插入一幅图片，并使图片居中。

①使用"插入记录"菜单：在"插入记录"菜单选择"图像"，弹出"选择图像源文件"对话框，选中 D:\book\ASPNET\images 下的图像文件，如图 2.48 所示，点击"确定"按钮。

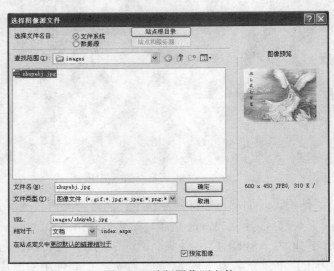

图 2.48　选择图像源文件

② 使用"插入"工具栏：点击"插入"工具栏图像按钮，弹出"选择图像源文件"对话框，其余操作同上。

③ 使用面板组"资源"面板，如图 2.49 所示：点击"图像"按钮，展开根目录的图片文件夹，选定图像文件，用鼠标拖动至工作区合适位置。

（5）在图片右边空白处点击，回车换行。仍然按照上述方法，输入文字"欢迎您访问我的个人主页！愿你我成为网络中的知己！"然后，在"属性"面板中将字体改为 18，对齐方式设为居中，最后保存页面。一个简单的个人主页首页就这样编辑完毕了。可以在页面编辑器中按 F12 键预览网页效果。

图 2.49 "资源"面板中选择图像

实训

本章的实训内容主要是建立 ASP.NET 的运行和编辑环境。具体包括以下几项任务：

1．建立以各自名字命名的文件夹，作为本课程学习目录；

2．安装 IIS，安装完后在 IE 中输入 http://localhost，看能否打开欢迎页面，检测是否安装成功。localhost 也可用 127.0.0.1 代替；

3．建立一个虚拟目录，以任务 1 建立的文件夹为物理目录，虚拟目录名用姓名的拼音；

4．建立.NET 运行环境：

（1）下载和安装 MDAC；

（2）下载和安装.NET Framework 2.0 版可发行组件包；

5．安装 Dreamweaver CS3；

6．在 Dreamweaver CS3 中建立站点。

习题二

1．ASP.NET 与 ASP 有何区别？

2．ASP.NET 网站运行环境有哪些？

3．如何检测 IIS 是否安装成功？

4．什么是虚拟目录？

5．ASP.NET 文本编辑工具有哪些？

6．简述在 Dreamweaver CS3 中建立站点的步骤。

第 3 章　HTML 语言基础

　　HTML 是 HyperText Markup Language 的缩写，中文译名是超文本标记语言。HTML 是静态网页的描述语言，是网页制作的基础。它是在普通文本文件的基础上，加上一些标记来描述网页的字体、大小、颜色及图像、声音等，通过浏览器的解释，显示成精彩的网页。HTML 不是程序语言，与 VB、C++等编程语言有着本质上的区别。它只是标记语言。只要学会各种标记的用法，就能够掌握 HTML 语言。

> ➤　HTML 语言的基本概念
> ➤　静态网页和动态网页的区别
> ➤　HTML 的文件结构
> ➤　HTML 的主要标记

3.1　任务概述：设计乘法表静态页面和用户注册静态页面

　　HTML 是网页设计的基础，本章将介绍 HTML 文件的结构和常用 HTML 标签的使用方法。通过本章的学习，我们将完成两个静态页面的设计：乘法表页面和用户注册页面。

3.2　HTML 语言

　　HTML（HyperText Markup Language，超文本标记语言）是一种用来制作超文本文档的简单标记语言。用 HTML 编写的超文本文档称为 HTML 文档，它能独立于各种操作系统平台（如 UNIX，Windows 等）。自 1990 年以来，HTML 就一直被用作 World Wide Web 上的信息表示语言。

3.2.1　静态页面和动态页面

1．静态网页

　　（1）概况：纯粹 HTML 格式的网页，早期的网站一般都是由静态网页制作的。静态网页的网址形式通常为：www.example.com/eg/eg.htm，也就是以.htm、.html、.shtml、.xml 等为后缀的。在 HTML 格式的网页上，也可以出现各种动态的效果，如.GIF 格式的动画、Flash、滚动字幕等，这些"动态效果"只是视觉上的，存在这些"动态效果"的 HTML 页面，仍然是静态网页。

（2）特点：

①静态网页是事先编写好的。网页内容一经发布到网站服务器上，无论是否有用户访问，每个静态网页的内容都是保存在网站服务器上不变的；

②静态网页的内容相对稳定，因此容易被搜索引擎检索；

③静态网页没有数据库的支持，在网站制作和维护方面工作量较大，因此当网站信息量很大时完全依靠静态网页制作方式比较困难；

④静态网页的交互性较差，在功能方面有较大的限制。

2．动态网页

（1）概况：动态网页是与静态网页相对应的，不仅具有 HTML 标记，而且含有程序代码，与数据库连接的网页。常见的动态网页是以.asp、.aspx、.jsp、.php 等形式为后缀的。

（2）特点：

①动态网页的页面内容是在服务器上运行后生成的，不是事先编写好的；

②动态网页常常以数据库技术为基础；

③动态网页的交互性较好，采用动态网页技术的网站可以实现更多的功能，如用户注册、用户登录、在线调查、用户管理、订单管理等。

综上所述，网页代码是事先编写好的还是在服务器端运行生成的，是判断是静态网页还是动态网页的重要标志。

静态网页和动态网页各有特点，网站中采用动态网页还是静态网页主要取决于网站的功能需求和网站内容的多少，如果网站功能比较简单，内容更新量不是很大，采用纯静态网页的方式会更简单，反之一般要采用动态网页技术来实现。在同一个网站上，动态网页内容和静态网页内容同时存在也是很常见的事情。

3.2.2　标记

1．标记的概念

标记是 HTML 中用于描述功能的符号。如<html>、<body>、<table>等。

标记常由起始标记和结束标记组成，如<html>........</html>。无斜杠的标记表示该标记的作用开始，有斜杠的标记表示该标记的作用结束。如<table>表示一个表格的开始，</table>表示一个表格的结束。起始标记一般必须和结束标记配对使用，但有些标记可以省略结束标记，如
、<img>、<input>等。

标记可以嵌套。即标记内还可以包含标记，如：表格中包含表格或其他标记。但是标记不能交叉嵌套，如下面这样的代码是错误的：

<Div><Span>这是不正确的代码</Div></Span>

正确的写法应该是：

<Div><Span>这是正确的代码</Span></Div>

标记的大小写作用相同，如<TABLE>和<table>都是表示一个表格的开始。HTML 语言是大小写不敏感的。

标记在使用中必须用一对尖括号"<>"括起来，而且标记名与尖括号之间不能留有空白字符。

为了养成良好的编写代码风格，在编写 HTML 文件时，可以先将标记成对列出，再将内容插入起始标记后。

2．标记的属性

在起始标记中，往往用一些属性进一步描述标记的功能。如：段落标记<P>，它的语法格式是：

> <p align="left|center|right" class="type">

上面的代码说明<P>标记有两个属性，即 align 和 class，其中 align 用于定义段落的位置是靠左、靠右还是居中。默认值是靠左。而 class 则是定义所属的类型。在实际应用时当然可以没有 align 和 class 参数，而是按照默认情况显示。在设置标记的属性值时，若是取默认值不影响效果或影响很少，我们就尽量取默认值，这样可以不用设置，从而达到减少代码的目的。

HTML 中标记的属性值加或不加西文引号，浏览器都能接受。在 Dreamweaver 中自动生成的 HTML 代码中，属性值都是有引号的。本书采用有引号的写法。如以下语句使段落内容居中：

> <p align="center">段落内容居中示例</p>

3．常见的 HTML 标记

（1）<html>...</html>标记。一个 HTML 文件，无论是简单的还是复杂的，都是以<html>开头，以</html>结尾。<html>标记还指出了本文件是 HTML 文件，当浏览器遇到<html>标记时会按照 HTML 标准解释后面的文本，直到遇到结束标记</html>才停止上述解释。提示：HTML 语言属于解释性语言，不需要经过编译，直接用浏览器就可以执行其代码。

（2）<head>...</head>标记。<head>和</head>构成了 HTML 文件的开头部分，在此标记对之间可以使用<title>...</title>、<script>...</script>等标记对，描述网页标题或者其他不在网页上显示的信息。

（3）<title>...</title>标记。<title>标记用于设置浏览器窗口标题栏中显示的文本信息，这些信息一般是网页主题。注意：<title>…</title>标记对只能放在<head>…</head>标记对之间。

（4）<body>...</body>标记。<body>…</body>是 HTML 文件的主题部分，之间可以定义多种标记。同时<body>也有很多属性，下面列出都是比较常用的。

①背景颜色——bgcolor <body bgcolor="颜色代码">

②背景图案——background <body background="图形文件名">

③设定背景图案不会卷动——bgproperties <body bgproperties=fixed>

④文件内容文字的颜色——text <body text="颜色代码">

⑤超级链接文字颜色——link <body link="颜色代码">

⑥正被选取的超级链接文字颜色——vlink <body vlink="颜色代码">

⑦已链接过的超级链接文字颜色——alink <body alink="颜色代码">

（5）<!--注释内容-->标记。<!--标记表示注释的开始，-->标记表示注释的结束。

注释是为了方便设计和供他人阅读，在浏览器处理 HTML 文件时，将忽略注释标记以及注释内容。

3.2.3　文件结构

一个完整的 HTML 文件由标题、段落、表格和文本等各种嵌入的对象组成，这些对象统称为元素，HTML 使用标记来分隔并描述这些元素。实际上整个 HTML 文件就是由元素与标记组成的。

例 3-1　（3-1.html）HTML 文件的基本结构。

（1）启动 DW CS3，在"D:\Book\HTML"目录下，新建一个 HTML 页面，将其命名为 3-1.html，并将文档窗口切换到"代码"视图，在</head>和<body>间录入"这是一个基本的 HTML 网页"，并在标题栏输入"HTML 文件的基本结构"，如图 3.1 所示。

图 3.1　例 3-1 代码窗口

（2）录入完毕，重新保存。点击文档工具栏右边的地球图标，选择在浏览器中预览，运行结果如图 3.2 所示。

图 3.2　例 3-1 的运行结果

可以看出：

（1）HTML 文件主要由<Html>、<Head>、<Title>和<Body>四类标记组成。

（2）整个文件处于标记<Html>与</Html>之间。<Html>内的文件分成两部分，<Head>标记内的部分称为文件头，<Body>标记内的部分称为文件体。

（3）<Title>所标示的是网页文件的标题。起始标记和结束标记之间的文字显示在浏览器顶部的标题栏上。

（4）<Body>标记中的文件体显示在浏览器的窗口，是网页的核心部分。HTML 语言中的大部分标记都是用于在文件体中定义显示的内容及格式。

3.3 静态网页基础

3.3.1 网页中的字体

文本是网页的基础，网页中的文本可以通过标记设置字体、大小、颜色等信息。

1．字型标记

字型是指文本的加粗、倾斜、下划线、上标和下标等风格。

以下是字型标记：

- <B>...</B> 粗体标记
- <I>...</I> 斜体标记
- <U>...</U> 下划线标记
- ^{...} 下标标记
- _{...} 上标标记

例 3-2 （3-2.html）HTML 文件中的字型标记。

（1）启动 DW CS3，在"D:\Book\HTML"目录下，新建一个 HTML 静态网页，将其命名为 3-2.html，并将文档窗口切换到"代码"视图。在标记<body>和</body>之间，录入如下代码：

```
<B>粗体标记</B>          <!--粗体标记-->          <br>
<I>斜体标记</I>                  <!--斜体标记-->          <br>
<U>下划线标记</U>        <!--下划线标记-->        <br>
<SUP>下标标记</SUP>        <!--下标标记-->          <br>
<SUB>上标标记</SUB>        <!--上标标记-->          <br>
```

（2）录入完毕，重新保存。点击文档工具栏右边的地球图标，选择在浏览器中预览，如图 3.3 所示，运行结果如图 3.4 所示。

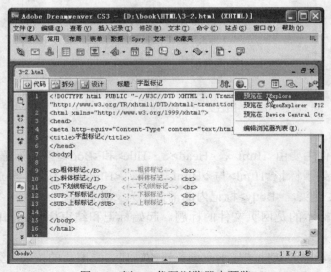

图 3.3　例 3-2 代码浏览器中预览

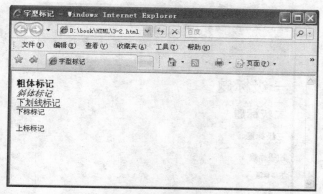

图 3.4　例 3-2 的运行结果

2．标题标记

标题标记可以把文字作为标题显示在网页上，文字以粗体显示，文字前后各加一个空行。

共有 6 级标题，由 <H1> 至 <H6>，对应标题文字逐渐变小。<H1>（一级标题）显示最大，<H6>（6 级标题）显示最小。

例 3-3　（3-3.html）HTML 文件中的标题标记。

（1）启动 DW CS3，在"D:\Book\HTML"目录下，新建一个 HTML 静态网页，将其命名为 3-3.html，并将文档窗口切换到"代码"视图。在标记<body>和</body>之间，录入如下代码：

```
<h1>一级标题</h1>        <!--一级标题-->
<h2>二级标题</h2>        <!--二级标题-->
<h3>三级标题</h3>        <!--三级标题-->
<h4>四级标题</h4>        <!--四级标题-->
<h5>五级标题</h5>        <!--五级标题-->
<h6>六级标题</h6>        <!--六级标题-->
```

（2）录入完毕，重新保存。点击文档工具栏右边的地球图标，选择在浏览器中预览，如图 3.5 所示，运行结果如图 3.6 所示。

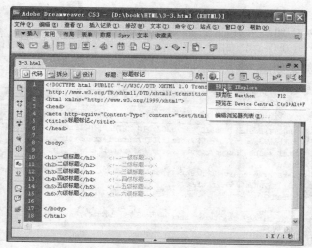

图 3.5　例 3-3 代码浏览器中预览

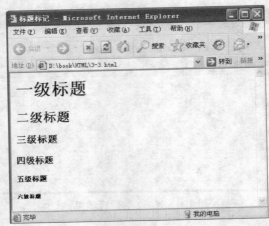

图 3.6 例 3-3 的运行结果

3．字体标记<Font>

<Font>标记是处理字体的主要标记，用于设置文本的颜色、字体和字号。例如：

　　　<font face="Arial" size="+2" color="#008000">设置字体格式</font>

字体标记的属性说明如下：

① face="#" 用来设置文本的字体，#的取值为字体名称。

② size="n" 用来设置文本的字号。n 的取值为 1～7，数值越大，字体越大。n 的取值也可以有"+"、"-"符号，可使浏览器修改字体的相对大小。

③ color="#008000" 设定文本的颜色。#008000 表示绿色。

HTML 中，颜色有两种表示方法：预定义的色彩名称，如 color="black"；十六进制的 RGB 值。注意，在 RGB 值前要加#号，如#000000 代表黑色。

字体标记只影响所标示范围内的字句。

例 3-4 （3-4.html）HTML 文件中的标题标记。

（1）启动 DW CS3，在"D:\Book\HTML"目录下，新建一个 HTML 静态网页，将其命名为 3-4.html，并将文档窗口切换到"代码"视图。在标记<body>和</body>之间，录入如下代码：

　　　<font size=7 color=red face=隶书>这是红色隶书</font>

（2）录入完毕，重新保存，如图 3.7 所示。点击文档工具栏右边的地球图标，选择在浏览器中预览，运行结果如图 3.8 所示。

图 3.7 例 3-4 代码浏览器中预览

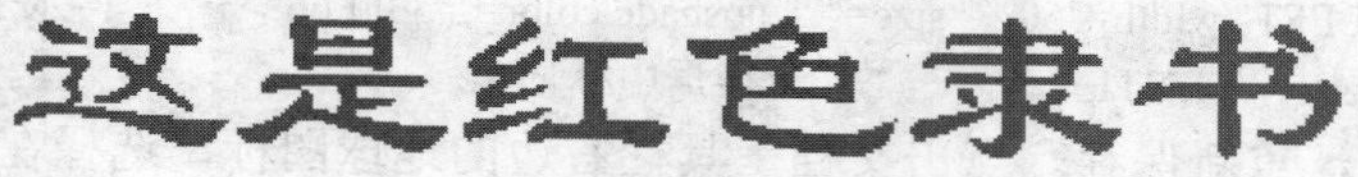

这是红色隶书

图 3.8　例 3-4 的运行结果

3.3.2　网页的排版

HTML 中，网页的排版可以通过段落、换行、居中等功能实现。

1．段落标记<P>

<P>用于分段，并且在前段与后段之间留一空白行。段落标记<P>可以不需要结束标记</P>。

<P>的常用参数：如：<p align="center">

属性 align 用于表示对齐方式，可选值有 right、left、center。align 的默认值是"left"。

2．换行标记

用于换行。与段落标记<P>的区别在于，
不会产生空行。段落标记
也可以不需要结束标记</BR>。

浏览器会自动忽略源代码中空白和换行的部分，无论在源代码中编好了多漂亮的文章，若不适当地加上换行标记或段落标记，浏览器只会将它显示成一大段。因此，为了网页显示能达到换行目的，常常使用
标记。

3．水平线标记<HR>

<HR>标记在网页上插入一条水平线，同时产生了分段。水平线标记<HR>可以不需要结束标记</HR>。

<HR>标记有一些属性，如：

        <HR align="LEFT" size="2" width="70%" color="#0000FF" noshade>

<HR>标记的属性说明如下：

① align="left|right|center" 对齐方式，默认为"left"。

② size="n"设定线条粗细，以像素为单位。

③ width="70%" 设定线条宽度，可以是绝对值（以像素为单位）或相对值，表示占屏幕宽度的百分数。

④ color="#0000FF" 设定线条颜色，默认为黑色。

⑤ noshade 布尔型属性，设定时线条为平面显示。

4．居中标记<CENTER>…</CENTER>

<CENTER>标记用于居中排版，与属性 ALIGN="CENTER"的作用相同。<CENTER>标记需要配对使用。

例 3-5　（3-5.html）HTML 网页的排版。

（1）启动 DW CS3，在"D:\Book\HTML"目录下，新建一个 HTML 静态网页，将其命名为 3-5.html，并将文档窗口切换到"代码"视图。在标记<body>和</body>之间，录入如下代码：

        <p align="center">分段　　　　　　　　<!--分段标记-->

换行　　　　　　　　　<!--换行标记-->

```
<HR align="LEFT" width="50%" size="2" noshade color="#33FF66">        <!--水平线标记-->
<CENTER>居中</CENTER>                    <!--居中标记-->
```

（2）录入完毕，重新保存。点击文档工具栏右边的地球图标，选择在浏览器中预览，如图 3.9 所示，运行结果如图 3.10 所示。

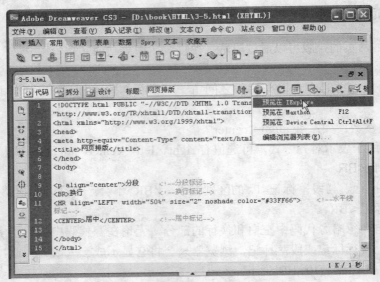

图 3.9　例 3-5 代码浏览器中预览

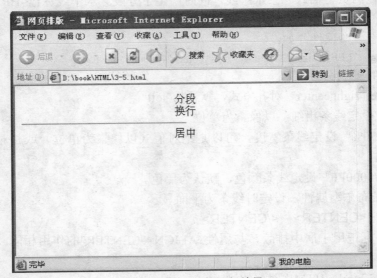

图 3.10　例 3-5 的运行结果

3.3.3　列表

网页中，有时需要以列表的形式展示信息。HTML 提供了两类列表：无序列表和有序列表。符号形式的列表称为无序列表，带序号的列表称为有序列表。

1．无序列表<ul>

无序列表使用的一对标记是<ul></ul>，无序列表指没有进行编号的列表，每一个列表项前使用<li>。<li>的属性 type 有三个选项：disc 实心圆；circle 空心圆；square 小方块。

<ul>如果不使用其项目<li>的属性值，即默认情况下的<ul>会加"实心圆"。

格式 1：

<ul>

        <li>第一项

        <li>第二项

        <li>第三项

</ul>

格式 2：

<ul>

        <li type=disc>第一项

        <li type=circle>第二项

        <li type=square>第三项

</ul>

2．有序列表<ol>

有序列表和无序列表的使用格式基本相同，它使用标记<ol></ol>，每一个列表项前使用<li>。<ol>列表的结果带有前后顺序之分的编号。如果插入和删除一个列表项，编号会自动调整。

顺序编号的设置是由<ol>的两个属性 type 和 start 来完成的。start=编号开始的数字，如start=2 则编号从 2 开始，如果从 1 开始可以省略，或是在<li>标记中设定 value＝"n"来改变列表行项目的特定编号，例如<li value="7">。type=用于设置编号的数字、字母等的类型，如表 3.1 所示，如 type=a，则编号用英文字母。为了使用这些属性，把它们放在<ol>或<li>的初始标记中。

表 3.1　有序列表 type 的属性

Type 类型	描述
Type=1	表示列表项目用数字标号（1,2,3...）
Type=A	表示列表项目用大写字母标号（A,B,C...）
Type=a	表示列表项目用小写字母标号（a,b,c...）
Type=I	表示列表项目用大写罗马数字标号（I,II,III...）
Type=i	表示列表项目用小写罗马数字标号（i,ii,iii...）

格式 1：

<ol type=编号类型　start=value>

        <li>第 1 项

        <li>第 2 项

        <li>第 3 项

</ol>

格式 2：

```
<ol>
        <li>第 1 项
        <li>第 2 项
        <li>第 3 项

</ol>
```

例 3-6 （3-6.html）HTML 网页中的列表。

（1）启动 DW CS3，在"D:\Book\HTML"目录下，新建一个 HTML 静态网页，将其命名为 3-6.html，并将文档窗口切换到"代码"视图。在标记<body>和</body>之间，录入如下代码：

```
<ul>
        <li>默认的无序列表加实心圆
        <li>默认的无序列表加实心圆
        <li>默认的无序列表加实心圆
</ul>       <!--默认的无序列表加实心圆-->
<ul>
        <li type=square>无序列表加方块
        <li type=square>无序列表加方块
        <li type=square>无序列表加方块
</ul>        <!--无序列表加方块-->
<ul>
        <li type=circle>无序列表加空心圆
        <li type=circle>无序列表加空心圆
        <li type=circle>无序列表加空心圆
</ul>        <!--无序列表加空心圆-->
<ol>
        <li>默认的有序列表
        <li>默认的有序列表
        <li>默认的有序列表
</ol>       <!--默认的有序列表-->
<ol type=a start=5>
        <li>第 1 项
        <li>第 2 项
        <li>第 3 项
        <li value= 20>第 4 项
</ol>       <!--小写字母形式的有序列表-->
<ol type= I start=2>
        <li>第 1 项
        <li>第 2 项
        <li>第 3 项
</ol>       <!--大写罗马数字形式的有序列表-->
```

（2）录入完毕，重新保存。点击文档工具栏右边的地球图标，选择在浏览器中预览，如图 3.11 所示，运行结果如图 3.12 所示。

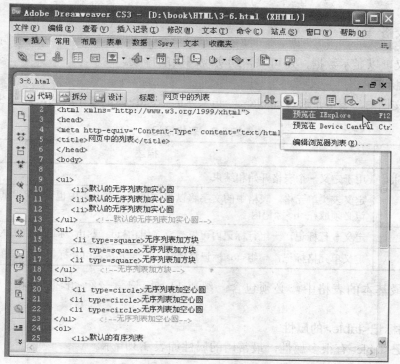

图 3.11　例 3-6 代码浏览器中预览

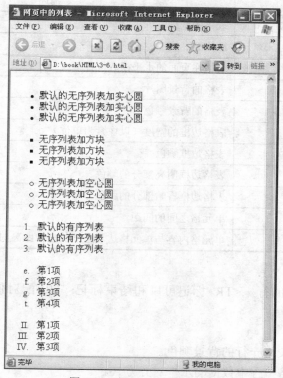

图 3.12　例 3-6 的运行结果

3.3.4 表格

表格不仅可以显示数据，还可以帮助实现网页的排版。

1. 表格标记

在 html 文档中，表格是通过<table>、<th>、<tr>、<td>标记来完成的，如表 3.2 所示。

表 3.2 表格标记

标签	描述
<table>...</table>	用于定义一个表格开始和结束
<th>...</th>	定义表头单元格。表格中的文字将以粗体显示，在表格中也可以不用此标记，<th>标记必须放在<tr>标记内
<tr>...</tr>	定义一行标记，一组行标记内可以建立多组由<td>或<th>标记所定义的单元格
<td>...</td>	定义单元格标记，一组<td>标记将建立一个单元格，<td>标记必须放在<tr>标记内

在一个最基本的表格中，必须包含一组<table>标记，一组<tr>标记和一组<td>或<th>标记。

2. 表格标记<table>的属性

表格标记<table>有很多属性，最常用的属性如表 3.3 所示。

表 3.3 <table>标记的属性

属性	描述
width	表格的宽度
height	表格的高度
align	表格在页面的水平摆放位置
background	表格的背景图片
bgcolor	表格的背景颜色
border	表格边框的宽度（以像素为单位）
bordercolor	表格边框颜色
bordercolorlight	表格边框明亮部分的颜色
bordercolordark	表格边框昏暗部分的颜色
cellspacing	单元格之间的间距
cellpadding	单元格内容与单元格边界之间的空白距离的大小

3. <TR>标记

<TR>表示表格中的行。<TR>标记可以和结束标记</TR>配对使用，也可以不要结束标记。

<TR>的部分属性：

- bgcolor 设置表格一行的背景颜色。
- align 设置表格一行中数据的水平对齐方式。
- valign 设置表格一行中数据的垂直对齐方式，有三种垂直对齐方式：

> valign="top"设置单元格中的元素垂直方向顶部对齐。
> valign="middle"设置单元格中的元素垂直方向居中对齐。
> valign="bottom"设置单元格中的元素垂直方向底部对齐。

4．<TD>标记

<TD>表示单元格。类似<TR>，<TD>标记可以和结束标记</TD>配对使用，也可以不要结束标记。

<TD>的部分属性：

- height 设置单元格的高度。
- width 设置单元格的宽度。
- align 设置单元格中的元素水平对齐方式。
- valign 设置单元格中的元素垂直对齐方式。
- bgcolor 设置单元格的背景颜色。
- rowspan 设置单元格跨越的行数，用于垂直方向合并单元格。
- colspan 设置单元格跨越的列数，用于水平方向合并单元格。

例 3-7 （3-7.html）DW CS3 中的表格制作。

在 DW CS3 中的文档窗口，将光标移到"设计"视图或"拆分"视图的设计窗口。然后从"插入记录"菜单选择"表格"菜单项，在出现的"表格"对话框中可以指定表格的行数、列数、表格宽度等，如图 3.13 所示。

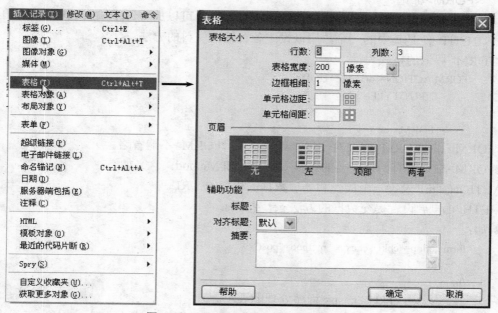

图 3.13　DW CS3 中的"表格"对话框

通过 DW CS3 的"属性"面板也可以对表格进行修改和设置。"属性"面板的控制对象由选中的对象决定。用鼠标选中整个表格，出现如图 3.14 所示的"属性"面板，在"属性"面板可以修改表格信息。

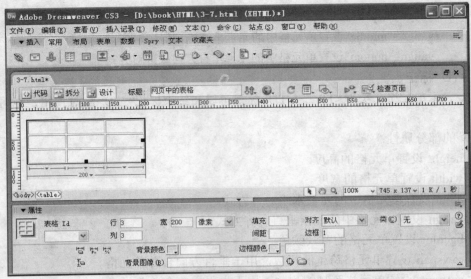

图 3.14 表格及其"属性"面板

3.3.5 表单

表单可以将用户数据从浏览器传递给万维网服务器，是实现信息交互的重要方法。

1．<FORM>标记

<FORM>称为表单标记，它是一个容器标记，里面可以放置许多输入表单项，用于收集信息，<INPUT>便是其中的一个，用以设定各种输入资料的方法。

<FORM>标记的格式为：

```
<FORM ACTION="url" METHOD="#">
    <INPUT TYPE="#">
        ……
    </FORM>
```

<FORM>和</FORM>要成对出现，结束标记</FORM>不能省略。

<FORM>标记中有两个重要的属性：Action 和 Method，含义如下：

ACTION="url"设置一个接受和处理数据的程序或 URL。

METHOD="#"设置提交数据的方法 get 或 post。

例如：

```
<form action="chkUser.aspx" method="post">
    ……
    </form>
```

表示发送一个由 chkUser.aspx 程序处理的表单。

<INPUT>定义一个表单输入域，属性 TYPE 用于设置表单域的类型。TYPE 有很多的选择，不同的选择表示不同的输入方式，并表现为不同的表单输入项。

- type=text 表单域为文本框。
- type=password 表单域为密码框。
- type=radio 表单域为单选按钮。

- type=checkbox 表单域为复选框。
- type=file 表单域为文件框。
- type=submit 提交按钮。
- type=reset 重置按钮。
- name=#设置表单域的名字。
- size=n 设置文本框及密码框的宽度，单位为字符数。
- maxlength=n 设置文本框及密码框中能输入的最大字符数。
- value=#在文本框、密码框、提交按钮和重置按钮中作为初始值出现；在单选按钮和复选框中，value 的值发送到服务器。

2．文本框

HTML 的表单输入域中有两类文本框，一类是用于单行文本输入的普通文本框，type 属性的值为 text，如：

```
<input type ="text" name="user">
```

另一类是密码框，type 属性的值为 password，如：

```
<input type ="password" name="pswd">
```

3．单选按钮

单选按钮用于在一组选项中只能选择一项的场合，type 属性的值为 radio。如：

```
性别:<input type="radio" name="sex" value="0" checked>男<p>
    <input type="radio" name="sex" value="1">女<p>
```

checked 属性是布尔值，设定时表示该项被选中，在上面语句中，"男"被预设为选中。在单选按钮中，name 属性值相同的为同一组。同一组中，只能有一个选项被选中。不同组的单选按钮，每组都可以有一项被选中。value 属性值用于提交给服务器处理，如当选项为"男"时提交表单，服务器接收到的 sex 表单域的值是"0"。

4．复选框

复选框用于在一组选项中可选择一项或多项的场合，type 属性的值为 checkbox，其余属性值类似 radio。如：

```
请选择你的爱好:
        <input type="checkbox" name="hobby" value="0">看电影<p>
        <input type="checkbox" name="hobby" value="1">旅游<p>
        <input type="checkbox" name="hobby" value="2" checked>运动<p>
```

5．提交按钮（submit）和重置按钮（reset）

HTML 中有两个功能固定的按钮：提交按钮和重置按钮。提交按钮的功能用于发送表单，type 属性的值为 submit。重置按钮的功能用于清除表单中已有的输入并将表单域复位到初始值，等待重新输入，type 属性的值为 reset。如：

```
<input type="submit" value="提交">
<input type="reset" value="重置">
```

value 值用于设定按钮的面板文字。

6．下拉菜单

下拉菜单或称下拉列表。标记<SELECT>....</SELECT>定义一个下拉菜单，标记<OPTION>定义其中的一个菜单项。如：

请选择你的专业：

```
<select name="major">
    <option value="0">计算机
    <option value="1">电子
    <option value="2">经济
</select>
```

你想学哪些课程：

```
<select name="course" multiple size="2">
    <option value="website">网页设计
    <option value="asp.net">ASP.NET 动态网页制作
    <option value="access">ACCESS 数据库原理与应用
    <option value="flash">FLASH 制作
</select>
```

<SELECT>的部分属性：

- name 设置下拉菜单的名字。
- multiple 布尔属性，设定时下拉菜单可以多选，否则仅能选一条。
- size 设置带滚动条的下拉菜单选择栏中一次可见的列表项条数。

<OPTION>的属性主要有：

- value 用户选择菜单项后传送给服务器的值。
- selected 布尔型值，设定时选项被预置选中。

7．多行文本框

网页上经常需要收集或显示大段的文字，如用户的意见、建议，这时单行文本框不能满足要求。HTML 中提供了多行文本框标记<TEXTAREA>，来实现多行文本内容的处理。如：

```
<textarea rows="5" cols="30" name="idea">请在这里输入你的意见</textarea >
```

<TEXTAREA>标记需要和结束标记</TEXTAREA>配对使用。

<TEXTAREA>的部分属性有：

- name 设置多行文本框的名字。
- rows 设置多行文本框显示的行数，当输入内容超过这个行数时，多行文本框会出现垂直滚动条。
- cols 设置多行文本框显示的列数，当输入内容超过这个列数时，多行文本框会出现水平滚动条。

例 3-8 （3-8.html）DW CS3 中的表单制作。

现要求使用 DW CS3 制作如图 3.15 所示的"学生学习情况调查表"静态页面，需要综合使用表格和表单相关技术。其中表格的制作可以参考 3.3.4 节，这里不再赘述。下面重点介绍一下如何使用 DW CS3 制作表单。在 DW CS3 的"插入记录"菜单的"表单"项中，含有上面介绍的常用 HTML 表单域，如图 3.16 所示。下面介绍如何使用 DW CS3 来制作如图 3.15 所示的表单。

（1）启动 DW CS3，在"D:\Book\HTML"目录下，新建一个 HTML 静态网页，将其命名为 3-8.html，将光标移到设计窗口中，选择"插入记录"菜单的"表单"，在文档中插入一个表单标签。<FORM>是个容器，表单域必须放在表单中，才能接收用户的输入并提交给服务器处理，因此，在插入表单域之前，要先增加表单标签，然后在表单域内参考 3.3.4 节绘制表格，搭建网页基本框架。

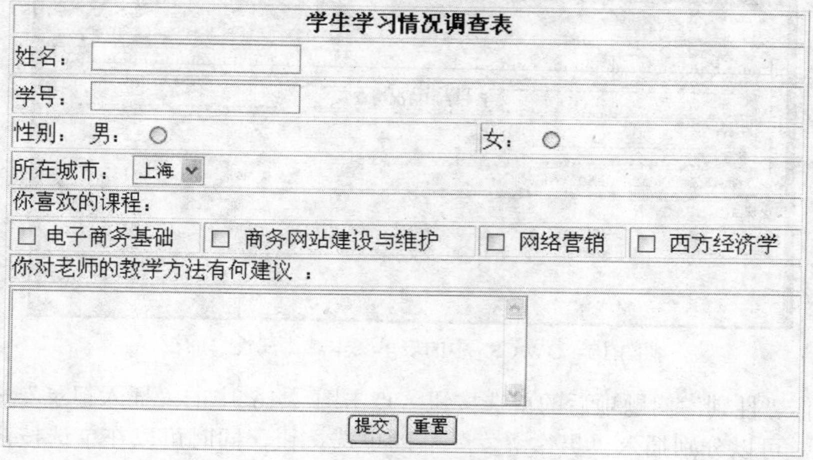

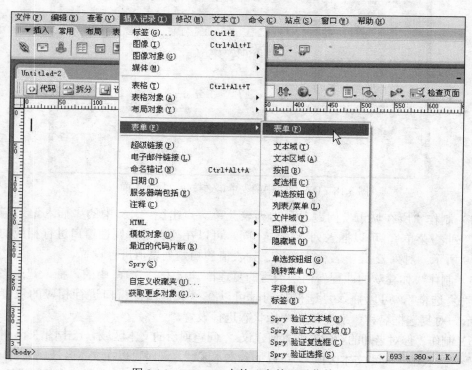

学生学习情况调查表

姓名：

学号：

性别：　男：○　　　　　　　　　　　女：○

所在城市： 上海 ▾

你喜欢的课程：

□ 电子商务基础　□ 商务网站建设与维护　　□ 网络营销　□ 西方经济学

你对老师的教学方法有何建议 ：

〔提交〕〔重置〕

图 3.15　学生学习情况调查表

（2）制作"姓名"和"学号"两个问题项后的文本输入框。点击图 3.16 中的"插入记录"→"表单"→"文本域"，可以分别插入文本域，同时可以在文本域属性窗口进行相应的设置，如图 3.17 所示。分别对"姓名"和"学号"后的两个文本域名称、字符宽度、类型和初始值进行设置。

图 3.16　DW CS3 中的"表单"子菜单

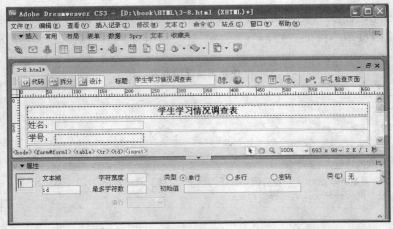

图 3.17 DW CS3 中的表单文本域"属性"面板

（3）制作"性别"问题项后的单选按钮。点击图 3.16 中的"插入记录"→"表单"→"单选按钮"，可以分别插入"男"、"女"后的单选按钮，同时可以在单选按钮属性窗口进行相应的设置，如图 3.18 所示。分别对"男"和"女"后的两个单选按钮名称、选定值、初始状态进行设置。

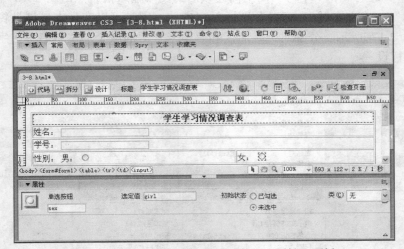

图 3.18 DW CS3 中的表单单选按钮"属性"面板

（4）制作"所在城市"问题项后的列表菜单。点击图 3.16 中的"插入记录"→"表单"→"列表/菜单"，可以插入列表菜单，同时可以在列表菜单属性窗口进行相应的设置，如图 3.19 所示。对列表/菜单名称、类型、列表值和初始列表值进行设置。

（5）制作"你喜欢的课程"问题项后的复选框。点击图 3.16 中的"插入记录"→"表单"→"复选框"，可以插入复选框，同时可以在复选框属性窗口进行相应的设置，如图 3.20 所示。对复选框名称、选定值、初始状态进行设置。

（6）制作"你对老师的教学方法有何建议："问题项后的文本区域。点击图 3.16 中的"插入记录"→"表单"→"文本区域"，可以插入文本区域，同时可以在文本区域属性窗口进行相应的设置，如图 3.21 所示。对文本区域名称、字符宽度、行数、类型和初始值进行设置。

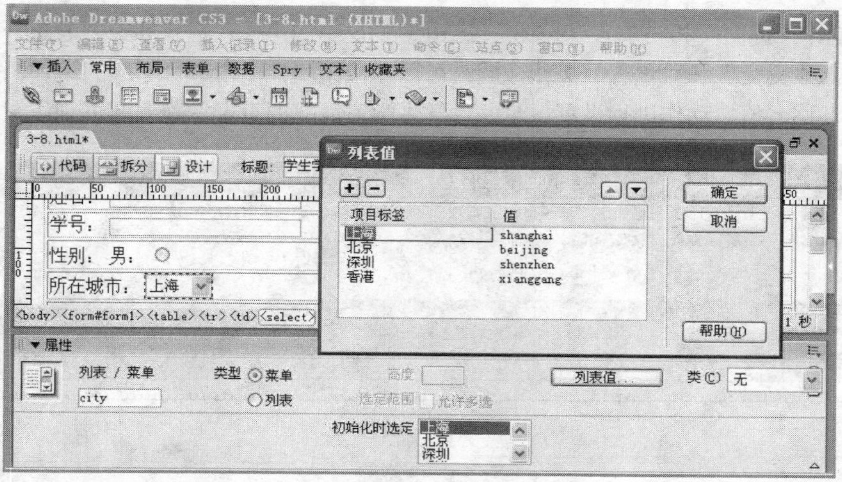

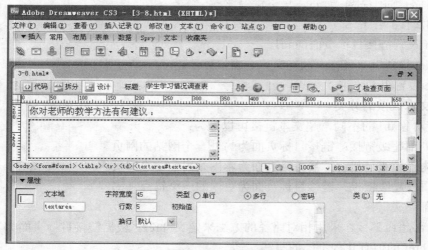

图 3.19　DW CS3 中的表单列表/菜单"属性"面板

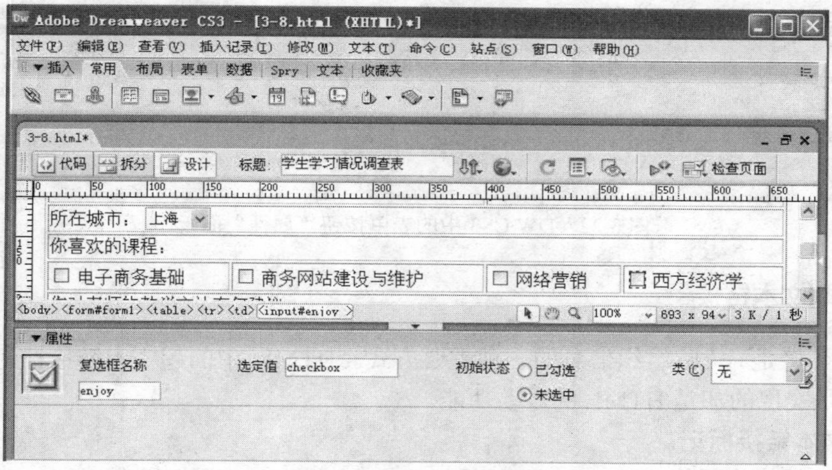

图 3.20　DW CS3 中的表单复选框"属性"面板

图 3.21　DW CS3 中的表单文本区域"属性"面板

（7）制作"提交"和"重置"按钮。点击图 3.16 中的"插入记录"→"表单"→"按钮"，可以分别插入"提交"和"重置"按钮，同时可以在按钮属性窗口进行相应的设置，如图 3.22 所示。对按钮名称、值、动作进行设置。至此"学生学习情况调查表"静态网页制作完毕。

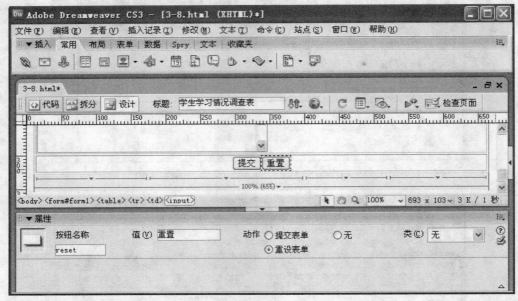

图 3.22　DW CS3 中的表单按钮"属性"面板

3.3.6　超文本链接

超文本链接是 Web 组织信息的一种重要方式。HTML 中的超文本链接标记是一个简单的<A>，但是实现的却是 HTML 的重要功能。

1．超文本链接标记

超文本链接标记的格式是：

　　　<a href="url" target="#" title="#">链接文字</a>

主要的属性有：

① href 设置链接目标页面的 url。

② target 设置链接目标页面在哪一个窗口显示。

③ title 设置提示文字。

2．超文本链接的分类

按链接对象 url 的不同，超文本链接可以分为：

（1）外部超级链接：链接目标页面为另外一个网站的网页。

（2）内部超级链接：链接目标页面为本网站内的一个网页。

（3）页内超级链接：链接目标页面为页内的一个锚点（书签）。

3．内部超级链接

对于内部超级链接，采用相对路径的方法来定义 href。根据链接目标页面与当前网页的目录关系，href 的值有几种不同的写法：

- 链接同一目录内的网页文件：
  `<a href="目标文件名">链接文字</a>`
- 链接上一级目录中的网页文件：
  `<a href="../目标文件名">链接文字</a>`
- 链接下一级子文件夹中的网页文件：
  `<a href="子文件夹名/目标文件名">链接文字</a>`
- 链接同级的其他目录中的网页文件：
  `<a href="../同级目录名/目标文件名">链接文字</a>`

4．页内超级链接

实现页内超级链接需要两个步骤：

（1）设置锚点，格式为：`<a name="锚点名">提示文字</a>`。

（2）制作链接目标为锚点的超级链接，格式为：`<a href="#锚点名">链接文字</a>`。

 注意　　href 的值为页内的锚点名称时，在锚点名称前要加上"#"。

5．特殊的超级链接

电子邮件地址可以作为超级链接的目标，这时 href 中要用关键字"mailto:"后加邮箱名称，如：

`<a href="mailto:computer@263.net">给我写信</a>`

例 3-9　（3-9.html）DW CS3 中的超文本链接。

启动 DW CS3，在"D:\Book\HTML"目录下，新建一个 HTML 静态网页，将其命名为 3-9.html，并将文档窗口切换到"设计"视图，输入文字"深圳信息职业技术学院"，并用鼠标全选该文本，点击"插入记录"→"超级链接"，弹出"超级链接"对话框，如图 3.23 所示，可以对链接文本、链接网址、目标等进行设置。

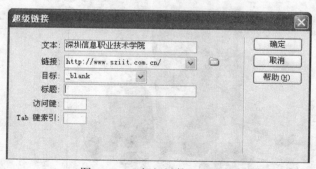

图 3.23　　"超级链接"对话框

3.3.7　网页中的图像

图像是网页中最主要的元素之一，图像不但能美化页面，与文本相比还能够更加直观地表达设计者的意图。

1．Web 上的图形格式

Web 上的图像的特点是压缩和跨平台，GIF 和 JPEG 是网页中常见的两种图像格式。

GIF 格式的图像最多显示 256 种颜色，它的优点是可以制作动画，有透明效果；JPEG 图像具有丰富的色彩，可以存储照片，清晰度高。值得注意的是所有插入的图像必须位于站点目录中，否则上传网页后，该图像无法显示。

2．图像标记<IMG>

<IMG>标记用于在网页中插入一幅图像。格式为：

<img src="url" height="n" width="n" alt="#" hspace="n" vspace="n">

<IMG>标记的主要属性有：

① src 设置图像的 url。

② height 设置图像的高度。

③ width 设置图像的宽度。

④ alt 当浏览器不显示图像时，在图像位置显示的字符串。

⑤ hspace 设置图像与周围文本的左右边距。

⑥ vspace 设置图像与周围文本的上下边距。

例 3-10　（3-10.html）DW CS3 中插入图像。

启动 DW CS3，在"D:\Book\HTML"目录下，新建一个 HTML 静态网页，将其命名为 3-10.html，并将文档窗口切换到"设计"视图，点击"插入记录"→"图像"，弹出图像对话框，选择"D:\Book\HTML"目录下的 dell.jpg 图片，并可在"图像标签辅助功能属性对话框"里设置替换文本，确定后插入图片成功，如图 3.24 所示，可以进一步在"属性"面板中对图片的链接地址和目标、图片热点链接进行设置。

图 3.24　DW CS3 中的图片"属性"面板

3.4 任务实现：设计乘法表

下面我们利用所学表格标记，设计一个乘法表网页。

例 3-11 （3-11.html）使用表格标记在 DW CS3 中"画"出乘法表。

操作步骤如下：

（1）启动 DW CS3，在"D:\Book\HTML"目录下，新建一个 HTML 静态网页，将其命名为 3-11.html，并将文档窗口切换到"设计"视图，点击"插入记录"→"表格"，弹出表格对话框，将行数和列数都设为 9，表格宽度设为 700 像素，边框粗细设为 1 像素，如图 3.25 所示。

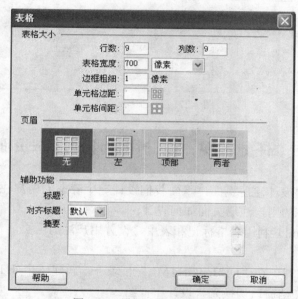

图 3.25 设置"表格"对话框

（2）插入表格后选中表格，在如图 3.26 所示的表格"属性"面板中进行补充设置，将对齐方式设为"居中对齐"，背景颜色设为"#87CEEB"。

图 3.26 设置表格"属性"面板

（3）在表格中的每个单元格中，分别填入九九乘法口诀，如图 3.27 所示。

（4）存盘后，点击地球图标运行网页，在浏览器中即可看到一个矩形的乘法表页面。

这个乘法表是用静态的表格标记实现的，在下一章，我们还要学习如何编写代码来实现一个动态的乘法表页面。

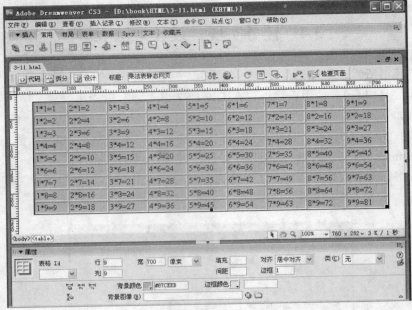

图 3.27　九九乘法口诀

3.5　任务实现：设计用户注册静态页面

网站建设中经常要设计注册页面，下面我们设计一个静态的用户注册页面，在后续章节中，我们还要介绍动态的用户注册页面如何设计。

例 3-12　（3-12.html）利用表格标记和表单，设置用户注册网页。

操作步骤如下：

（1）启动 DW CS3，在"D:\Book\HTML"目录下，新建一个 HTML 静态网页，将其命名为 3-12.html，将文档窗口切换到"设计"视图。

（2）将光标移到设计窗口中，选择"插入记录"菜单的"表单"，在文档中插入一个表单标签。

（3）将光标移到设计窗口中代表表单的红色虚线框中，在表单中插入一个 6 行 2 列的表格，并调整表格的大小，如图 3.28 所示。

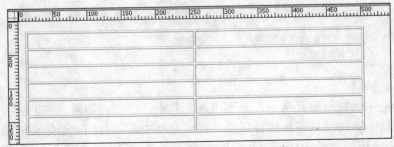

图 3.28　表单中插入表格

（4）在表格的第一行第一列输入"用户注册"，选中表格的第一行，点击鼠标右键，在弹出的快捷菜单中，选择"表格"→"合并单元格"，将表格第一行的两列合并为一列，如图 3.29 所示。在单元格的"属性"面板中，将水平对齐方式设为"居中对齐"，如图 3.30 所示。

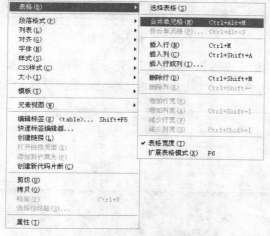

图 3.29　弹出的表格编辑菜单

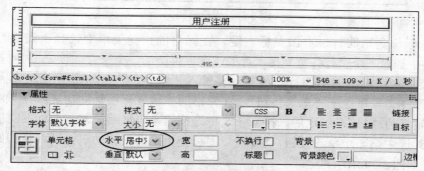

图 3.30　设置单元格对齐方式

（5）在表格第二行左边的单元格输入"姓名："，光标移到右边的单元格。选择"插入记录"→"表单"→"文本域"选项，弹出如图 3.31 所示的"输入标签辅助功能属性"对话框。在对话框的样式中选择"无标签标记"，点击"确定"按钮后，在表格右边单元格插入一个文本框，如图 3.32 所示。

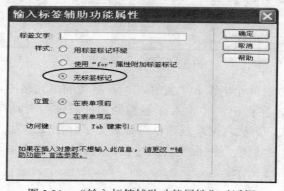

图 3.31　"输入标签辅助功能属性"对话框

图 3.32　插入文本框

（6）在第三行左边的单元格输入"密码："，光标移到右边的单元，仿照上面步骤在右边的单元格插入一个文本框。在"属性"面板中，将文本框的类型设置为"密码"，如图 3.33 所示。

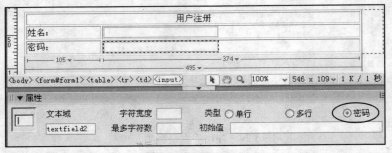

图 3.33　设置密码框

（7）光标移到第四行，点击鼠标右键，在弹出的快捷菜单中选择"表格"→"插入行"，在表格中插入一个空行。重复插入行的步骤，再增加一个空行。

（8）接下来在表格的第四行左边单元格输入"性别："。光标移到右边单元格，选择"插入记录"→"表单"→"单选按钮"，在弹出的"输入标签辅助功能属性"对话框中，将标签文字定义为"男"，确定后，插入一个单选按钮。再继续插入一个标签文字为"女"的单选按钮。选中第一个单选按钮，"属性"面板变为单选按钮的属性项，将初始状态选为"已勾选"，如图 3.34 所示。

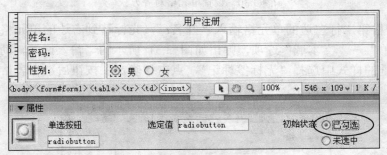

图 3.34　插入单选按钮

（9）在第五行左边的单元格输入"爱好："，在右边的单元格中，选择"插入记录"→"表单"→"复选框"，在弹出的"输入标签辅助功能属性"对话框中，设置标签文字为"运动"。以同样的方式，再插入两个复选框，标签文字分别设置为"旅游"和"阅读"。选中"运动"复选框图标，"属性"面板变为复选框的属性项，将"运动"复选框的初始状态选为"已勾选"，如图 3.35 所示。

图 3.35　插入复选框

（10）在表格的最后一行增加"提交"和"重置"按钮。光标移到左边单元格，选择"插入记录"→"表单"→"按钮"，在弹出的"输入标签辅助功能属性"对话框中，点击"确定"。以同样的方式，在右边单元格中也插入一个按钮。两个单元格的按钮最初都为"提交"按钮。选中右边单元格的"提交"按钮，"属性"面板变为按钮的属性，将值设为"重置"，并将动作选取"重设表单"，如图 3.36 所示。

图 3.36　设置按钮

（11）存盘后，在浏览器中查看结果，如图 3.37 所示。

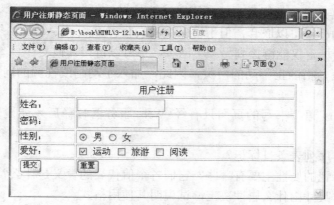

图 3.37　例 3-12 的运行结果

实训

1. 在例 3-12 的基础上，增加两个下拉菜单标记，用于选择专业和课程；再增加一个多行文本域，用于提交用户建议，同时将表格的边框去除。效果如图 3.38 所示。

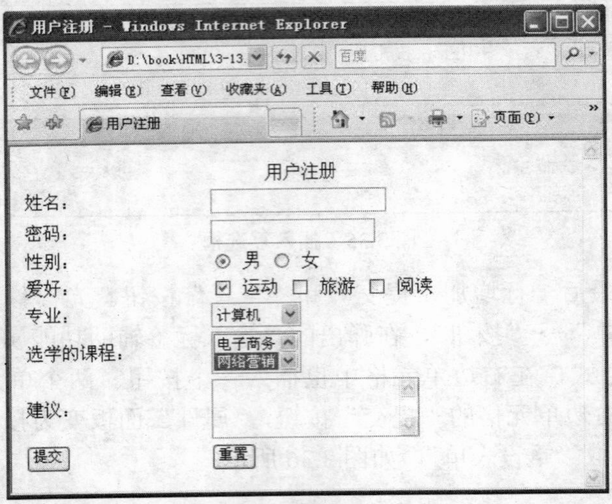

图 3.38　用户注册页面的优化

2．以一幅图片作为链接源，建立一个关于图像的链接。

习题三

1．判断正误：

（1）HTML 文件是文本文件。　　　　　　　　　　　　　　　　　　　（　　）

（2）HTML 标记可以描述网页的字体、大小、颜色等，但不可以描述多媒体文件。

　　　　　　　　　　　　　　　　　　　　　　　　　　　　　　　　（　　）

（3）HTML 标记符不区分大小写。　　　　　　　　　　　　　　　　　（　　）

（4）IE 浏览器是唯一的解释 HTML 超文本语言的工具。　　　　　　　　（　　）

（5）HTML 的标记可以嵌套，但不可以交叉嵌套。　　　　　　　　　　（　　）

（6）超级链接标记仅能链接到另一个网页，不可以链接其他文件。　　　（　　）

（7）静态网页是指静止不动的网页，因此，加入了动画或视频的网页属于动态网页。

　　　　　　　　　　　　　　　　　　　　　　　　　　　　　　　　（　　）

（8）用 HTML 语言书写的页面只有经 Web 服务器解释后才能被浏览器正确显示。

　　　　　　　　　　　　　　　　　　　　　　　　　　　　　　　　（　　）

2．如何改变有序列表条目标记？

3．超级链接标记的属性主要有哪些？它们各个值代表的含义是什么？

4．表格的边框尺寸由什么属性决定，试说明其使用格式。

5．请说出常用的图像文件类型有哪几种？

6．写出常用的两种换行标记，指出它们的区别。

第 4 章　VB.NET 语言基础

本章
导读

ASP.NET 是微软推出的一种全新的动态网页技术，是当前主流的面向 Web 应用的开发技术平台之一。ASP.NET 支持多种编程语言，VB.NET 是其中默认的程序设计语言。C#（读作 C SHARP 或 C 井）是另一种常用的 ASP.NET 编程语言。相比而言，VB.NET 对于初学者而言更加简单易学。

本章要点

- ➢ VB.NET 的数据类型
- ➢ VB.NET 的变量和常量
- ➢ VB.NET 的运算符与表达式
- ➢ VB.NET 的分支和循环语句
- ➢ VB.NET 的过程和函数
- ➢ 变量的作用域

4.1　任务概述：用 VB.NET 编写乘法表页面

上一章我们用静态网页中的表格标记，设计出了一个 9 行 9 列的矩形乘法表。由于只学了静态网页的知识，在设计乘法表时，用了 9 对<tr>标记表示 9 行，每对<tr>标记中又用 9 对<td>标记表示每行中的 9 个单元格，每个单元格要分别写出对应的"行*列"及其乘积。不论是用 DW CS3 的可视化操作还是纯写 HTML 代码，这样的设计乘法表过程都十分繁琐，且易出错。其实乘法表中的行和列变化是有规律的，本章我们将利用 VB.NET 知识，根据乘法表行列变化的规律，编写出简洁明了的 VB.NET 代码，实现乘法表的输出。

在编写乘法表页面之前，首先学习 VB.NET 的基本语法。

4.2　数据类型

VB.NET 中的数据类型可以分为三类：数值类型、文本类型和混合类型。每一种数值类型又可进一步细分，如图 4.1 所示。

在上述数据类型中，整型（Integer）和字符串类型（String）是重要的数据类型，也是本书例题中经常用的两种数据类型。字符串类型数据要用一对双引号引起，如"Hello World!"、"12345"。双引号里面的数据可以是任意的字母、数字、标点符号和中文。要注意的是，双引号必须是西文中的双引号，不能是中文输入法下的双引号。

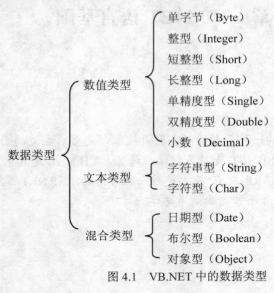

图 4.1　VB.NET 中的数据类型

日期是 VB.NET 中使用较为复杂的一种数据类型。在定义 Date 数据类型的时候，必须注意下面三点：

（1）Date 数值必须以数字符号"#"括起来。

（2）Date 数值中的日期数据格式为"m/d/yyyy"。

（3）Date 数值中的时间数据可有可无，如果有必须和日期数据通过空格分开，并且时分秒之间以":"分开，如#12/2/2012 7:00:00 PM#。

布尔型的值只有两种：True 和 False。当布尔型的值转换为数值类型的值的时候，会把 True 当成 1 处理，把 False 当成 0 处理。反之，当数值类型的值转换为布尔型的值的时候，会把 0 转换成 False，把其他非 0 数据转换为 True。

4.3　变量和常量

4.3.1　变量

变量用于存储程序中需要处理或保存的数据。变量的值是可以改变的。变量有名称，通过名称来引用变量。变量还有数据类型，用来规定哪些数据可以存储在变量中。使用变量前需要声明，声明的内容包括定义变量的名称、类型。

1．变量的命名规则

变量的命名是有一定规则的。VB.NET 中变量的命名必须遵循以下规则：

（1）变量名必须以字母开头。

（2）变量名由英文字母、中文字、数字、下划线组成。

（3）不要取关键字。

（4）长度不超过 255 个字符。

（5）变量名在其声明的作用域内必须唯一。

要注意的是，VB.NET 中，变量名是不区分大小写的。

2．变量的命名方法

良好的变量命名使变量易于记忆且程序可读性大大提高。在定义变量时，可以采取如下方式：小写前缀+特定意义的名字。如 strName 由表示字符串数据类型的缩写"str"和表示姓名的单词"Name"构成，因此，变量名 strName 是一个表示姓名的变量；同理，strPassword 是一个表示密码的变量，变量的数据类型为字符串型；intMark 是一个表示分数的变量，变量的数据类型是整型。常见的数据类型缩写如图 4.2 所示。

数据类型	前缀	例子
Boolean	bln	blnFlag
Byte	byt	bytByte
Char	chr	chrChar
Date	dat 或 dt	datCurDate
Double	dbl	dblWeight
Decimal	dec	decInterest
Integer	int	intPerson
Long	lng	lngAmount
Single	sgl	sglWage
Short	sht	shtClass
Object	obj	objFileObject

图 4.2　常见的数据类型缩写

3．变量的声明

VB.NET 中声明变量的方法有两种：显式和隐式。

显式声明变量方法是指用 Dim 语句声明变量，如：

```
Dim strClassName As String
strClassName="ASP.NET 动态网页设计"
```

上述语句首先声明了一个字符串型变量 strClassName，然后给 strClassName 赋值课程名"ASP.NET 动态网页设计"。

VB.NET 也支持隐式声明变量的方法，隐式声明是指用户直接写出这个变量并为它赋值，如：

```
intNum=10
```

上述语句在声明变量 intNum 的同时，赋值 10，intNum 被声明成一个整型变量。

为了养成一个良好的编程习惯，建议大家采用显式声明变量的方法。

VB.NET 可以每次声明一个变量，如：

```
Dim intTotal As Integer
```

也可以一次声明多个变量，如：

```
Dim strFileName, strFilePath,strFileAttr As String
```

在声明变量的同时，也可以设置初值，如：

```
Dim strName As String="Tom"
```

4.3.2 常量

常量代表一些特殊的含义不可改变的值，常量在程序运行中值不变。VB.NET 中的常量分为系统常量和用户自定义常量。

系统常量包括：布尔常量 True/False、Nothing（对象为空）、Null（变量不含有效数据）、表示颜色的常量（Black、White、Blue、Green、Red、Yellow 等）、常用日期常量（Sunday、Monday、…、Saturday）等。

用户自定义常量需要事先定义，用 Const 语句定义用户常量。

一般常量名用大写字母表示，如：

```
Const PI=3.1415926
```

常量被定义后，在系统的整个运行期间都会占用服务器的内存空间。在大型项目开发中，一般会将项目中使用的常量放在一个常量文件中，在需要使用的时候把这个文件包含进来，而程序并不会使用这个文件中的所有常量，因此一些程序没有用到的常量仍然占据着服务器的内存空间。在网络环境中，客户的需求往往很大，而服务器的资源是有限的。因此，为了提高程序的效率，建议用户要少用常量，不要定义不需要使用的常量。

4.4 运算符和表达式

表达式由变量、常量、运算符和圆括号按一定的规则组成。要掌握表达式首先要理解运算符的使用。VB.NET 中包括如下运算符：赋值运算符，算术运算符，字符串连接运算符，比较运算符和逻辑运算符等。

4.4.1 赋值运算符

赋值运算符也就是等号"="。如：

```
Dim intStudent    As Integer
intStudent = 50
intStudent += 5
```

4.4.2 算术运算符

算术运算符主要有：加"+"、减"－"、乘"×"、除"/"、整数除"\"、模"Mod"、乘幂"^"。

除和整数除的区别是：a/b 表示 a 除以 b 的商，结果为一浮点数，而 a\b 表示 a 除以 b 的商，结果为一整型数。

模运算 aModb，表示 a 除以 b 的余数。

乘幂运算 a^b，表示求 a 的 b 次幂。

4.4.3 字符串连接运算符

有两个字符串连接运算符"+"和"&"，为了减少与算术加"+"的混淆，建议进行字符串连接运算时用运算符"&"。例如：

```
Dim strName1 As String
Dim strName2 As String
strName1 = "ASP"
strName2 = strName1 & ".NET"
```

运算结果，strName2 的值是"ASP.NET"。

由于在动态网页编程中，经常用到字符串连接运算，因此字符串连接运算符是非常重要的运算符。

4.4.4 比较运算符

常用的比较运算符有"="、"<"、">"、"<>"、"<="、">="。

比较运算符的结果是布尔型（boolean）True/False。比较对象可以是数值、字符、日期、对象。

字符串的比较顺序是按字母顺序。日期比较：越晚的日期越大，如：#11/1/2012#>#11/1/2011#，比较结果是"True"。

4.4.5 逻辑运算符

常用的逻辑运算符有 And、Not、Or、Xor（异或，相异取真，相同取假）。逻辑运算结果也是布尔型（boolean）True/False。

4.5　数组

除了使用单个变量，对于一系列相关的数据可以用数组来存储。在程序设计语言中，数组是用于保存大量相同数据类型数据的集合，集合中的每个元素称为数组的元素，集合中元素的个数称为数组的长度。

数组可分为一维数组和多维数组。常用的是一维数组。一般数组维数不超过 3 维。

VB.NET 中数组是通过在变量名后加括号的形式表示的，如：

```
Dim arrName(2) As String
```

上述语句声明了一个字符串型的一维数组，数组元素的个数为 3。

数组在声明的同时，也可以赋初值。如：

```
Dim arrNum() As Integer={10,11,12,13}
```

上述语句声明了存储 4 个整型变量的数组，数据元素分别是：arrNum(0)=10，arrNum(1)=11，arrNum(2)=12，arrNum(3)=13，数组的长度为 4。

注意　　VB.NET 中数组元素下标的起点从 0 开始。

4.6　注释

注释是提高程序可读性、增强代码可维护性的重要手段，写注释也是一种良好的编程习惯。

VB.NET 中的注释写法很简单，就是要在注释的语句前面加上一个西文状态的单引号（'），如：

  Dim intAge as Integer　　　　　　　　　　'该语句定义了一个整型变量 intAge，用来存储年龄

注意　 VB.NET 中用单引号 "'" 表示注释，单引号后面的内容视作注释内容，如果注释内容超过一行，第二行开头也应加上单引号。

4.7　分支语句

VB.NET 中的分支语句有两类：IF 语句和 SELECT CASE 语句。

4.7.1　IF 语句

IF 语句是常用的判断语句。IF 语句常见的几种应用形式如下：

1．If 条件表达式 Then 语句　　　'Then 后的语句仅一条，并且必须与 If 在同一行上；
　　　　　　　　　　　　　　　　　没有 End If

2．If 条件表达式 Then　　　　　　'Then 后的语句可以有多条。End 和 If 之间要有空格
　　　程序块 1

　　End If

3．If 条件表达式 Then　　　　　　'条件表达式为真时，执行程序块 1；否则执行程序块 2
　　　程序块 1

　　Else
　　　程序块 2

　　End If

4．If 条件表达式 1 Then
　　　程序块 1

　　ElseIf 条件表达式 m Then
　　　程序块 m

　　　……

　　ElseIf 条件表达式 m Then

　　　……

　　Else
　　　程序块 2

　　End If

  第 4 种应用形式是较复杂的一种条件表达式，用于检测多重条件。注意 ElseIf 结构中，Else 和 If 之间没有空格。

  使用 IF 语句时，要注意 "Then" 不可省略，有 If 就必须有 Then；另外，除第 1 种简单 If 语句外，其余情况下，If 和 End If 必须成对出现。

  下面我们利用 IF 语句来实现时间的判断。

  例 4-1　（4-1.aspx）利用 IF 语句实现时间的判断。

  首先准备本章实例的运行环境。在学习第 2 章时已在 IIS 中为目录 "D:\Book" 创建了虚拟目录，别名为 "aspnet"，并在 DW 中创建同名站点 ASPNET，指向 "D:\Book"。本章的实

例均保存在虚拟目录所对应文件夹的 VB 子目录、即 "D:\Book\VB" 下。

（1）启动 DW CS3，在 "VB" 子目录下，新建一个 ASP.NET 网页，将其命名为 4-1.aspx，并将文档窗口切换到 "代码" 视图。在标签<body>和</body>之间，录入如下代码：

```
<%
'判断时间
Dim intHour As Integer
intHour=Hour(Now)
If intHour < 12 Then
    Response.Write("Good Morning")
ElseIf intHour = 12 Then
    Response.Write("Good Noon")
ElseIf intHour < 18 Then
    Response.Write("Good Afternoon")
Else
    Response.Write("Good Evening")
End If
%>
```

代码说明：

① 上述代码中 "intHour=Hour(Now)" 调用了一个 VB.NET 的时间函数 Hour，关键字 "Now" 表示当前机器时间，通过函数 Hour 取出当前时间的 "小时" 数。

② Response.Write 是向浏览器输出信息时常用的语句。这里的 Response 是内置对象，Write 方法用于输出信息，要输出的信息以字符串的形式写在 Write 后的括号中。后续学习中会经常遇到该语句。

③ DW CS3 的代码视图中提供了良好的程序代码提示功能。在录入有关代码时，会自动弹出一个属性列表，只需将鼠标移至所要选择的属性，点击之后，就可将其插入网页，大大方便了录入，并减少了代码录入的错误。如图 4.3、图 4.4 所示分别是录入 "<" 和 "Response" 后出现的属性列表。

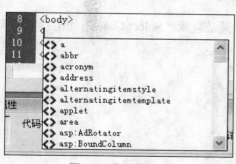

图 4.3　代码提示 1

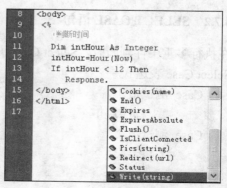

图 4.4　代码提示 2

（2）录入完毕，重新保存。点击文档工具栏右边的地球图标，选择在浏览器中预览，如图 4.5 所示。

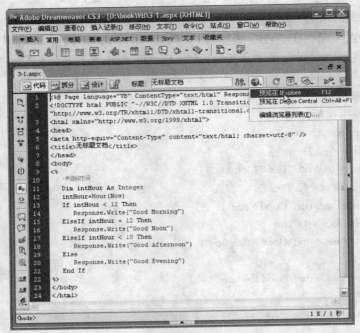

图 4.5　在浏览器中预览

（3）运行结果如图 4.6 所示。

图 4.6　例 4-1 的运行结果

4.7.2　SELECT CASE 语句

在执行多重条件判断时，Select Case 语句更加简洁直观。Select Case 语句的格式如下：

Select Case 表达式

  Case 测试值 1

    程序块 1

  Case 测试值 2

    程序块 2

   ……

  Case 测试值 n

    程序块 n

   ……

  Case Else

程序块 m

End Select

使用 SELECT CASE 语句时，要注意 Select 和 Case 是连在一起出现的，结束语句是"End Select"，而不是"End"。

例 4-2 （4-2.aspx）用 SELECT CASE 语句改写例 4-1。

操作步骤如下：

（1）启动 DW CS3，在站点的"VB"子目录下，新建一个 ASP.NET 网页，将其命名为 4-2.aspx，并将文档窗口切换到"代码"视图。

改用如下代码段替换例 4-1 中步骤（2）录入的代码，其余步骤同例 4-1。图 4.7 是录入完成后 DW CS3 中的代码示意图。

```
<%
    Dim intHour As Integer
    intHour=Hour(Now)
    Response.Write("<p>下面是用 Select Case 语句实现的时间判断<p>")
    Select Case intHour
        case 0 TO 11
            Response.Write("上午好")
        case 12
            Response.Write("中午好")
        case 13 TO 18
            Response.Write("下午好")
        case else
            Response.Write("晚上好")
    End Select
%>
```

图 4.7 例 4-2 代码

（2）运行结果如图 4.8 所示。

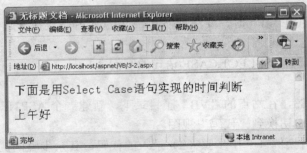

图 4.8 例 4-2 的运行结果

4.8 循环语句

VB.NET 中有四种循环语句，分别是 For/Next 循环、While/End While 循环、Do/Loop 循环和 For/Each 循环。

4.8.1 For/Next 循环

For/Next 是一种常用的循环语句，用 For/Next 循环可以精确地控制循环次数。它的语法格式是：

For 循环控制变量=初值 To 终值 [step 步长]

    [程序块 1]

[Exit For]

    [程序块 2]

Next

其中，步长是每次循环时循环控制变量变化的值，当步长为 1 时，"step 1"可以省略。Exit For 后接中止循环的条件。

循环语句内的程序块称为循环体。

For/Next 循环可以嵌套，但不能交叉嵌套。

上述格式中，中括号内的内容可以省略。下同。

例 4-3 （4-3.aspx）用 For/Next 循环输出三次问候"你好！ASP.NET"。

操作步骤如下：

（1）启动 DW CS3，在站点的"VB"子目录下，新建一个 ASP.NET 网页，将其命名为 4-3.aspx，并将文档窗口切换到"代码"视图。在标签<body>和</body>之间，录入如下代码：

```
<%
    Dim I As Integer
    For I = 1 To 3
        Response.Write("你好！ASP.NET<br>")
    Next
%>
```

（2）录入完毕，重新存盘，如图 4.9 所示。点击地球图标，在浏览器中预览。

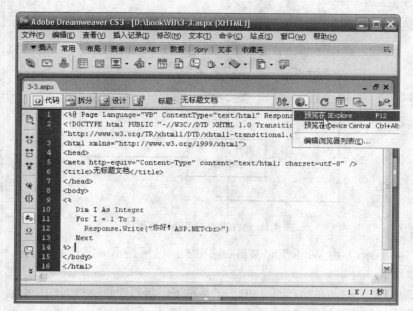

图 4.9　例 4-3 代码

代码说明：For 子句中的 I 是循环控制变量，用于控制输出次数。Response 语句中的"
"标记用来换行。

循环控制变量的命名一般可以简单些，用单个字母表示，如 I、J 等。

（3）运行结果如图 4.10 所示。

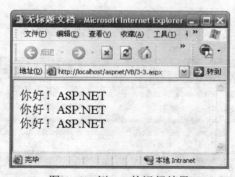

图 4.10　例 4-3 的运行结果

4.8.2　While/End While 循环

While/End While 循环用于根据条件表达式的结果，重复执行一段代码的情形。常用于不知道重复次数时的场合。它的语法格式是：

While 条件表达式

　　[程序块]

End While

While/End While 循环的流程图如图 4.11 所示。从图中可见，如果条件表达式一开始就不成立，则循环体一次也不执行。

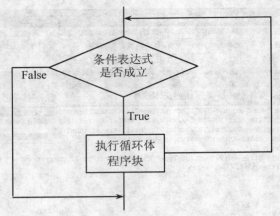

图 4.11　While/End While 流程图

例 4-4　（4-4.aspx）用 While/End While 输出 5 次循环提示信息。

操作步骤如下：

（1）启动 DW CS3，在站点的"VB"子目录下，新建一个 ASP.NET 网页，将其命名为
4-4.aspx，并将文档窗口切换到"代码"视图。在标签<body>和</body>之间，录入如下代码：

```
<%
Dim I As Integer=1
While I<5
    I +=1
    Response.Write(I & "这是第  " & I & "次循环<br>")
End While
%>
```

（2）录入完毕，重新存盘。如图 4.12 所示。点击地球图标，在浏览器中预览。

图 4.12　例 4-4 代码

代码说明：在 Response.Write 语句中，利用字符串连接运算符"&"将循环控制变量 I 以及"这是第"、"次循环"连接成一个完整的输出提示信息。

（3）运行结果如图 4.13 所示。

图 4.13　例 4-4 的运行结果

4.8.3　Do/Loop 循环

Do/Loop 循环与 While/End While 非常类似，它有两种形式：

1．形式一

Do
　　程序块
Loop While|Until　条件表达式
其执行流程如图 4.14 所示。

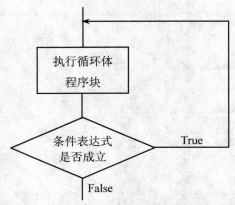

图 4.14　Do/Loop 循环的流程图（形式一）

2．形式二

Do While|Until　条件表达式
　　程序块
Loop
两种写法的区别是形式一中"程序块"至少执行一次；形式二中"程序块"可能一次也

未执行，因为控制循环的条件表达式可能一开始就不成立。

例 4-5 （4-5.aspx）利用 Do/Loop 循环计算 1+4+7+……+300 的和。

操作步骤如下：

（1）启动 DW CS3，在站点的"VB"子目录下，新建一个 ASP.NET 网页，将其命名为 4-5.aspx，并将文档窗口切换到"代码"视图。在标签<body>和</body>之间，录入如下代码：

```
<%
Dim I,intSum As Integer
I=1
intSum=0
Do
    intSum +=I
    I=I+3
Loop while I<=300
response.write(intsum)
%>
```

（2）录入完毕，重新存盘，如图 4.15 所示。点击地球图标，在浏览器中预览。

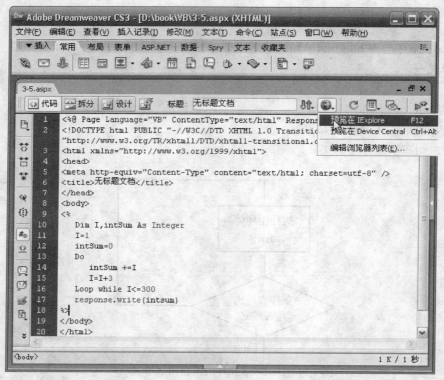

图 4.15 例 4-5 代码

代码说明：第 10 行代码声明两个变量：循环控制变量 I 和用来保存求和结果的整型变量 intSum。第 11、12 行代码是对上述两个变量赋初值 0。第 11 行到第 16 行代码是从 I 的初值 0 起加到最后 I<=300，加法的结果放在 intSum 中，每执行一次循环体，I 增加 3。当 I 超过 300 时，跳出循环。第 17 行代码输出求和结果 intSum。

（3）运行结果如图 4.16 所示。

图 4.16   例 4-5 的运行结果

4.8.4   For/Each 循环

For/Each 循环用于对数组或集合中的每个元素重复执行某段代码。语法格式如下：
For Each 变量 In 数组或集合
　　　[程序块]
[Exit For]
　　　[程序块]
Next

注意　　循环控制变量的类型要与数组或集合的类型一致。

例 4-6　（4-6.aspx）利用 For Each 循环输出数组 intNum 中的元素。
操作步骤如下：
（1）启动 DW CS3，在站点的"VB"子目录下，新建一个 ASP.NET 网页，将其命名为
4-6.aspx，并将文档窗口切换到"代码"视图。在标签<body>和</body>之间，录入如下代码：

```
<%
Dim intNum() As Integer={11,12,13,14}
Dim Item As Integer

For Each Item In intNum
    response.Write(Item & "<br>")
Next
%>
```

（2）录入完毕，重新存盘，如图 4.17 所示。点击地球图标，在浏览器中预览。
代码说明：第 10 行代码声明了一个有 4 个元素的整型数组：intNum(0)=11，
intNum(1)=12, intNum(2)=13，intNum(3)=14；循环控制变量 Item 也是整型。循环开始时，
先对数组的第一个元素执行循环体第 14 行语句，即输出第一个数组元素的值。只要数组中
还有其他的元素，就会对每个元素执行循环体中的语句。当数组中没有其他元素时，程序退
出循环。
（3）运行结果如图 4.18 所示。

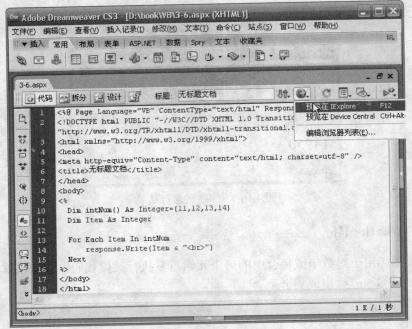

图 4.17 例 4-6 代码

图 4.18 例 4-6 的运行结果

4.9 过程和函数

过程和函数是两种重要的代码形式。过程和函数都是实现某种特定功能的代码块，都可以被重复调用。过程和函数的区别是：过程没有返回值，函数可以有返回值。

ASP.NET 中函数和过程必须放在 <Script> 与 </Script> 标记之内。格式如下：

<Script Language="VB" Runat="Server">

　　函数或过程定义

</Script>

4.9.1　过程

过程的语法格式如下：

Sub　过程名([参数])
　　　　　程序块

End Sub

过程的调用方式是直接调用过程名，格式如下：

　[Call]　过程名[(参数)]

说明　　　　Call 为调用关键字，可以省略。当过程中有参数传递时，过程后面的"(参数)"不能省略；否则，可以省略参数。

例 4-7　（4-7.aspx）利用过程完成求和 1+4+7+…+300。

操作步骤如下：

（1）启动 DW CS3，在站点的"VB"子目录下，新建一个 ASP.NET 网页，将其命名为 4-7.aspx，并将文档窗口切换到"代码"视图。在标签</head>之后录入如下代码块：

```
<script language="VB" runat="server">
Sub getSum(N as Integer)
Dim I,intSum As Integer
I=1
intSum=0
Do
   intSum +=I
   I=I+3
Loop while I<=N
Response.Write("getSum:" & intSum)
End Sub
</script>
```

（2）在标签<body>和</body>之间，录入如下代码：

```
<%
  getSum(300)
%>
```

（3）录入完毕，重新存盘，如图 4.19 所示。点击地球图标，在浏览器中预览。

代码说明：

①　本例的代码录入过程中，"<script>"标记的属性会出现在自动弹出的代码提示下拉列表中，可以通过鼠标点击相应的属性自动产生属性代码。"</script>"结束标记在录入完"</"时 DW CS3 会自动生成。

②　VB.NET 中参数的说明由参数名和数据类型两部分组成。定义参数的方式是：参数名 As 数据类型。如过程 getSum 中的参数定义为"N as Integer"。

③　本例用过程实现了求和 1+4+7+…。在<script>标记内定义了一个过程 getSum，参数是 N。该过程的功能主要就是例 4-5 中录入的代码段，唯一不同的，跳出循环的条件不是"I<=300"，而是用到了参数"I<=N"，N 由调用过程时传入。循环体结束后，在过程中输出求和结果。

图 4.19　例 4-7 代码

④ 在<body>部分的代码，是调用过程 getSum，并传递过程的参数"300"。这样就通过求和过程完成了 1+4+7+…+300。

（4）运行结果如图 4.20 所示。

图 4.20　例 4-7 的运行结果

4.9.2　函数

函数的格式如下：

Function　函数名([参数]) [As　类型]

　　　　[程序块]

　　　　[Return　返回值]

End Function

当函数有返回值时，要在函数体的末尾用"函数名=返回值"的形式将值返回，也可用 Return 语句返回值。

函数的调用格式：

变量名=functionname()

例 4-8 （4-8.aspx）利用函数完成求和 1+4+7+…+300。

操作步骤如下：

（1）启动 DW CS3，在站点的"VB"子目录下，新建一个 ASP.NET 网页，将其命名为 4-8.aspx，并将文档窗口切换到"代码"视图。在标签</head>之后录入如下代码块：

```
<script language="VB" runat="server">
Function Sum(N as Integer) as Integer
Dim I,intSum As Integer
I=1
intSum=0
Do
   intSum +=I
   I=I+3
Loop while I<=N
Return intSum
End Function
</script>
```

（2）在标签<body>和</body>之间，录入如下代码：

```
<%
   Dim i As integer
   i=Sum(300)
   Response.Write("Sum(300)=" & i)
%>
```

（3）录入完毕，重新存盘，如图 4.21 所示。点击地球图标，在浏览器中预览。

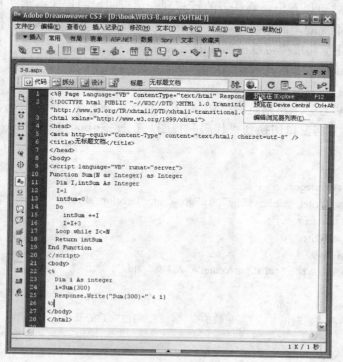

图 4.21　例 4-8 代码

代码说明：

① 本例是用函数的方式实现了 1+4+7+…。在<script>标记内定义了一个求和函数 Sum，参数是 N。该函数的代码和例 4-5 很类似，唯一不同的是，本例跳出循环的条件不是 "I<=300"，而是用了参数 "I<=N"。

② 在<body>部分录入的代码，主要是调用函数 Sum，传递的参数为 "300"。

（4）例 4-8 的运行结果如图 4.22 所示。

图 4.22　是例 4-8 的运行结果

4.10　任务实现：用 VB.NET 编写乘法表

上一章我们在 DW CS3 中"画"出了乘法表。查看乘法表的 HTML 代码，可以看到有 9 对表示行的<tr>标记，每行又有 9 对表示列的<td>标记，全部乘法表中<tr>标记和<td>标记共有 81 对之多。

从乘法表的形式可以看出，乘法表的行与列变化有明显的规律：乘法表的每一行中，第 1 位即被乘数位是不变的，而乘数从 1 变到 9；每一列中，第 2 位即乘数位是不变的，被乘数从 1 变到 9。上述变化规律可以用循环语句实现。

例 4-9　（4-9.aspx）用 For/Next 循环输出乘法表。

操作步骤如下：

（1）启动 DW CS3，在站点的"VB"子目录下，新建一个 ASP.NET 网页，将其命名为 4-9.aspx，并将文档窗口切换到"代码"视图。在标签<body>和</body>之间，录入如下代码：

```
<%
Dim I,J As Integer
Response.Write("<table width=700 align='center' bgcolor='skyblue' border='1'>")
'输出乘法表的表头
Response.Write("<tr>")
For I = 1 To 9
    Response.Write("<td align='center'>" & I & "</td>")
Next
Response.Write("</tr>")
'以下是乘法表输出，I控制乘数的变化，J控制被乘数的变化
For I = 1 To 9
    Response.Write("<tr>")
    For J = 1 To 9
```

```
              Response.Write("<td > " & J & "*" & I & "=" & I*J & "</td>")
           Next
           Response.Write("</tr>")
        Next
        Response.Write("</table>")
   %>
```

（2）录入完毕，重新存盘。如图 4.23 所示。点击地球图标，在浏览器中预览。

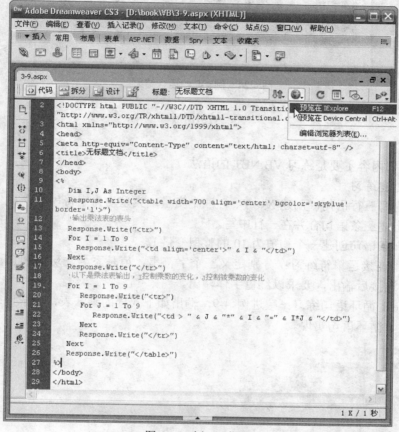

图 4.23　例 4-9 代码

代码说明：上述代码中包含了三个 For/Next 循环。第一个 For/Next 循环在第 14 行到第 16 行，主要是输出乘法表的第一行表头。剩下的两个 For/Next 循环是嵌套的，其中外层的 For/Next 循环语句通过循环控制变量 I 控制乘法表行的变化，在乘法表中是作为乘数；内层的 For/Next 循环语句通过循环控制变量 J 控制乘法表列的变化，在乘法表中是作为被乘数。

乘法表中的表格，仍然是通过静态网页的表格标记实现的，由于循环语句的使用，用 VB.NET 设计的乘法表页面比用纯 HTML 语言实现的乘法表，代码量小多了，代码的可读性大大增强。在表格标记<table>中，设置了一些属性，用于调整乘法表的输出效果。

从本例也看出，设计 ASP.NET 页面仍然需要 HTML 标记，熟练掌握一些常见的 HTML 标记，对于动态网页设计是非常必要的。

（3）运行结果如图 4.24 所示。

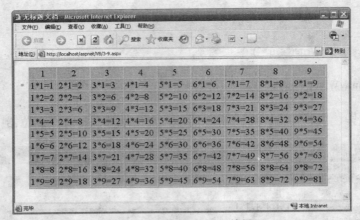

图 4.24　例 4-9 的运行结果

实训

本章的实训内容主要是练习 VB.NET 的语法。

1．变量创建练习

（1）分别写三行语句，创建 X、Y、Z 三个变量，类型均为字符串型。

（2）将上述三条语句合并在一行中写。

（3）写一条语句创建一个初值为 10 的整型变量 I。

2．字符串连接运算符练习：分别定义三个字符串，值是系名、班级和自己的姓名，将这三个字符串连接后输出，要求以红色字体输出。

3．For/Next 循环语句练习：改进例 4-9，输出如下式样的乘法表，要求以表格和浅蓝底色输出，用双重循环语句实现。

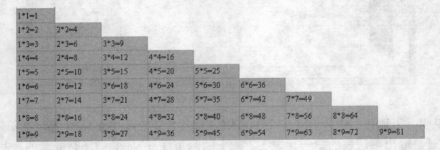

4．过程练习：根据上一题的代码，建立一个过程，改成在过程中实现乘法表的输出。

5．While/End While 循环语句练习：用 While/End While 完成计算 SUM=1+4+7+10+…+300。

习题四

1．以下哪些是合法的变量名？

（1）Object

（2）Fish_2

（3）学校名称

（4）200 卡

（5）GoShopping

（6）False

（7）Friend

（8）_blkData

2．改错练习：

（1）改正以下程序片段中的错误：

```
If intHour<12
Response.Write("上午好!")
ElseIf intHour=12
Response.Write("中午好!")
ElseIf intHour<18
Response.Write("下午好!")
ElseIf
Response.Write("晚上好!")
```

（2）改正以下程序片段中的错误：

```
Select intHour
  Case <12
            Response.Write("上午好!")
  Case =12
            Response.Write("中午好!")
  Case <18
            Response.Write("下午好!")
  Case
            Response.Write("晚上好!")
End
```

（3）改正以下程序片段中的错误：

```
<%
Dim arrArr1(2) As Integer
Dim arrArr2(2) As String={1,2,3}

Response.write(arrArr1(0),arrArr1(1),arrArr1(2))
%>
```

第 5 章　服务器控件

Web 应用需要和用户进行交互，而用户的信息必须通过各种表单传递给浏览器和服务器。本章学习常见的 ASP.NET Web 服务器控件的使用方法，通过实例给出了 DW CS3 中 Web 服务器控件的设计要点。

- ➢　表单基础
- ➢　Web 服务器控件

5.1　任务概述：用 ASP.NET 控件设计用户注册页面

用户登录或用户注册页面是一个典型的动态页面。在第 3 章"HTML 语言基础"中，我们利用静态网页的表单标记，设计了用户注册页面。本章我们将学习如何用 ASP.NET 控件，设计"动态"的用户注册页面。

5.2　表单

首先，我们学习基本的 ASP.NET 控件知识。

网页由 HTML 标记组成，包含在<Html>和</Html>标记之间，而表单是网页的一部分，包含在<Form>和</Form>标记之间。

5.2.1　Web 表单

表单是 Web 开发中的重要概念。ASP.NET 中有两类表单，Web 表单和 HTML 表单。

HTML 表单是指静态网页标记<Form>表示的表单。HTML 表单有两个重要的属性：Action 和 Method，分别用于指定处理表单内部数据的程序名称和数据传送的方法。在 HTML 表单中，Method 的值可以是 Get 或 Post，分别对应 HTTP 协议中的 Get 和 Post 方法。Get 方法表示将表单控件的信息经过编码之后，通过 URL 发送，在浏览器的地址栏中可以看到 Get 方法提交的数据。而 Post 方法的浏览器地址栏看不到表单的提交信息。因此，从安全性角度看，Post 方法安全性更好，并且可以发送较大的数据量。

HTML 表单只在浏览器端运行，用于向服务器提交用户的请求。

Web 表单也是用<Form>标记定义的。Web 表单标记中有一个重要的属性：

Runat="Server"。正是这个属性使 Web 表单与 HTML 表单有了本质的不同。

Web 表单标记格式：

<Form Runat="Server">

………

</Form>

Web 表单在提交时默认采用 Post 方法，当表单标记未指定"action"属性时，表明由当前页面来处理。

注意

一个 ASP.NET 页面只能包含一个<Form Runat="Server">的 Web 表单。另外，虽然<Form>标记不显示任何信息，但<Form>是一个容器，表单项只有定义在<Form>中，才能将接收到的数据向 Web 服务器提交。

5.2.2　HTML 服务器控件和 Web 服务器控件

Web 表单由两类不同的控件组成：HTML 服务器控件和 Web 服务器控件。

HTML 服务器控件是在 HTML 表单基础上，通过增加 Runat="server"和 Id 属性形成的。例如，在静态网页中，一个输入用户名的 HTML 文本框标签为：

    <input type="text" name="user" value="用户名">

在 ASP.NET 网页中，对应的 HTML 服务器控件为：

    <input type="text" id="user" value="用户名" runat="server">

ASP.NET 中保留 HTML 服务器控件的目的是方便那些对于 HTML 表单非常熟悉的设计人员，能沿用类似的语法格式顺利过渡到使用 ASP.NET 技术。

Web 服务器控件是 ASP.NET 中增加的新型控件，具有强大的页面显示和事件处理能力。许多 Web 服务器控件类似于常见的 HTML 表单项，如按钮和文本框。但是，其他一些控件包含复杂的行为，如日历控件或管理数据连接的控件。

5.3　Web 服务器控件

Web 服务器控件以标记<asp: 控件名 ……>开始，控件中包含 RunAt="Server"属性，一般也包含 Id 属性，Id 属性用于标识控件。Web 服务器控件可以有两种结束方式：以</asp:控件名>结尾，或在开始标记的最后加斜杠<asp: 控件名 …… />。

Web 服务器控件既包括传统的窗体控件，例如按钮、文本框等控件，也包括其他窗体控件，例如在网格中显示数据、选择日期、验证表单等复杂控件。

5.3.1　Web 服务器控件的分类

ASP.NET 中的 Web 服务器控件可以分成四类：

- 基本 Web 控件：可以映射到 HTML 控件的 Web 控件，功能更强，实现起来更简单。
- 列表控件：用于大量数据的显示。
- 多功能控件：提供一些特定功能的控件，其对应的功能在 HTML 表单项中是没有的，如日历控件、广告控件。

● 验证控件：提供数据验证的控件，对应的功能在 HTML 表单项中也是没有的。

其中，根据功能的不同，基本 Web 控件又可进一步分为以下三类：

①用于文本输入和显示的控件，如 TextBox、Label。

②用于控制传送的控件，如 Button、LinkButton、ImageButton、HyperLink。

③用于选择的控件，如 CheckBox、CheckBoxList、RadioButton、RadioButtonList、ListBox、DropDownList。

5.3.2　Dreamweaver CS3 中使用 Web 服务器控件概述

DW CS3 提供了可视化的界面，用于设计 Web 服务器控件。利用 DW CS3 的"插入记录"菜单，可以方便地在 ASP.NET 页面中增加 Web 服务器控件。

1. 增加 Web 服务器控件的方法

在 DW CS3 中，选择"文件"→"新建"→"ASP.NET VB"，点击"创建"按钮，在出现的工作区中有几种增加 Web 服务器控件的方法。

点击"插入记录"菜单，如图 5.1 所示。在下拉菜单中的"标签"和"ASP.NET 对象"两个菜单项中，包含了 Web 服务器控件。下面分别介绍从这两个菜单项中插入 ASP.NET 的 Web 服务器控件的方法。

（1）从"插入记录"→"标签"菜单中选取 Web 服务器控件。

选取"标签"菜单项后，出现如图 5.2 所示的"标签选择器"，分成三个窗口，左上部的窗口是标签的分类。选择其中的"ASP.NET 标签"，可以进一步展

图 5.1　包含 WEB 服务器控件的菜单项

开成五类控件，本章学习的控件包含在其中"Web 服务器控件"分类中。右上部的窗口是按字母排序的控件标签。下部是"标签信息窗口"。

图 5.2　标签选择器

（2）从"插入记录"→"ASP.NET 对象"菜单中选取 Web 服务器控件。

如果选取"ASP.NET 对象"菜单，出现如图 5.3 所示的下拉菜单，下拉菜单中列出了十个常用的 ASP.NET 控件。

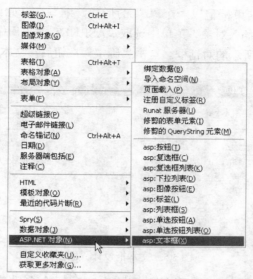

图 5.3　ASP.NET 对象

（3）从"插入"面板中选取 Web 服务器控件。

除此之外，在"插入"面板组中也包含"ASP.NET"面板。点击"插入"面板组中的"ASP.NET"，可以看到如图 5.4 所示的 Web 服务器控件图标。

图 5.4　"插入"面板组中的 ASP.NET 控件图标

2．自动加入默认表单

控件必须放在表单中才能起作用，也就是说 ASP.NET 中的 Web 服务器控件代码必须放在<Form Runat= "server">标记中。DW CS3 提供了自动加入默认表单的功能。如果是在网页中第一次加入一个服务器控件，DW CS3 会自动加入一个默认表单<Form runat="server">，服务器控件被包含在该表单中。

5.4　用于文本输入和显示的控件

ASP.NET 的 Web 服务器控件中有两个用于文本输入和显示的控件，它们是文本框控件<ASP:TextBox>和标签控件<ASP:Label>。

5.4.1　文本框控件<asp:textbox >

文本框控件<asp:textbox>用于文本输入和显示，可以实现 HTML 标签中的文本框<input

type=text>、密码框<input type=password>和多行文本框<textarea>的功能。格式如下：

```
<asp:textbox id="控件名" runat="server" text="文本内容"> </asp:textbox>
```

或

```
<asp:textbox id="控件名" runat="server" text="文本内容" />
```

显然，后者相当于将结束标记以一个“/”的形式，缩写在开始标记中。

在 DW CS3 中，从“插入对象”菜单中选取“ASP.NET 对象”中的“ASP:文本框”，将其插入网页中，出现如图 5.5 所示的对话框。点击“确定”按钮后，文本框就插入到网页中。

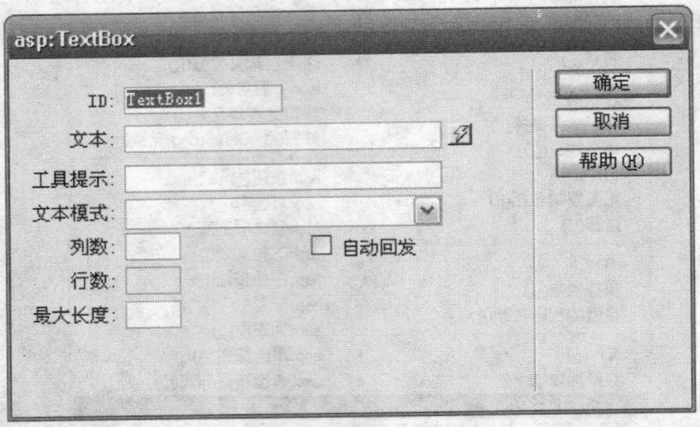

图 5.5　文本框设计界面

如果是第一次加入 Web 服务器控件，DW CS3 还会自动在网页代码中加入<Form runat="server">标记，如图 5.6 所示，其中上半部分的圆角矩形框中为包含<Form runat="server">标记的文本框代码，下半部分为 DW CS3 的设计窗口，已生成一个文本框，红色的虚线框代表表单。

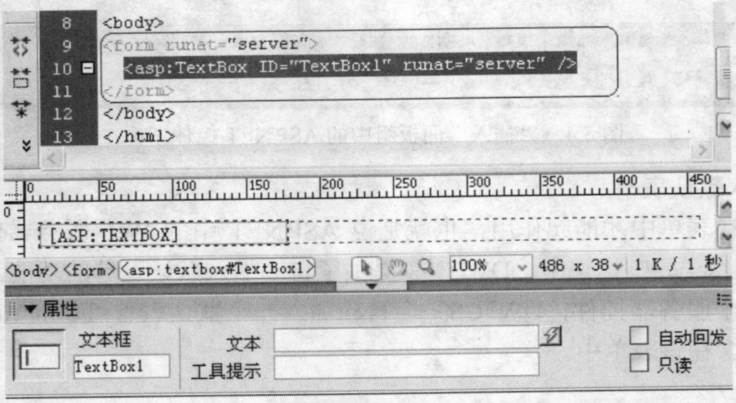

图 5.6　插入文本框后的代码及“属性”面板

在图 5.6 的最下面是“属性”面板，其中列出了文本框的 ID 值和文本值等部分属性。将 DW CS3 窗口最大化后，可以看到 DW CS3 的右下角有如图 5.7 所示的几个小图标，最下面是个倒立小三角形，点击该标记可以进一步展开“属性”面板，显示较多的属性设置内容。“属性”面板展开后，小三角变成朝上，点击该图标，可以关闭扩展“属性”面板。

点击扩展“属性”面板中“文本模式”旁的下拉箭头，出现“单行”、“多行”和“密码”三个选项。如果要插入多行文本框，则应该选择“多行”选项，同时，还需要在“行数"属性中定义多行文本框能显示的行数；如果插入密码框，则应该选择"密码"选项，这样，文本框中的内容会显示成"*"号。插入的文本框默认情况下作为普通单行文本框，因此"单行"选项可以不用设置。

图 5.7 扩展"属性"面板的倒立小三角形图标

点击扩展"属性"面板右下角的  图标，可以弹出如图 5.8 所示的文本框标签编辑器。在标签编辑器中包含了控件的所有属性，可以直接在标签编辑器中对 ASP.NET 控件进行编辑。

图 5.8 文本框的标签编辑器

文本框中最重要的属性是文本值"Text"。要获取文本框的内容或者设置文本框的显示文本，都是通过 Text 属性实现。

5.4.2 标签控件<asp:label>

标签控件<asp:label>用于在页面的某个位置显示文本信息。和文本框类似，标签控件的重要属性是文本值"Text"，要让标签控件显示文本信息，可以通过赋值给 Text 属性实现。

格式：

```
<asp:label id="控件名" runat="server" text="标签内容">文本</asp:label>
```

或

```
<asp:label id="控件名" runat="server" text="标签内容" />
```

示例：

```
<asp:label text="信息提示" runat="server" id="lbcontent" />
```

将 DW CS3 工作区的文档窗口切换到"拆分"视图或"设计"视图中。从"插入记录"菜单中选取"ASP.NET 对象"中的"ASP:标签"，将其插入网页中，出现如图 5.9 所示的对话框。点击"确定"按钮，在网页中插入标签控件。

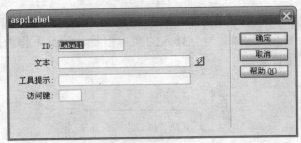

图 5.9　标签控件的设计界面

5.5　用于控制传送的控件

用于控制传送的控件包括按钮控件<asp:button>、链接式按钮控件<asp:linkButton>和图片按钮控件<asp:imageButton>，主要是实现按钮的触发功能。由于超级链接的事件传送特性与上述三个按钮类似，所以将超级链接控件<asp:hyperLink>也放在控制传送的控件中一并介绍。

5.5.1　按钮控件<asp:button>

按钮控件是网页中的常见元素，用于执行一个命令或向服务器提交表单。ASP.NET 中的按钮格式为：

<asp:button id="控件名" runat="server" text="按钮面板上的文字" onClick="事件名" />

按钮控件典型的事件是 OnClick 事件，该事件在点击控钮时触发。属性 text 是按钮的面板文字，需要设置。按钮的 ID 属性一般可以忽略不定义。

在 DW CS3 工作区文档窗口的"拆分"视图或"设计"视图中，从"插入记录"菜单中选取"ASP.NET 对象"中的"ASP:按钮"，将其插入网页中，出现如图 5.10 所示的对话框。设置按钮的面板文本为"确定"，点击"确定"按钮，在网页中插入按钮控件。

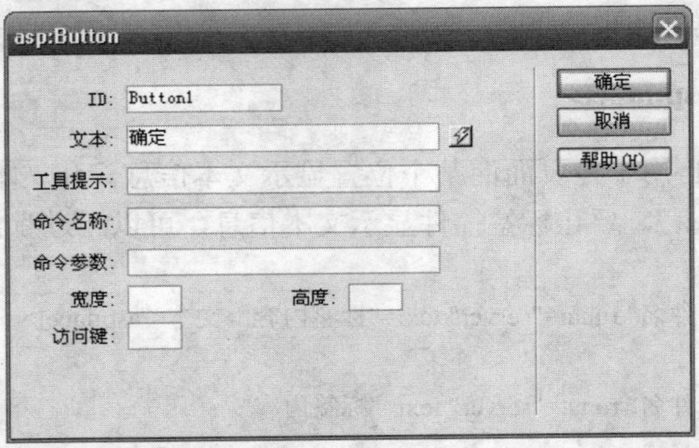

图 5.10　按钮控件的设计界面

按钮控件的设计中，定义事件是非常重要的步骤。在 DW CS3 中，按钮的标签编辑器提供了事件名称的设定。点击按钮"属性"面板的标签编辑器图标，弹出如图 5.11 所示的标签编辑器窗口。另一种打开标签编辑器的方法是，选中设计窗口中的按钮，点击鼠标右键，在弹出菜单中选择"编辑标签"，也会出现标签编辑器窗口。选择窗口左半部分的"OnClick"事件，在窗口右半部分的空白处输入事件名称"btnClick"。点击"确定"按钮后，在网页中生成如下代码：

```
<asp:Button ID="Button1" runat="server" Text="确定" OnClick="btnClick" />
```

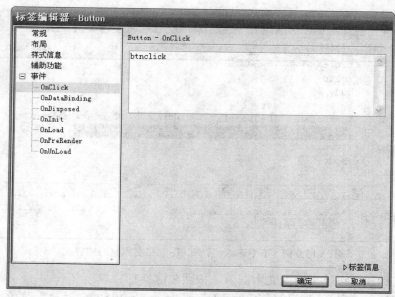

图 5.11　按钮控件的标签编辑器

上面的代码只是在按钮中声明了事件名称，事件的处理代码要另外在过程中定义。下面的例子说明了如何定义按钮和事件。

例 5-1　（5-1.aspx）设计一个计算成绩的页面，输入三项成绩，当用户点击"汇总"按钮后，显示总成绩。

（1）首先在"D:\Book"目录中新建一个子目录 Controls（即"D:\Book\Controls"），本章的所有实例均保存在该目录下。启动 DW CS3，在站点的"Controls"子目录下，新建一个 ASP.NET 网页，将其命名为 5-1.aspx，并将文档窗口切换到"拆分"视图。

（2）将光标移至"拆分"视图的设计窗口中，点击"插入记录"→"ASP.NET 对象"→"ASP:标签"，在弹出的标签设计窗口中，将标签控件的文本设置为"计算机："，如图 5.12 所示。点击"确定"按钮。可以看到，在设计窗口增加了"计算机："输入提示，在代码窗口增加了<asp:label>标记。

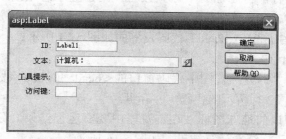

图 5.12　例 5-1 中的"计算机："标签设计界面

（3）将光标移至设计窗口的"计算机："标签旁，点击"插入记录"→"ASP.NET 对象"→"ASP:文本框"，在弹出的标签设计窗口中，可以看到文本框的控件 ID 为"TextBox1"，点击"确定"按钮。可以看到设计窗口的"计算机："后，出现了一个文本框，如图 5.13 所示。

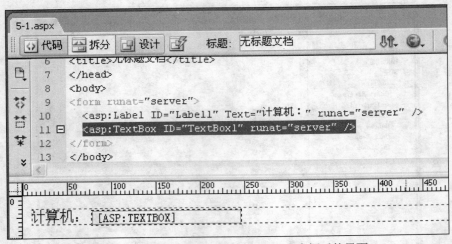

图 5.13 例 5-1 中输入"计算机："和文本框后的界面

（4）将光标移至设计窗口的文本框旁，按回车键换行。

（5）直接输入"英语："，然后从"插入记录"→"ASP.NET 对象"菜单增加"ASP:文本框"TextBox2。

（6）仿照步骤（4）、（5），再增加一行"数学："及相应的文本框 TextBox3，在"密码："标签旁增加一个文本框 TextBox3。

（7）下面在网页中插入按钮控件。将光标移至设计窗口的 TextBox3 文本框旁，按回车键换行。点击"插入记录"→"ASP.NET 对象"→"ASP:按钮"，将按钮控件的文本设置为"汇总"，点击"确定"按钮，在网页中插入"汇总"按钮。

（8）选中"汇总"按钮，点击鼠标右键，在弹出菜单中选择"编辑标签"，打开"汇总"按钮的标签编辑器，选择其中的 OnClick 事件，在标签编辑器的空白编辑处录入按钮的事件名称"click1"，点击"确定"按钮，关闭标签编辑器。

（9）将光标移至"汇总"按钮旁，仿照步骤（7）、（8），增加"取消"按钮，事件名称设置为"click2"，点击"确定"按钮。

（10）按回车键换行，再添加一个标签按钮，用于显示总成绩。点击"插入记录"→"ASP.NET 对象"→"ASP:标签"，点击"确定"按钮，在网页中增加一个标签。至此，界面设计完成。上述步骤生成的 ASP.NET 代码及界面如图 5.14 所示。

下面编写事件处理代码。

（11）将光标移到"拆分"视图中代码窗口的</head>和<body>标记中，在代码窗口录入图 5.15 中第 8 行到第 22 行所示的代码，并存盘。

（12）点击文档窗口的地球图标，在浏览器中观察运行结果。分别输入三门课程的成绩，点击"汇总"按钮后，查看计算结果，如图 5.16 所示。

```
 8   <body>
 9   <form runat="server">
10     <p>
11       <asp:Label ID="Label1" Text="计算机：" runat="server" />
12       <asp:TextBox ID="TextBox1" runat="server" />
13   </p>
14     <p>英语：
15       <asp:TextBox ID="TextBox2" runat="server" /></p>
16     <p>数学：
17       <asp:TextBox ID="TextBox3" runat="server" /></p>
18     <p>
19       <asp:Button ID="Button1" runat="server" Text="汇总" OnClick="click1" />
20       <asp:Button ID="Button2" runat="server" Text="取消" OnClick="click2" />
21   </p>
22     <p>
23     ▣ <asp:Label ID="Label2" runat="server" /></p>
24   </form>
```

计算机：　[ASP:TEXTBOX]

英语：　[ASP:TEXTBOX]

数学：　[ASP:TEXTBOX]

[汇总] [取消]

[ASP:LABEL]

图 5.14　例 5-1 的设计窗口

```
5-1.aspx
代码  拆分  设计     标题: 无标题文档

 7   </head>
 8   <script language="vb" runat="server">
 9   sub click1(sender as object,e as eventargs)
10     Dim rr,ss,tt As Integer
11     rr = val(TextBox1.text)
12     ss = val(TextBox2.text)
13     tt = val(TextBox3.text)
14     label2.text = str(rr + ss + tt)
15   end sub
16   sub click2(sender as object,e as eventargs)
17     TextBox1.text = ""
18     TextBox2.text = ""
19     TextBox3.text = ""
20     label2.text = ""
21   end sub
22   </script>
23   <body>
```

图 5.15　例 5-1 的事件处理代码

地址(D)　http://localhost/aspnet/controls/5-1.aspx

计算机：　80

英语：　70

数学：　90

[汇总] [取消]

240

图 5.16　例 5-1 的运行结果

代码说明：

① 在<script>的开始和结束标记内，是两个过程 click1 和 click2。每个过程都带有两个参数：Object 类型的参数 Sender 和 EventArgs 类型的参数 E。Sender 一般表示事件的发出控件，E 表示此事件的参数。不同的事件，E 可能有所不同。这两个参数非常重要，在用 ASP.NET 设计事件处理方法的时候，一般都要提供这两个参数。

② Click1 过程实现成绩计算，用 val(textbox1.text)将文本框中的文本内容转换为数值，以便进行加法计算。用 str(rr+ss+tt)将数值转换为文本，赋给标签显示。

③ 用于显示总成绩的标签 ID 是 Label2，所以在代码中对 Label2 的 text 赋值。标签 Label1 显示"计算机："。

④ Click2 过程是实现对输入成绩的文本框和汇总标签的清空。

5.5.2 链接按钮控件<asp:linkbutton>

链接按钮控件的显示效果与链接类似，但是会触发服务器端事件。格式为：

<asp:linkbutton id="控件名" runat="server" text="按钮面板上的文字" onClick="事件名"/>

链接按钮的属性与事件与普通按钮控件类似，设计时主要是定义按钮的面板文字及事件代码。由于是 linkButton，故链接按钮显示式样不是普通按钮，而是类似一般的超级链接。

例 5-2　（5-2.aspx）用链接按钮控件 linkButton 代替例 5-1 中的按钮控件，重新设计计算成绩网页。

操作步骤如下：

（1）在"D:\Book\Controls"目录下，新建一个 ASP.NET 网页，将其命名为 5-2.aspx，将文档窗口切换到"拆分"视图。

（2）步骤（2）～（10）同例 5-1，只是插入链接按钮时，不是从"插入记录"菜单的"ASP.NET 对象"菜单中插入"ASP:按钮"，而是从"插入记录"菜单下的"标签"菜单项中，插入"ASP.NET 标签"中的"ASP:LinkButton"，如图 5-17 所示。点击"插入"按钮后，在链接按钮控件的标签编辑器中，继续输入按钮控件的面板文本和事件名称，如图 5.18 所示。

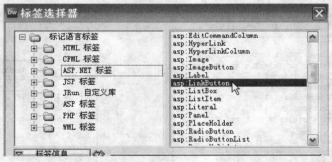

图 5.17　例 5-2 插入 LinkButton 控件

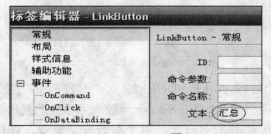
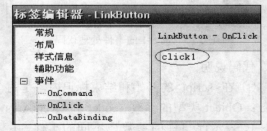

图 5.18　LinkButton 的文本属性和事件

（3）图 5.19 是使用 LinkButton 控件的计算成绩网页运行效果。可以看到，"汇总"和"取消"按钮显示为链接式样。

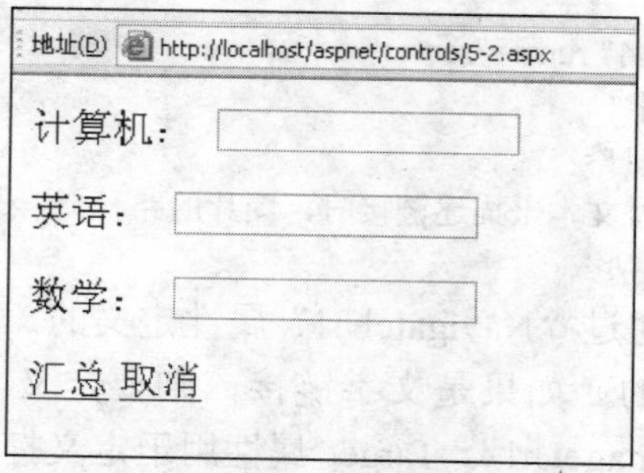

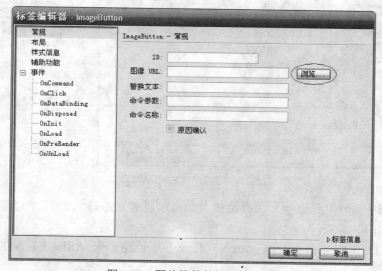

图 5.19 例 5-2 的运行效果

5.5.3 图片按钮控件<asp:imagebutton>

图片按钮控件可以实现一个图片形式的按钮，可以触发服务器端事件。格式为：

```
<asp: imagebutton id="控件名" runat="server"
imageUrl="图片的路径" onClick="事件名"/>
```

在图片按钮控件的属性中，图片的路径 imageUrl 是非常重要的。按钮上需要显示的图片是以文件的形式保存在机器中的，只有设定了图片的路径，才能在网页中显示出该图片。另外需要注意的一点是，在 HTML 标记中，图片的路径是通过"src"属性给出的，而在 ASP.NET 的服务器控件中，图片路径是通过"imageUrl"属性给出的。

在 DW CS3 中，从"插入记录"的"标签"菜单中选取"ASP.NET 标签"中的"ASP:ImageButton"，打开图片控件的标签编辑器，如图 5.20 所示。点击"浏览"按钮，可以选择图片文件的来源。

图 5.20 图片控件的标签编辑器

5.5.4 超级链接控件<asp:hyperlink>

Hyperlink 控件用于创建超级链接，可以是文本超级链接，也可以是图片超级链接。用户点击超级链接控件，将会打开另外的网页。格式为：

<asp:hyperlink id="控件名" runat="server"
Text="控件上显示的文字"
NavigateUrl="链接的网址"
imageUrl="当用图片代替文本来描述链接时，图片的路径"
target="打开链接的窗口"/>

链接控件的链接网址是通过"NavigateUrl"属性定义的，而在 HTML 标记中，链接网址是通过"Href"属性给出的。如果是文字链接，则要定义"Text"的值；如果是图片链接，则要定义图片的路径"ImageUrl"。Target 属性用于定义打开链接网页的窗口，若不写，则取默认值，即在原窗口打开链接。

在 DW CS3 中，从"插入记录"的"标签"菜单项中选取"ASP.NET 标签"中的"ASP:HyperLink"，可以在网页中插入链接控件。链接控件的标签编辑器如图 5.21 所示。"导航 URL"即"NavigateUrl"，点击旁边的"浏览"按钮，选择要打开的网页文件；"图像 URL"即"ImageUrl"，点击旁边的"浏览"按钮，选择要作为链接源的图片文件。"目标"即"Target"，点击输入框旁的下拉箭头，可以打开下拉列表，用于设置链接网址在什么窗口打开。"_top"表示在没有框架的全窗口中显示链接网页；"_parent"表示在父框架窗口显示链接网页；"_self"表示在超级链接所在的窗口显示链接网页；"_blank"表示在一个新的没有框架的窗口中显示链接网页。

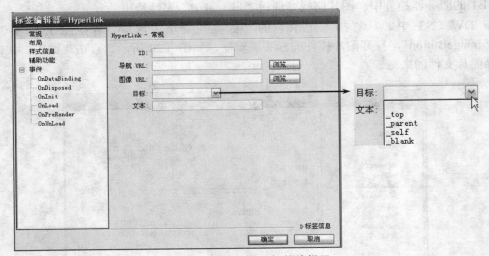

图 5.21 链接控件的标签编辑器

例 5-3（5-3.aspx）建立一个超级链接页面，可以分别链接例 5-1、例 5-2。

操作步骤如下：

（1）在"D:\Book\Examples\Controls"目录下，新建一个 ASP.NET 网页，将其命名为 5-3.aspx。

（2）在文档窗口的"拆分"视图中，插入两个链接控件，分别设置链接文本为："例 5-1"和"例 5-2"，并设置"导航 URL"为 5-1.aspx 和 5-2.aspx。设计完成后的 DW CS3 文档窗口如图 5.22 所示。

（3）例 5-3 的运行结果如图 5.23 所示。点击各链接，会执行相应的 ASP.NET 页面。

图 5.22 例 5-3 的设计界面

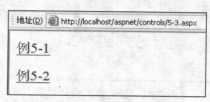

图 5.23 例 5-3 的运行结果

5.6 用于选择的控件

用于选择的控件主要包括复选框、单选按钮和下拉列表。其中,下拉列表是 Web 服务器控件中新增加的。Web 服务器中的复选框有两种:单个复选框 CheckBox 以及复选框列表 CheckBoxList。单选按钮也有两种:单个单选按钮 RadioButton 以及单选按钮列表 RadioButtonList。复选框列表、单选按钮列表和下拉列表是 ASP.NET 中新增加的控件,功能更为强大。

5.6.1 复选框<asp:checkbox>

复选框用于提供一组选项,用户可以在其中选择多项,功能类似 HTML 中的 checkbox 表单项,只是增加了服务器端事件。格式为:

```
<asp:checkBox id="控件名"runat="server"
autoPostBack="是否回发事件(True|False)"
checked="是否被选中(True|False)"
text="控件的标题文字"
textAlign="控件的对齐方式(Right|Left)"
onCheckedChanged="事件响应函数的名字"/>
```

复选框是否被选中,是由 checked 属性决定的。如果被选中,则 checked 值为 True,否则为 False。

复选框的事件是 onCheckedChanged,这是在选项改变时触发的服务器端事件。默认情况下,onCheckedChanged 事件并不会立即被提交到服务器处理。如果将 AutoPostBack 属性设置为 True，则 onCheckedChanged 事件会立即被送到服务器处理。

例 5-4（5-4.aspx）建立一个页面，用于选择喜欢的课程。

操作步骤如下：

（1）在"D:\Book\Controls"目录下，新建一个 ASP.NET 网页，将其命名为 5-4.aspx，将文档窗口切换到"拆分"视图。在设计窗口中，插入三个复选框。复选框的文本分别设置为："网络技术"、"数据库技术"和"ASP.NET 网页设计"，并在"自动回发"前的小方框中打勾，如图 5.24 所示。注意，插入第二个和第三个复选框时，要在红色的虚线框（表单标记）内插入。

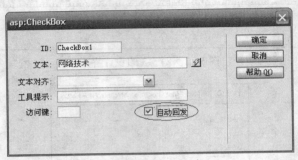

图 5.24　复选框的设计界面

（2）在网页的三个复选框之后，插入一个标签，用于显示提示信息。

（3）下面设置复选框的事件。选中第一个复选框，点击鼠标右键打开复选框的标签编辑器，在事件 OnCheckedChanged 右边的窗口中输入"chkClick"，点击"确定"按钮。同样的方法，把其他两个复选框的 OnCheckedChanged 事件右边的窗口中也输入"chkClick"，完成后的界面设计代码如图 5.25 所示。

```
<form runat="server">
  <p>
    <asp:CheckBox AutoPostBack="true" ID="CheckBox1" runat="server" Text="网络技术"
OnCheckedChanged="chkclick" />
</p>
  <p>
    <asp:CheckBox AutoPostBack="true" ID="CheckBox2" runat="server" Text="数据库技术"
OnCheckedChanged="chkclick" /></p>
  <p>
    <asp:CheckBox AutoPostBack="true" ID="CheckBox3" runat="server" Text="ASP.NET网页设计"
OnCheckedChanged="chkclick" /></p>
  <p>
    <asp:Label ID="Label1" runat="server" /></p>
</form>
```

图 5.25　三个复选框和一个标签的设计

（4）在网页中</head>和<body>标记之间录入如图 5.26 所示的"chkClick"事件处理代码。

```
<script language="vb" runat="server">
  sub chkclick(sender as object, e as eventargs)
    label1.text="您选择了:<br>"
    if checkBox1.checked then label1.text=label1.text & checkBox1.text & "<br>"
    if checkBox2.checked then label1.text=label1.text & checkBox2.text & "<br>"
    if checkBox3.checked then label1.text=label1.text & checkBox3.text & "<br>"
  end sub
</script>
```

图 5.26　复选框的事件处理代码

（5）在浏览器中查看，运行结果如图 5.27 所示。

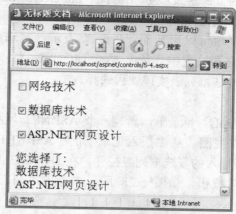

图 5.27　例 5-4 的运行结果

代码说明：

① 复选框的 autoPostBack 属性设为 True，因此，选项一旦改变，立即触发服务器端事件。

② 三个复选框的服务器端事件均指定为"chkClick"。在这个服务器的事件处理代码中，首先将标签的文本初始化为"您选择了：
"，然后，根据复选框的 checked 属性是否为"True"，判断选项是否被选中。若被选中，则更新标签控件的显示内容。

③ 在对标签控件的文本赋值中，除初始化标签值时是直接赋值外，其余的三个标签赋值表达式中都用到了字符串连接运算符"&"，用于将标签原有的文本和被选中的复选框文本内容相连接，然后赋值给标签的文本。这样，多个项目被选中时，选取结果都可以在标签中显示出来。

5.6.2　复选框列表<asp:checkboxlist>

复选框列表是一个包含若干复选框的控件组。格式为：

```
<asp:checkBoxList id="控件名" runat="server"
autoPostBack="是否回发事件（True|False）"
textAlign="控件的对齐方式（Right|Left）"
cellPadding="控件显示时各个选项之间的距离值"
dataSource="<% 数据绑定表达式 %>"
dataTextField="绑定字段"
datatValueField="绑定字段"
repeatColumns="列表项的列数"
repeatDirection="列表项的方向（Vertical|Horizontal）"
repeatLayout="列表项的呈现方式（Flow|Table）"
onSelectedIndexChanged="事件响应函数的名字">
<asp:listitem value="列表项的关联值"
Text="列表项的文本"
selected="是否被选中（True|False）"/>
</asp:checkBoxList>
```

复选框列表的代码块中，内嵌的<asp:listitem>表示每一个复选框成员。当 autoPostBack 属性为 True 时，选项变化时立即触发服务器端事件 onSelectedIndexChanged。从标签代码可以看到，复选框列表还可以绑定数据库。

复选框列表中，所有选项可以用数组"items"表示；被选中的选项可以用"selected Item"表示。每一个复选框是否被选中，是由<asp:listitem>的"selected"属性决定的。

例 5-5　（5-5.aspx）用复选框列表实现课程选择。

操作步骤如下：

（1）在"D:\Book\Controls"目录下，新建一个 ASP.NET 网页，将其命名为 5-5.aspx，将文档窗口切换到"拆分"视图。从"插入记录"的"ASP.NET 对象"菜单中插入"asp:复选框列表"控件。选中新插入的复选框列表控件，在 DW CS3 的扩展属性窗口，找到复选框列表的"列表项…"属性按钮，如图 5.28 所示。点击"列表项…"按钮，弹出"列表项"对话框，如图 5.29 所示。

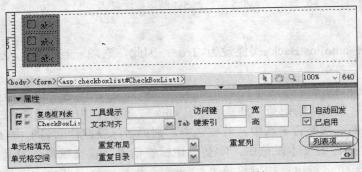

图 5.28　复选框列表控件的属性

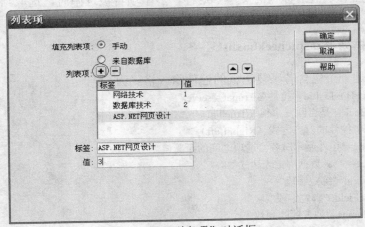

图 5.29　"列表项"对话框

（2）在"列表项"对话框的"标签"处，输入要添加的列表项的标签和值的内容，点击"+"号，文本即可添加到列表项，分别将"网络技术"、"数据库技术"和"ASP.NET 网页设计"文本添加到列表项中，点击"确定"按钮，则复选框列表控件及其列表项设计完成。

（3）下面定义页面的事件。在复选框列表下增加一个按钮控件，按钮的文本设为"提交"，按钮的"onClick"事件定义为"click"。再在按钮下增加一个标签。设计好的界面代码如图 5.30 所示。

```
<form runat="server">
  <p>
    <asp:CheckBoxList ID="CheckBoxList1" runat="server">
      <asp:ListItem value="1">网络技术</asp:ListItem>
      <asp:ListItem value="2">数据库技术</asp:ListItem>
      <asp:ListItem value="3">ASP.NET网页设计</asp:ListItem>
    </asp:CheckBoxList>
  </p>
  <p>
    <asp:Button ID="Button1" runat="server" Text="提交" OnClick="click" />
  <p>
    <asp:Label ID="Label1" runat="server" />
  </p>
</form>
```

图 5.30　例 5-5 的界面代码

（4）在网页中增加按钮事件的处理代码，如图 5.31 所示。

```
<script language="vb" runat="server">
  sub click(sender as object, e as eventargs)
    dim i as integer
    label1.text="您选择了：<br>"
    for i = 0 to checkBoxList1.items.count-1
      if checkBoxList1.items(i).selected then
        label1.text=label1.text & checkBoxList1.items(i).text & "<br>"
      end if
    next
  end sub
</script>
```

图 5.31　提交按钮的事件代码

（5）在浏览器中查看，运行结果如图 5.32 所示。

图 5.32　例 5-5 的运行结果

代码说明：

① 例 5-5 是利用按钮事件实现服务器端事件的。当选择了"提交"按钮后，在提交按钮的"click"事件中，检查哪个复选框被选中，并通过标签控件给出选中的复选框的文本内容。

② 在按钮事件中，通过 For/Next 循环判断哪个复选框被选中。checkBoxList 控件的 Items 属性是一个集合，代表复选框列表中的各个成员。Items 集合的 count 属性表示集合中的元素个数，循环次数就是集合中的元素的数目。循环变量 i 从 0 开始，直到循环次数减 1。由于 VB.NET 中的数组下标是从 0 开始的，因此 Items(i)正好表示了 checkBoxList 控件中的各个成员。这些成员的 selected 属性为 True，表示被选中。这样就利用循环的方式访问了所有的选项。

5.6.3　单选按钮<asp:radiobutton>

单选按钮用于规定在一组选项中只能选取一个，功能类似 HTML 中的 Radio 表单项，只是增加了服务器端事件。格式为：

```
<asp:radioButton id="控件名" runat="server"
autoPostBack="是否回发事件（True|False）"
checked="是否被选中（True|False）"
groupName="控件组的名字"
text="控件的标题文字"
textAlign="控件的对齐方式（Right|Left）"
onCheckedChanged="事件响应函数的名字"/>
```

类似于复选框控件，单选按钮是否被选中是通过 checked 属性设定的，单选按钮中的服务器端事件是 onCheckedChanged。如果 AutoPostBack 属性设置为 True，则选项改变引起的 onCheckedChanged 事件会立即被送到服务器处理。

与复选框控件不同的是，单选按钮中增加了 groupName 属性，用于将单选按钮组成一组。groupName 属性值相同的单选按钮为同一组，一组单选按钮中只能有一项被选中。不同组的单选按钮，每一组都能选取一个。

例 5-6　（5-6.aspx）建立一个页面，用于选择所在的系别。

操作步骤如下：

（1）在"D:\Book\Controls"目录下，新建一个 ASP.NET 网页，将其命名为 5-6.aspx，将文档窗口切换到"拆分"视图。在设计窗口中，插入三个单选按钮控件。单选按钮控件的文本分别设置为："计算机系"、"电子系"和"经济系"，并将"自动回发"前的小方框中选中，如图 5.33 所示。

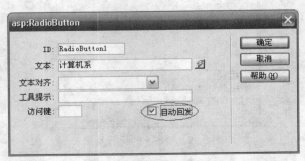

图 5.33　单选按钮界面设计

（2）分别将三个单选控件"属性"面板的"组名称"设置为"dept"，如图 5.34 所示。

图 5.34　单选按钮的组名称属性

（3）分别打开三个单选按钮的标签编辑器，将 OnCheckedChanged 事件的名称设置为"radClick"。

（4）在网页的三个复选框之后，插入一个标签，用于显示提示信息。完成后的界面代码如图 5.35 所示。

```
<form runat="server">
  <p>
    <asp:RadioButton AutoPostBack="true" GroupName="dept" ID="RadioButton1" runat=
"server" Text="计算机系" OnCheckedChanged="radclick" />
    <asp:RadioButton AutoPostBack="true" GroupName="dept" ID="RadioButton2" runat=
"server" Text="电子系" OnCheckedChanged="radclick" />
    <asp:RadioButton AutoPostBack="true" GroupName="dept" ID="RadioButton3" runat=
"server" Text="经济系" OnCheckedChanged="radclick" />        </p>
  <p>
    <asp:Label ID="Label1" runat="server" /></p>
</form>
```

图 5.35　单选按钮的设计代码

（5）在网页中加入如图 5.36 所示的事件处理代码。

```
<script language="vb" runat="server">
  sub radclick(sender as object, e as eventargs)
    if radiobutton1.checked then label1.text="您在计算机系"
    if radiobutton2.checked then label1.text="您在电子系"
    if radiobutton3.checked then label1.text="您在经济系"
  end sub
</script>
```

图 5.36　例 5-6 的事件处理代码

（6）在浏览器中查看网页，其中出现三个系别单选按钮，任意点击一个选项，网页上立即出现所选择的项目，如图 5.37 所示。

图 5.37　例 5-6 的运行结果

代码说明：

① 三个单选按钮控件的组名都是"dept"，因此组成一组单选按钮，一次只能选择一个选项。

② 单选按钮的 autoPostBack 属性设为 True，因此，选项一旦改变，立即触发服务器端事件。

③ 三个选项的服务器端事件均指定为"radClick"。在该过程中，首先根据单选按钮的 checked 属性是否为 True，判断哪个单选按钮被选中。找到后，将该单选按钮的文字内容赋值给标签控件的文本，利用标签控件显示选项的内容。

5.6.4 单选按钮列表<asp:radiobuttonlist>

单选按钮列表是一个包含若干单选按钮的控件组，常用于需要显示多个单选按钮，并且对每个单选按钮都有类似处理方式的情形。格式为：

```
<asp:radioButtonList id="控件名" runat="server"
    autoPostBack="是否回发事件（True|False）"
    textAlign="控件的对齐方式（Right|Left）"
    cellPadding="控件显示时各个选项之间的距离值"
    dataSource="<% 数据绑定表达式 %>"
    dataTextField="绑定字段"
    datatValueField="绑定字段"
    repeatColumns="列表项的列数"
    repeatDirection="列表项的方向（Vertical|Horizontal）"
    repeatLayout="列表项的呈现方式（Flow|Table）"
    onSelectedIndexChanged="事件响应函数的名字">
    <asp:listitem value="列表项的关联值"
    Text="列表项的文本"
    selected="是否被选中（True|False）"/>
    </asp:radioButtonList>
```

与复选框列表控件类似，在单选按钮列表的代码块中，内嵌的<asp:listitem>表示每一个单选按钮成员。当 autoPostBack 属性为 True 时，选项变化时立即触发服务器端事件 onSelectedIndexChanged。复选按钮列表可以绑定数据库。

与复选框列表控件不同的是，单选按钮列表中仅能有一个选项被选中。

5.6.5 下拉列表控件<asp:dropdownlist>

DropDownList 控件是 ASP.NET 中新增加的控件，以下拉方式显示各选项，称为下拉列表控件。除了显示方式不同外，在事件处理方面，DropDownList 控件与前面介绍的单选按钮列表和复选框列表类似。格式为：

```
<asp:dropDownList id="控件名" runat="server"
    autoPostBack="是否回发事件（True|False）"
    dataSource="<% 数据绑定表达式 %>"
    dataTextField="绑定字段"
    datatValueField="绑定字段"
    rows="列表项的行数"
```

```
selectionMode="选择模式（Single|Multiple）"
onSelectedIndexChanged="事件响应函数的名字">
<asp:listitem value="列表项的关联值"
Text="列表项的文本"
selected="是否被选中（True|False）"/>
</asp:dropDownList>
```

由于是以下拉方式显示各控件，所以 DropDownList 控件就不存在类似单选按钮列表和复选框列表中的排列方式属性了。同样，Items 可用于表示各个选项的集合。

例 5-7 （5-7.aspx）用下拉列表选择城市。

（1）在"D:\Book\Controls"目录下，新建一个 ASP.NET 网页，将其命名为 5-7.aspx，将文档窗口切换到"拆分"视图。从"插入记录"的"ASP.NET 对象"菜单中插入一个"asp:下拉列表"控件，在弹出的下拉列表控件设计窗口中将"自动回发"属性选中，点击"确定"按钮关闭窗口。可以看到在设计窗口已生成一个红色虚线框住的下拉列表控件。选中这个下拉列表控件后，展开"属性"面板的扩展属性，点击其中的"列表项..."，在打开的"列表项"对话框中添加下拉列表控件的列表项标签为"北京"、"上海"和"广州"，相应值分别为"1"、"2"和"3"后，关闭"列表项"对话框。打开下拉列表控件的标签编辑窗口，将事件 onSelectedIndexChanged 定义为 change。

（2）在下拉列表控件下添加一个标签。设计好的界面及代码如图 5.38 所示。

```
<form runat="server">
  <p>
    <asp:DropDownList AutoPostBack="true" ID="DropDownList1" runat="server"
OnSelectedIndexChanged="change">
      <asp:ListItem value="1">北京</asp:ListItem>
      <asp:ListItem value="2">上海</asp:ListItem>
      <asp:ListItem value="3">广州</asp:ListItem>
    </asp:DropDownList>
</p>
  <p>
    <asp:Label ID="Label1" runat="server" /></p>
</form>
```

图 5.38　例 5-7 的界面设计代码

（3）在</head>和<body>标签之间输入如图 5.39 所示的事件处理代码。

```
<script language="vb" runat="server">
  sub change(sender as object,e as eventargs)
    dim i as integer
    label1.text="您选择了：" & DropDownList1.SelectedItem.text
  end sub
</script>
```

图 5.39　例 5-7 的事件处理代码

（4）在浏览器中查看运行结果。点击下拉列表中的城市名后，页面显示下拉列表中显示的城市，如图 5.40 所示。

代码说明：

① 该例中下拉列表控件设置了 autoPostBack=True，因此，当下拉选项改变时，会自动将 onSelectedIndexChanged 事件传送回服务器，服务器调用 Change 事件对选项改变进行处理。

② 下拉列表控件的 SelectedItem 属性表示被选中的选项，通过 SelectedItem.text 可以得到被选中选项的标签文本。复选框列表控件和单选按钮列表控件也同样可以通过这一属性获得被选项。

图 5.40　例 5-7 的运行结果

5.7　任务实现：用 ASP.NET 控件设计用户注册页面

前面几节我们已学习了 ASP.NET 中的各种控件，通过这些控件，可以实现网页和用户的一些简单交互。下面我们就利用所学控件，来设计一个用户注册页面，并能将用户已输入的信息反馈到浏览器显示。

例 5-8 （5-8.aspx）设计一个校园网用户注册页面，要求输入以下内容：用户名、密码、性别、所在系、爱好、邮箱。

操作步骤如下：

（1）在"D:\Book\Controls"目录下，新建一个 ASP.NET 网页，将其命名为 5-8.aspx，将文档窗口切换到"设计"视图。在设计窗口添加用户注册页面的控件，如图 5.41 所示。其中，"性别"选项包含两个单选按钮，"爱好"选项由复选框按钮列表构成，标签控件用于在点击"提交"按钮后显示用户已输入信息。

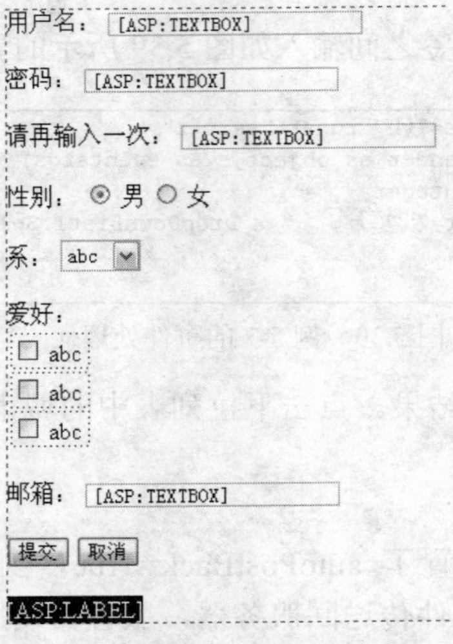

图 5.41　用户注册的界面设计

界面的控件所对应的代码如下，只显示表单部分：

```
<form runat="server">
  <p>用户名：
  <asp:TextBox ID="TextBox1" runat="server" />
</p>
  <p>密码：
    <asp:TextBox ID="TextBox2" TextMode="Password" runat="server" /></p>
    <p>请再输入一次：
    <asp:TextBox ID="TextBox3" TextMode="Password" runat="server" /></p>
    <p>性别：
    <asp:RadioButton   ID="RadioButton1"   Text=" 男 "   runat="server"   GroupName="sex"
Checked="true" />
  <asp:RadioButton ID="RadioButton2" Text="女" runat="server" GroupName="sex" /></p>
    <p>系：
    <asp:DropDownList ID="DropDownList1" runat="server">
      <asp:ListItem value="1">计算机系</asp:ListItem>
      <asp:ListItem value="2">电子系</asp:ListItem>
      <asp:ListItem value="3">经济系</asp:ListItem>
</asp:DropDownList>
  </p>
    <p>爱好：
    <asp:CheckBoxList ID="CheckBoxList1" runat="server" RepeatDirection="Horizontal">
      <asp:ListItem value="1">阅读</asp:ListItem>
      <asp:ListItem value="2">运动</asp:ListItem>
      <asp:ListItem value="3">音乐</asp:ListItem>
      <asp:ListItem value="4">旅游</asp:ListItem>
</asp:CheckBoxList>
  </p>
    <p>邮箱：
    <asp:TextBox ID="TextBox4" runat="server" />
</p>
  <p>
<asp:Button ID="Button1" runat="server" Text="提交" OnClick="click1" />
<asp:Button ID="Button2" runat="server" Text="取消" OnClick="click2" />    </p>
</p>
  <p>
    <asp:Label ID="Label1" runat="server" /></p>
</form>
```

（2）下面编写事件处理代码。将光标移到"代码"视图窗口的</head>和<body>标记中，录入如下代码后存盘。

```
<script language="vb" runat="server">
Sub click1(sender As Object, e As EventArgs)
    Dim s, temp As String
    Dim i,j As Integer

    s = "欢迎你,"
    s = s & TextBox1.Text

    If RadioButton1.checked Then
        s = s & "先生"
```

```
        ElseIf RadioButton2.checked Then
            s = s & "女士"
        End If

        If TextBox2.Text<>TextBox3.Text Or TextBox2.Text = Nothing Then
            Label1.Text = "<font color='red'>密码为空或两次密码不一样，请重新输入！</font"
            TextBox2.Text = ""
            TextBox3.Text = ""
            return
        End If

        s = s & "。你的系是： " & DropDownList1.SelectedItem.Text

        'j 用来统计输入爱好的数量
            For i = 0 to CheckBoxList1.Items.count-1
            If CheckBoxList1.Items(i).Selected Then
                temp = temp & CheckBoxList1.Items(i).Text & " "
                j+ = 1
            End If
        Next

        'j=0 表明没有输入爱好，则不输出
        If j > 0 Then
            s = s & "。你的爱好是： " & temp & "。 "
        End If

        s = s & "你的邮箱是： " & TextBox4.Text
            Label1.Text = s
    End Sub

    Sub click2(sender As Object, e As EventArgs)
        Dim i As Integer
        TextBox1.Text = ""

        RadioButton1.checked = True
        RadioButton2.checked = False

        TextBox2.Text = ""
        TextBox3.Text = ""

DropDownList1.SelectedItem.Selected = False

        For i = 0 to CheckBoxList1.Items.count-1
        CheckBoxList1.Items(i).Selected = False
    Next

        TextBox4.Text = ""
```

```
        Label1.Text = ""
    End Sub
</script>
```

（3）运行结果如图 5.42 所示。

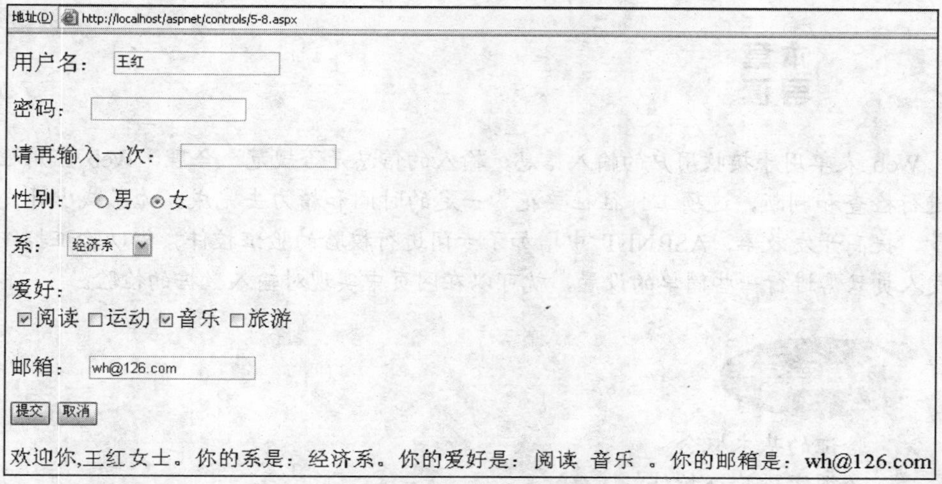

地址(D) http://localhost/aspnet/controls/5-8.aspx

用户名：王红

密码：

请再输入一次：

性别：○男 ◉女

系：经济系

爱好：
☑阅读 □运动 ☑音乐 □旅游

邮箱：wh@126.com

提交 取消

欢迎你,王红女士。你的系是：经济系。你的爱好是：阅读 音乐 。你的邮箱是：wh@126.com

图 5.42 例 5-8 的运行结果

实训

1．建立一个登录网页，当用户名和密码都为 asp.net 时，输出登录成功提示，否则提示失败。要求在界面设计时用表格排版。

2．用单选按钮列表<asp:RadioButtonList>替换例 5-5 中的复选框列表，并通过单选按钮列表的自动回送事件，实现课程的选择。

3．试一试，如果控件没有放在<form runat="server">标记中，会有什么结果？

习题五

1．简要说明 HTML 表单和 Web 表单之间的区别？

2．使用 Label 控件有什么好处？

3．简述所学 ASP.NET 控件的常用属性及用法。

第 6 章　验证控件

　　Web 表单用于接收用户的输入信息，输入的信息是否规范、合理，Web 应用程序要进行检查和判断，这项工作往往要花费一定的时间和精力去完成。为了减少开发工作量、提高开发效率，ASP.NET 中增加了专门进行校验的验证控件。借助验证控件，开发人员只需进行一些简单的设置，就可以在网页中实现对输入数据的检验。

- ➢ 验证的基本概念
- ➢ 必须字段验证控件
- ➢ 比较验证控件
- ➢ 范围验证控件
- ➢ 正则表达式验证控件
- ➢ 验证总结控件

6.1　任务概述：增加验证功能的用户注册动态页面

　　上一章，我们学习了基本的 ASP.NET 控件，并利用 ASP.NET 控件设计了用户注册页面。ASP.NET 中还有一些具有特殊功能的控件，本章要学的控件就具有验证功能，这些验证功能在设计用户注册页面时常常要用到。比如，在注册时密码要求输入两次，上一章的注册页面是通过代码检查两次密码是否相同的，这一功能完全可以用验证控件实现。本章学完后，我们可以在用户注册页面中增加这些验证控件，完善注册页面的功能。

6.2　验证控件概述

6.2.1　验证控件的作用

　　验证控件的作用是检验数据的有效性。

　　用户输入的表单信息中，常常会有不正确的数据。这些不正确的数据可以分为两类：输入了错误的数据，如非合法用户名、不正确的密码；输入了无效的数据或没有意义的数据，如考试分数为负数，年龄为 200 等。

　　对于错误的数据，要由服务器程序经过对数据的处理，判断出数据是否正确。而对于无效的数据，如果也要服务器程序经过处理才能判断出，则有些浪费服务器的资源。在 ASP.NET 技术中，对于无效数据，通过验证控件就可以进行检查判断，并给出提示信息，而不用经过服务器程序进行处理，提高了 Web 服务器的处理效率。验证控件的设置简单，减轻了 Web 开发人员的负担。

6.2.2 客户端验证和服务器端验证

正如动态网页有客户端运行的动态网页以及服务器端运行的动态网页，数据校验也具有客户端验证和服务器端验证两种方式。

以 JavaScript 等脚本语言编写的动态网页采用的是客户端验证的方式，直接利用 IE 进行客户端验证。

ASP.NET 程序运行在服务器端，因此，数据验证自然是采用服务器端验证方式，在服务器端完成验证功能。可以在 ASP.NET 页面的开始处加上 Page 指令指明：

<%Page ClientTarget="DownLevel" %>

6.2.3 验证结果

对于验证是否通过，ASP.NET 专门提供了一个方法。这就是使用 Page 对象的 IsValid 属性来判断。IsValid 为 True，表示验证通过；IsValid 为 False，表示验证未通过，存在无效数据。IsValid 的使用方法如下：

验证通过的判断语句：

　　　　If IsValid Then
　　　　　　验证通过后的程序块
　　　　End If

或

　　　　If Page.IsValid Then
　　　　　　验证通过后的程序块
　　　　End If
　　　　验证未通过的判断语句
　　　　If Not IsValid Then
　　　　　　验证未通过后的程序块
　　　　End If

或

　　　　If Not Page.IsValid Then
　　　　　　验证未通过后的程序块
　　　　End If

6.2.4 Dreamweaver CS3 中使用验证控件概述

DW CS3 中集成了验证控件的设计界面。验证控件要从"插入记录"的"标签"菜单项中添加。在打开的"标签选择器"对话框中，展开右边窗口"ASP.NET 标签"，可以看到有一项分类是"验证服务器控件"，光标移到"验证服务器控件"分类项上，可以看到右边窗口有六个 ASP.NET 的验证控件标签，如图 6.1 所示。选中其中的某一个验证控件，就可以打开验证控件的标签编辑器。进行设置后，在网页中就可以插入一个验证控件了。

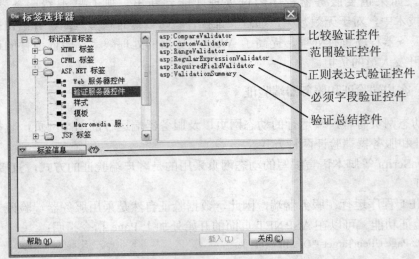

图 6.1　标签选择器中的验证服务器控件

6.3　必须字段验证控件

必须字段验证控件（RequiredFieldValidator）检查规定必须输入内容的字段中是否已输入。若没有输入，则验证不通过，可以根据事先设置的提示内容给出警告；若已输入了，则验证通过。

格式为：

```
<asp:RequiredFieldValidator id="控件名" runat="server"
    controlToValidate="要验证的控件 ID"
    text="提示信息"
    initialValue="初始值"
    errorMessage="出错信息"
    …… >

</asp:RequiredFieldValidator>
```

在上述属性中，"controlToValidate"、"text"和"errorMessage"是验证控件的三个重要属性。"controlToValidate"用于指明被检验控件的 ID，被检查的控件如果没有输入值就提交，那么验证控件就会给出错误信息。

在验证控件的属性中，有两个关于错误信息的属性，"text"属性是显示在验证控件所在位置的提示，当验证不通过时，"text"中定义的内容会以红色出现在验证控件的位置。"errorMessage"中的错误信息不是 RequiredFieldValidator 用的，而是给另一个专门搜集出错信息的验证控件（验证总结控件）用的。

例 6-1　（6-1.aspx）利用必须字段验证控件检验用户名是否已输入。

操作步骤如下：

（1）在"D:\Book"目录中新建一个子目录 Validators（即"D:\Book\Validators"），本章的所有实例均保存在该目录下。启动 DW CS3，在"D:\Book\Validators"中新建一个 ASP.NET 网页，命名为 6-1.aspx。

（2）将文档窗口切换到"拆分"视图，光标移到下面的设计窗口。从"插入记录"菜单中，插入一个 ASP.NET 对象中的标签控件，标签的文本为"姓名："。在标签旁边插入一个 ASP.NET 的文本框控件。在文本框旁边，从"插入记录"菜单的"标签"菜单项中，选择验证服务器控件的"asp:RequiredFieldValidator"，点击"插入"按钮后，出现必须字段验证控件的"标签编辑器"对话框。在对话框中设置文本为"姓名不能为空"，要验证的控件输入文本框 ID 值"TextBox1"，错误信息输入"姓名必须输入"，如图 6.2 所示。

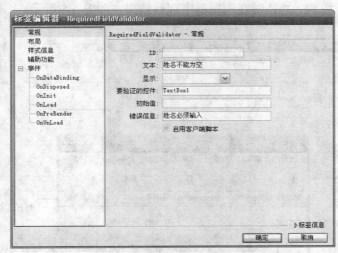

图 6.2　必须字段验证控件

（3）点击"确定"按钮关闭"标签编辑器"对话框。再点击"关闭"按钮，关闭标签选择器对话框。在设计窗口中，文本框旁边出现了"姓名不能为空"字样；同时，在代码窗口中，增加了必须字段的验证控件代码。因此"姓名不能为空"并不是普通的文字或标签控件，而是对应一个验证控件，如图 6.3 所示。

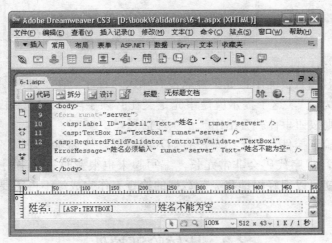

图 6.3　例 6-1 的设计界面

（4）继续在"姓名："下插入一个按钮，按钮的文本设为"提交"，按钮的"onClick"

事件定义为"click"。在代码窗口录入如图 6.4 所示的 click 事件处理代码。

```
<script language="vb" runat="server">
  sub click(sender as object, e as eventargs)
    response.write("你好！" & textBox1.text)
  end sub
</script>
```

图 6.4　例 6-1 的事件处理代码

（5）存盘后，按 F12 功能键在浏览器中观察结果，如图 6.5 所示。

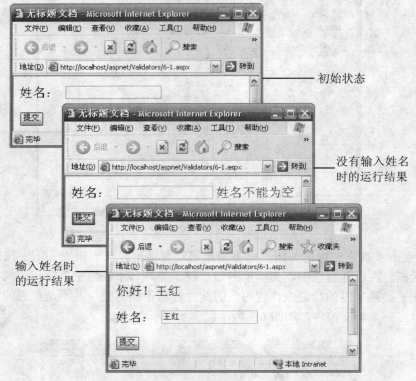

图 6.5　例 6-1 的运行结果

　　在上面的用户名输入页面中，如果姓名没有输入，程序会在"姓名"字段旁边以红色字体显示"姓名不能为空"，这个提示就是事先定义在必须字段验证控件中的提示信息。如果用户输入了姓名，则按钮事件就会给出一个欢迎信息。

　　如果没有采用验证控件，对于用户没有输入的情形，就必须编写程序进行判断。当页面输入表单项较多时，程序代码会非常冗长，编写起来也很费时。而采用验证控件，可以看到，在页面设计时就可以很轻松地将无效数据的检查工作完成，不再需要在程序中编写校验代码了。

6.4　比较验证控件

　　比较验证控件（CompareValidator）用于比较两个输入字段中的内容是否符合控件中规

定的关系。

格式为：

```
<asp:CompareValidator id="控件名" runat="server"
        controlToValidate="要验证的控件 ID"
        controlToCompare="要比较的另一个控件的 ID"
        valueToCompare="要比较的常数值"
        type="数据类型"
        operator="比较的运算符"
        text="提示信息"
        errorMessage="出错信息"
        …… >

</asp:CompareValidator>
```

DW CS3 中比较验证控件的"标签编辑器"对话框如图 6.6 所示。

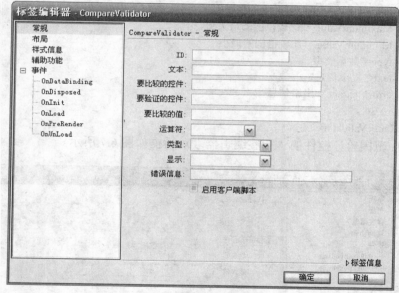

图 6.6　比较验证控件

比较验证控件的属性说明如下：

①"controlToValidate"：设置"要验证的控件"。

②"controlToCompare"：设置"要比较的控件标识符"。

③"valueToCompare"：用于设置比较的常数。"controlToCompare"和"valueToCompare"这两个属性中只需设置一个。设置"controlToCompare"表示与输入控件中的数据进行比较，设置"valueToCompare"表示与常数值比较，而不是与其他控件的值比较。

④"operator"：设置运算符。可选择的运算符有：Equal（相等）、NotEqual（不相等）、GreaterThan（大于）、GreaterThanEqual（大于等于）、LessThan（小于）、LessThanEqual（小于等于）、DataTypeCheck（数据类型检查）。当设置为"DataTypeCheck"时，比较验证将忽略"controlToCompare"和"valueToCompare"属性，只检查输入控件中的值是否可以转换为"type"属性所规定的数据类型。

⑤ "type"：设置比较的数据"类型"，可以是 String（字符串型）、Integer（整型）、Double（双精度型）、DataTime（日期时间型）等。

⑥ "text"属性和"errorMessage"属性的作用同必须字段验证控件。

从上述属性中看出，由于要进行输入比较，因此比较验证控件中的属性比必须字段验证控件要多定义被比较的对象的信息，上述②、③、④中描述的基本属性就是用来描述这些被比较的对象及应满足的关系。

6.5　范围验证控件

范围验证控件（RangeValidator）用于验证输入的内容是否在规定的范围内。

格式为：

```
<asp:RangeValidator id="控件名" runat="server"
        controlToValidate="要验证的控件 ID"
        MaximumValue ="比较范围的最大值"
        MinimumValue ="比较范围的最小值"
        type="数据类型"
        text="提示信息"
        errorMessage="出错信息"
        …… >
</asp:RangeValidator>
```

DW CS3 中范围验证控件的"标签编辑器"对话框如图 6.7 所示。

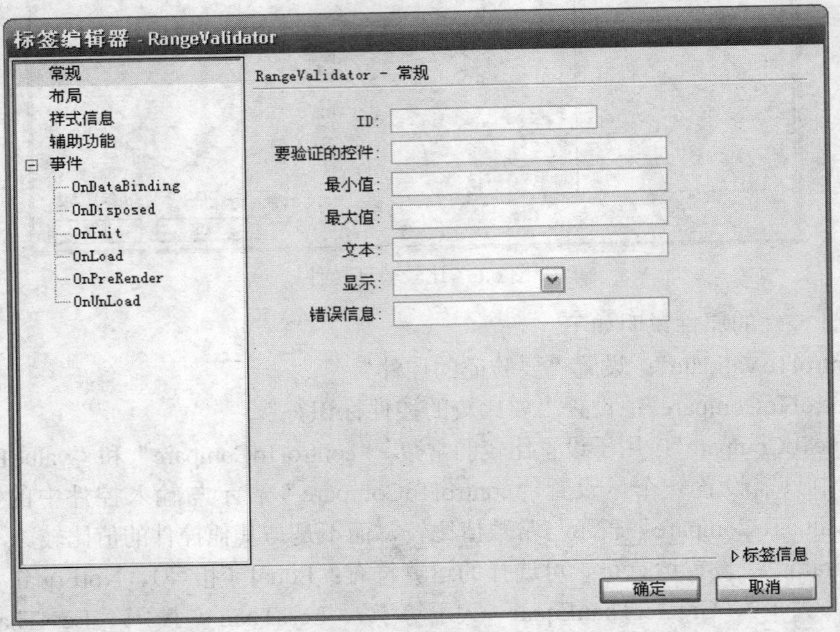

图 6.7　范围验证控件

由于涉及范围检查，范围验证控件的属性增加了关于范围及范围数据的类型"MaximumValue"、"MinimumValue"和"Type"。"MaximumValue"是范围的最大值，

"MinimumValue"是范围的最小值，"Type"是范围数据的类型，包括字符、数值或日期等类型。

6.6　正则表达式验证控件

对于表单中一些简单格式的数据，利用前面的几个控件可以完成验证功能。但对于一些复杂输入域的数据验证必须要利用正则表达式验证控件（RegularExpressionValidator）。

正则表达式验证控件中设定一个正则表达式，被验证控件的输入值与正则表达式所定义的模式相匹配，则验证通过，否则验证失败。

使用正则表达式验证控件的关键是定义正则表达式。正则表达式描述了验证的规则。

6.6.1　正则表达式概述

正则表达式是由普通字符和特殊字符组成的表达式。正则表达式中部分特殊字符含义如表 6.1 所示。

表 6.1　正则表达式中的特殊字符

标记	含义
.	表示空格以外的任何字符
^	除去指定字符以外的其他字符
?	匹配 0 次或 1 次
*	匹配 0 次或更多次
+	匹配 1 次或更多次
\d	表示 0~9 的数字
\D	非数字匹配，不包含 0~9 的数字
|	表示或
[]	表示只匹配[]符号中的一个字符
{}	对匹配字符个数限定。有三种方式：{n}表示最多匹配 n 个字符；{n,m}表示最少匹配 n 个字符，最多匹配 m 个字符；{n,}表示最少匹配 n 个字符
[a-z]	表示任意小写字符
[A-Z]	表示任意大写字符
\w	匹配任何字类字符，包括下划线
\W	任何非字符匹配，等效于[^A-Za-z0-9]
\	转义字符，用于匹配一些特殊的字符，如[]、()、|、.、*等

下面给出一些正则表达式的例子及含义：

（1）[A-Za-z]　　　　　　　只能匹配大写或小写的一个字母

（2）[abc]　　　　　　　　　匹配 a、b、c 三个字母中的任意一个

（3）[0-9]{2-6}　　　　　　表示 0~9 之间的数字，最少 2 个，最多 6 个

（4）[^4]　　　　　　　　　要求字符 4 以外的其他字符

（5）.{3}　　　　　　　　　要求空格以外的任意三个字符

（6）[1-9]+　　　　　　要求是 1~9 之间的字符，个数至少是 1 个

（7）[1-9]*　　　　　　要求是 1~9 之间的字符，个数至少是 0 个

（8）(?:red|green|blue)　要求输入 red、green 和 blue

6.6.2　正则表达式的应用

当要求用户输入邮箱时，就可以用正则表达式来构造邮箱的输入规则，以检查用户是否真的输入了邮箱。以下是一个邮箱的正则表达式示例。

[_a-zA-Z]+@[.a-zA-Z]+

邮箱的正则表达式"[_a-zA-Z]+@[.a-zA-Z]+"规定了邮箱输入的格式要求。邮箱由@分开的两部分构成；@前是邮箱名，可以是下划线"_"、大小写英文字母，邮箱名的长度必须不小于 1 个字符；@后是网站名，可以是"."、大小写英文字母，长度不小于 1 个字符。

当要求用户输入 6 位以上密码，不超过 10 位，并且密码是由数字 0～9、字母 a～z 和A～Z 以及下划线"_"构成时，可以用如下的正则表达式：

[0-9a-zA-Z_]{6,10}

正则表达式功能强大，通过构造实现特定功能的正则表达式，网页可以实现灵活高效的输入表单验证。

6.6.3　正则表达式验证控件

正则表达式验证控件的格式为：

```
<asp:RegularExpressionValidator id="控件名" runat="server"
    controlToValidate="要验证的控件 ID"
    validationExpression="正则表达式"
    text="提示信息"
    errorMessage="出错信息"
    …… >
</asp:RegularExpressionValidator>
```

属性"ValidationExpression"用于定义验证的正则表达式。

DW CS3 中正则表达式验证控件的"标签编辑器"对话框如图 6.8 所示。

图 6.8　正则表达式验证控件

6.7 验证总结控件

在一个表单中有很多验证控件的时候，只要其中的一个验证没有通过，那么这个页面的验证就没有通过（即 IsValid=false）。这时可采用验证总结控件（ValidationSummary）来集中给出验证结果，也就是错误消息列表。

验证总结控件本身不提供任何验证，它需要和前面讲到过的其他验证控件一起使用，以集中给出验证的结果，这些验证结果就是在各个验证控件中 ErrorMessage 定义的出错提示信息。

验证总结控件的格式如下：

```
<asp:ValidationSummary id="控件名" runat="server"
        displayMode="显示模式"
        showSummary="控件是否显示"
        showMessageBox="是否显示对话框"
        headerText="标题" />
```

DW CS3 中验证总结控件的"标签编辑器"对话框如图 6.9 所示。

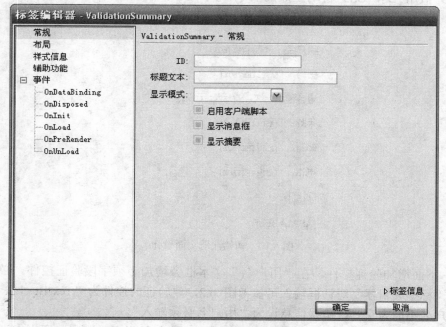

图 6.9 验证总结控件

验证总结控件的属性说明如下：

①"DisplayMode"：设置"显示模式"，即指明显示错误列表的方式，可选值有 BulletList（项目列表）、List（列表）、SingleParagraph（单段）。

②"ShowSummary"：设置"显示摘要"，布尔型，表明是否显示验证错误摘要。True 为显示；False 为不显示。

③"showMessageBox"：设置"显示消息框"，布尔型，表明是否以对话框显示错误摘要。True 为显示对话框，False 为不显示对话框。

④ "headerText"：设置 "标题文本"，显示错误信息摘要的标题。

6.8 任务实现：设计带验证功能的用户注册动态页面

下面我们就利用本章所学的 5 个验证控件，设计带有输入验证功能的用户注册页面，页面具有如下验证功能：要求必须输入用户名；必须输入密码；两次密码必须相同；要求年龄输入在 15～25 之间；对邮箱用正则表达式校验；电话号码不超过 15 位；并能显示所有验证结果。

例 6-2 （6-2.aspx）建立一个带验证功能的用户注册动态页面。

操作步骤如下：

（1）启动 DW CS3，在 "D:\Book\Validators" 中新建一个 ASP.NET 网页，命名为 6-2.aspx。

（2）在设计视图建立如图 6.10 所示页面，在页面上放置六个 ASP.NET 对象中的文本框控件、一个按钮和一个标签控件。其中用于输入密码的文本框的文本模式设为 "密码"。所有控件 ID 值用 DW CS3 自动生成的名字，六个文本框控件的 ID 值从上到下分别为：TextBox1、TextBox2、TextBox3、TextBox4、TextBox5、TextBox6。

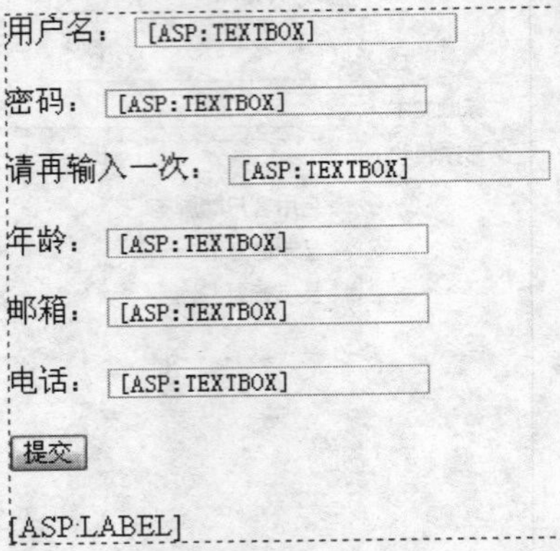

用户名：[ASP:TEXTBOX]

密码：[ASP:TEXTBOX]

请再输入一次：[ASP:TEXTBOX]

年龄：[ASP:TEXTBOX]

邮箱：[ASP:TEXTBOX]

电话：[ASP:TEXTBOX]

提交

[ASP:LABEL]

图 6.10 初始注册页面设计

（3）下面增加验证控件。在 "用户名" 文本框旁增加必须字段验证控件。必须字段验证控件的 "标签编辑器" 对话框输入可参考图 6.2，要验证的控件为 "TextBox1"，验证文本设为 "用户名不能为空!"，错误信息设为 "用户名必须输入"。

（4）在 "密码" 文本框旁也增加一个必须字段验证控件，要验证的控件为 "TextBox2"，验证文本设为 "密码不能为空!"，错误信息设为 "密码必须输入"。

（5）在 "请再输入一次" 密码文本框旁增加一个比较验证控件，标签编辑器中的输入如图 6.11 所示。

（6）在 "年龄" 文本框旁插入一个范围验证控件，标签编辑器中的输入如图 6.12 所示。

（7）在 "邮箱" 文本框旁插入一个正则表达式验证控件，标签编辑器中的输入如图 6.13 所示。

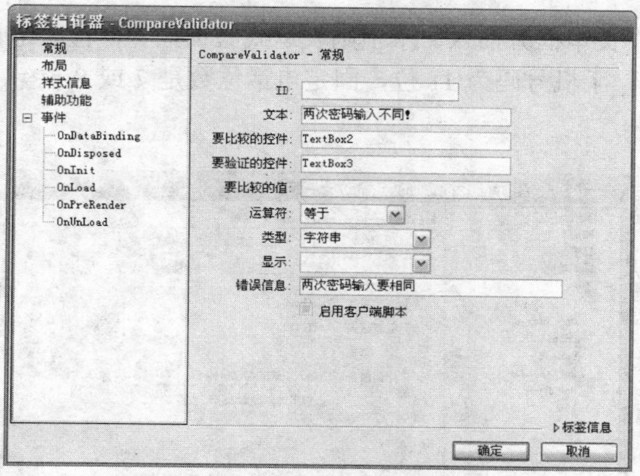

图 6.11　比较验证控件验证两次密码

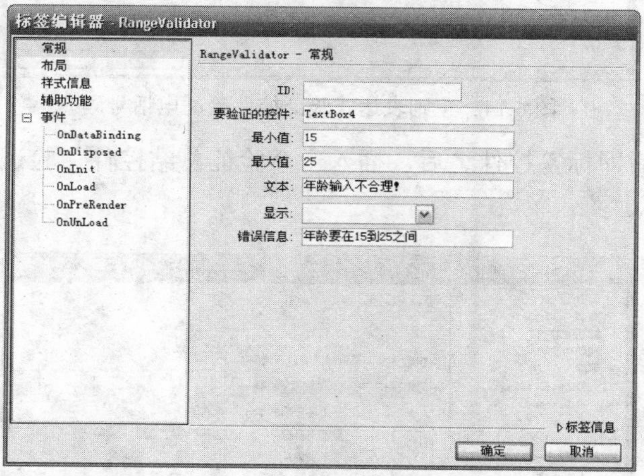

图 6.12　范围验证控件验证年龄

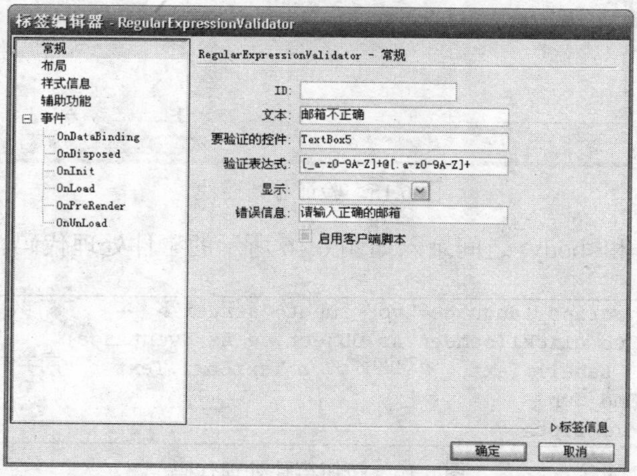

图 6.13　正则表达式验证控件验证邮箱

（8）在"电话"文本框旁插入一个正则表达式验证控件，检验电话号码位数不超过 11 位（以手机号码为例，手机号码为 11 位，固定电话位数是 7 或 8 位），标签编辑器中的输入如图 6.14 所示。

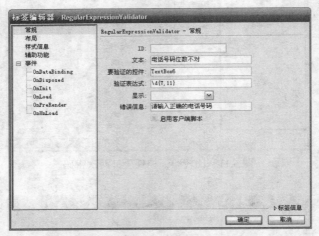

图 6.14　正则表达式验证控件验证电话号码

（9）在页面最后即标签控件之后，插入一个验证总结控件，验证总结控件的标签编辑器设置如图 6.15 所示。

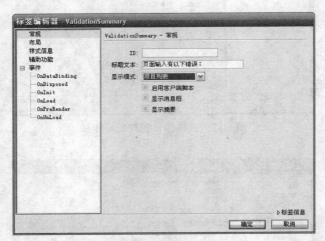

图 6.15　验证总结控件

（10）在</head>和<body>之间录入如图 6.16 所示的事件处理代码。

```
<script language="vb" runat="server">
Sub click1(sender As Object, e As EventArgs)
  Label1.Text = "欢迎你," & TextBox1.Text & "同学"
End Sub
</script>
```

图 6.16　按钮事件处理代码

（11）存盘后，按 F12 键在浏览器中查看运行结果。图 6.17 左图是输入均校验通过时的运行结果，即校验控件验证通过后，执行按钮事件代码，给出问候语。图 6.17 右图是输入不符合要求时，验证控件给出红色提示。

地址(D) 🖳 http://localhost/aspnet/Validators/6-2.aspx

用户名： WangH

密码：

请再输入一次：

年龄： 19

邮箱： wh@126.com

电话： 12345678

提交

欢迎你,WangH同学

地址(D) 🖳 http://localhost/aspnet/Validators/6-2.aspx

用户名： WangH

密码： ●●

请再输入一次： ● 两次密码输入不同!

年龄： 11 年龄输入不合理!

邮箱： 11 邮箱不正确

电话： 111 电话号码位数不对

提交

页面输入有以下错误：

- 两次密码输入要相同
- 年龄要在15到25之间
- 请输入正确的邮箱
- 请输入正确的电话号码

图 6.17 例 6-2 的运行结果

实训

在用户注册页面基础上（例 6-2），利用表格对页面控件进行布局，完善注册页面设计。可参考如下设计界面。

用户注册

姓名： [　　　　] 姓名必须输入

密码： [　　　　] 密码必须输入

确认密码： [　　　　] 两次密码必须相同

性别： ◉男 ○女

年龄： [　　　　] 年龄必须在10到30之间

爱好： ☑运动 □旅游 □阅读

专业： 计算机 ▼

联系电话： [　　　　] 电话号码格式不对

邮箱： [　　　　] 邮箱输入不正确

[提交]　　　　　[取消]

[ASP:VALIDATIONSUMMARY]

习题六

1. 判断题

（1）验证控件仅能检验输入控件是否输入了内容。　　　　　　　　　（　　）

（2）使用验证控件可以大大简化验证过程。 （　　）

2．设计正则表达式，用于验证手机号码输入是否正确。

3．设计正则表达式，用于验证邮箱名的输入是否正确。邮箱名的构成要求：由大小写英文字母、0～9 的数字或下划线组成。假设邮箱名的长度不超过 20 位。

4．设计正则表达式，用于验证身份证输入是否正确。

5．简答题

（1）简述你所学过的验证控件及其功能。

（2）验证总结控件与其他控件有什么不同？

（3）正则表达式验证控件的作用是什么？可以用在什么场合？试举例说明。

第7章 常用内置对象

Web 服务器控件和验证控件是 ASP.NET 网页的重要元素。要建立复杂的 ASP.NET 程序，还要用到 ASP.NET 的内置对象。ASP.NET 中有五个常用的内置对象：Response 对象、Request 对象、Application 对象、Session 对象和 Server 对象。内置对象提供了动态网页的重要功能，通过内置对象，可以构建功能强大的 Web 应用系统。

- ➤ Response 对象
- ➤ Request 对象
- ➤ Application 对象
- ➤ Session 对象
- ➤ Server 对象

7.1 任务概述：获取用户上网信息、网页点击计数器以及用户登录管理

在访问某些网页（如论坛）时，可以看到网页显示出了本机的 IP 地址。在浏览一些网站时，网站会显示出当前点击次数。这些就是通过内置对象实现的。动态网页经常用到的用户登录功能，也离不开内置对象的配合。本章我们学完内置对象的常用属性和事件后，就可以完成这几项典型的内置对象的应用了。

7.2 Response 对象

Response 对象是用于获取当前请求的内部响应对象，可以用来决定何时或如何将输出由服务器端发送到客户端。

7.2.1 常用属性和方法

Response 对象常常被用到的属性是 Charset，该属性用于设置输出页面采用的编码方式。

一般网页常用的编码方式是"简体中文编码"，即国标码 GB2312。也可以通过浏览器的菜单"查看"→"编码"→"简体中文（GB2312）"进行设置。

利用 Response 对象设置编码方式的方法是：

    Response.Charset= "GB2312"

上述语句一般用于服务器输出文件前，利用 Charset 属性设置编码信息为简体中文。

Response 对象的常用方法有 Write、WriteFile 和 Redirect。

7.2.2 向网页输出文本

在前面章节的例题中，已经用到了 Response 对象的 Write 方法。通过 Response.Write 向浏览器中输出信息。Response 对象的 WriteFile 方法还可以向网页上输出文本文件。

1．Write 方法

Write 方法用于把消息向页面上输出，如：

    Response.Write("这是一条消息")

将向屏幕输出一句话"这是一条消息"。

例 7-1 （7-1.aspx）Response 对象的 Write 方法练习。

操作步骤如下：

（1）在"D:\Book"目录中新建一个子目录 Objects（即"D:\Book\Objects"），本章的所有实例均保存在该目录下。启动 DW CS3，在"D:\Book\Objects"中新建一个 ASP.NET 网页，命名为 7-1.aspx。

（2）将文档窗口切换到"代码"视图。在<body>标记后，录入图 7.1 中第 9 行到第 16 行的代码。

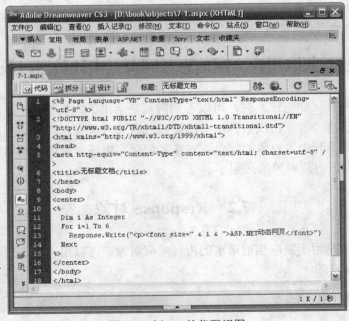

图 7.1　例 7-1 的代码视图

（3）存盘后按功能键 F12，运行结果如图 7.2 所示。

该例以从小到大的字体，在浏览器中输出"ASP.NET 动态网页"几个字。在 Write 方法输出的字符串当中，嵌入了<font>字体标记，字体的大小用循环变量 i 表示。从 1 开始，每循环一次，字体增加 1。因此，可以看到，输出结果的文字，从小到大发生变化。循环 6 次，就输出了 6 条信息。

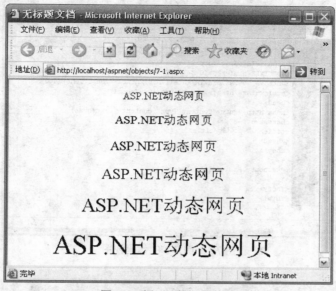

图 7.2　例 7-1 的运行结果

2．WriteFile 方法

WriteFile 方法把文件的内容向页面输出，如：

    Response.WriteFile("mytext.txt")

将向屏幕输出文件 mytext.txt 的内容。

当文件内容是中文时，可以加上"Response.Charset= "GB2312""语句设置服务器输出字符编码为简体中文。

7.2.3　网页重定向

Response 对象的 Redirect 方法使浏览器重定向到另一个 URL 位置。Redirect 方法是 Web 应用开发中的重要方法。Redirect 方法的语法格式如下：

    Response.Redirect(URL)

其中，URL 可以是网址或网页的程序名。例如：

    Response.Redirect("another.aspx")

执行完后页面将跳转到 another.aspx。

例 7-2　（7-2.aspx）Response 对象的 Redirect 方法练习。

操作步骤如下：

（1）启动 DW CS3，在"D:\Book\Objects"中新建一个 ASP.NET 网页 7-2.aspx。

（2）切换到"代码"视图。在<body>标记后，录入图 7.3 中第 9 行到第 11 行的代码。

（3）存盘后，按 F12 功能键在浏览器中查看运行结果，如图 7.4 所示。

运行结果和例 7-1 的运行结果看起来一样，连浏览器的地址栏都相同。这是因为当执行 7-2.aspx 时，网页被重定向到了 7-1.aspx，看起来像执行 7-1.aspx。

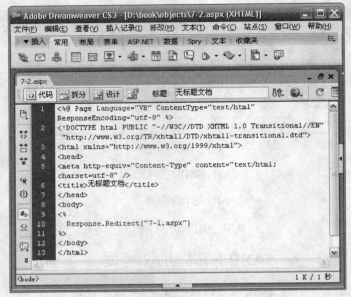

图 7.3 例 7-2 的代码视图

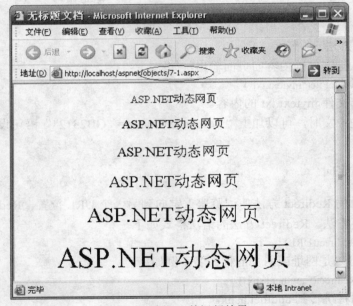

图 7.4 例 7-2 的运行结果

Response 对象还有许多的属性和方法，可参考.NET 的联机帮助文档。

7.3 Request 对象

Request 对象是获取当前请求的内置对象，用来捕获由客户端提交给服务器端的数据，如用户输入的数据。

7.3.1 Get 方法和 Post 方法

在学习 HTML 表单时，曾简单介绍过 Get 方法和 Post 方法。这两种方法和 Request 对象的使用密切相关，有必要再进行说明。

1．Get 方法

在 HTTP 协议中，用户提交请求有两种方法：Get 方法和 Post 方法。

Get 方法提交请求时，表单的内容是直接放在 URL 后面传递给服务器的，表单和提交请求的网页之间用问号"？"分开。多项表单时，值和表单用一个"&"符号分开。如：

http://localhost/aa/temp.aspx?name=test&age=22

上面语句表明用户请求提交给服务器上的动态网页 temp.aspx 处理，提交了两个表单项：name 的值是 test、age 的值是 22，是以 GET 方法提交的。

由于表单项的内容暴露在 URL 中，Get 方法提交请求时，请求内容可以看得到，能够被记录下来，因此 Get 方法提交的内容安全性欠佳。

通常 GET 方法还限制字符串的长度，因此，也不适于提交表单内容较多的请求。

2．Post 方法

另一种提交请求的方法是 Post 方法。与 Get 方法相比，采用 Post 方法提交请求时，用户浏览器的地址栏中不会显示相关的查询字符串。所以 Post 方法比较适合用于发送比较大量的数据到服务器，Post 方法提交的数据安全性也比较好。

由于提交请求的方法不同，因此通过 Request 对象获取请求内容的方法也不同。

7.3.2 获取用户请求

1．Request.QueryString 方法

对于 Get 方法提交的请求，可以利用 Request 对象的 QueryString 方法获取 URL 后面相关的变量及其值。格式是：

> Request.QueryString("变量名")

上述格式中的变量名是指 URL 后的变量名，如：

> Request.QueryString("name")
> Request.QueryString("age")

上述两语句分别获取 Get 方法提交请求 URL 中的 name 和 age 值。

以下例 7-3 和例 7-4 共同完成提交请求并跳转到相应网页的功能。例 7-3 用 Get 方法提交请求，例 7-4 用 Response 对象的 QueryString 方法得到请求的值。

例 7-3-1 （7-3-1.htm）用 Get 方法提交请求练习。

操作步骤如下：

（1）启动 DW CS3，在"D:\Book\Objects"中新建一个 HTML 页面，命名为 7-3-1.htm。再在同一目录下新建一个空的 ASP.NET 网页，命名为 7-3-2.aspx。

（2）切换到"拆分"视图。在设计窗口建立一个 4 行 1 列的表格，分别填写如图 7.5 所示的内容，并将表格居中对齐。

（3）鼠标选中"课程查询"，点击鼠标右键，在弹出的菜单中选择"创建链接"，如图 7.6 所示。在打开的"选择文件"对话框中，选择刚创建的 7-3-2.aspx，如图 7.7 所示。

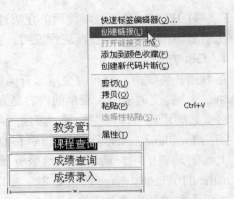

图 7.5　例 7-3-1 的表格　　　　　　　　　　　　　　图 7.6　创建链接

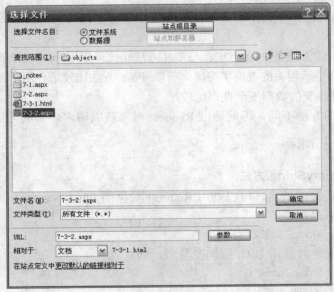

图 7.7　选择链接的文件

（4）点击"确定"按钮，关闭"选择文件"对话框。同样对"成绩查询"和"成绩录入"建立链接，都是链接到 7-3-2.aspx。

（5）下面对链接加上表单项，构造 Get 方式的请求形式。光标移到设计窗口中的第一个链接标记中，在 DW CS3 右边的标签检查器面板中，在 href 中增加"？type=1"，如图 7.8 所示。依次修改其余两个链接标签，在 href 中分别增加"?type=2"和"?type=3"。

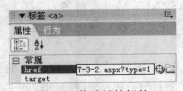

图 7.8　修改链接标签

（6）完成后的代码如图 7.9 所示。

图 7.9　例 7-3-1 的代码窗口

（7）按功能键 F12，运行结果如图 7.10 所示。

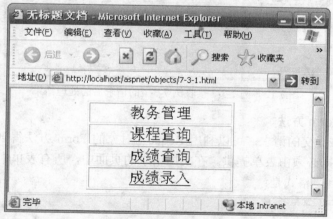

图 7.10　例 7-3-1 的运行结果

例 7-3-2　（7-3-2.aspx）用 Request 对象的 QueryString 方法获取 Get 方法提交的变量。

操作步骤如下：

（1）接例 7-3-1 的步骤（7），在新建的 7-3-2.aspx 中录入如图 7.11 所示第 9 行到第 18 行的代码。

（2）存盘后，在例 7-3-1 的运行结果中，点击"课程查询"链接，结果如图 7.12 所示。

在例 7-3-1 中，建立了三个链接，每个链接的 URL 都以 Get 方式向服务器传送了变量 type 的值。在例 7-3-2 中，通过 Request.QueryString("type")方法取得前一个页面提交的 type 值，并通过 Select Case 语句，根据 type 值进行相应处理。

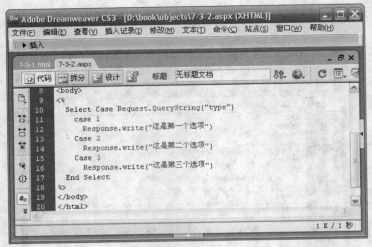

图 7.11 例 7-3-2 的代码视图

图 7.12 例 7-3-2 接收例 7-3-1 的请求后的处理结果

2．Request.Form 方法

对于 Post 方法提交的请求，可以利用 Request 对象的 Form 方法得到请求的数据。但要注意的是，这些数据必须由表单提供。在发出请求的页面中，所有表单中的控件信息都可以从 Form 集合中得到。格式是：

Request.Form("变量名")

如：

Request.Form("UserName")

上述语句获取 Post 方法提交请求中的表单项 UserName 的值。

7.3.3 获取用户环境信息

1．通过常用属性获得

用户提交的请求中，除包含用户输入的数据外，还包含了许多用户的环境信息，如主机名、IP 地址、浏览器类型等，这些环境信息可以通过 Request 对象的属性得到。如语句：

Request.UserHostName

获得用户的机器名。

表 7.1 列出了一些较为常用的属性，其他属性及方法可查阅帮助文档。

表 7.1   Request 对象的部分属性

属性名	含义
Path	网页的完整路径（包括文件名）
ApplicationPath	网页所在位置的文件夹（不含文件名）
PhysicalApplicationPath	网页在机器上的绝对路径（不含文件名）
UserHostName	远程客户端的 DNS 名称
UserHostAddress	远程客户端的 IP 主机地址
IsSecureConnection	HTTP 连接是否使用加密

2. 通过 ServerVariables 集合获得

ServerVariables 集合也是 Request 的一个属性，ServerVariables 集合中包含了环境变量的集合。如下面语句获取客户或代理服务器的 IP 地址：

strTemp = Request.ServerVariables("Remote_addr")

表 7.2 列出了一些较为常用的服务器环境变量。

表 7.2   常见的服务器环境变量

环境变量名	含义
ALL_HTTP	客户端发送的 HTTP 头
APPL_PHYSICAL_PATH	Web 应用程序的物理路径（不含文件名）
CONTENT_LENGTH	客户端发出内容的长度
LOCAL_ADDR	接受请求的服务器地址
PATH_INFO	相对路径（含文件名）
QUERY_STRING	查询 HTTP 请求中问号（?）后的信息
REMOTE_ADDR	客户端的 IP 地址
REMOTE_HOST	客户端的主机名称
REMOTE_USER	已经验证了的客户的用户名
REQUEST_METHOD	HTTP 请求方式（GET 或 POST 等）
SCRIPT_NAME	执行脚本的程序名（含相对路径）
SERVER_NAME	服务器主机名或 IP 地址
SERVER_PORT	接受请求的端口号

3. 通过 Browser 属性获得

利用 Request 对象的 Browser 属性可以得到浏览器的相关信息。但是 Browser 属性本身又是个对象，因此还要进一步使用 Browser 对象的属性。Browser 对象主要有两个属性：Browser 属性，表示浏览器的名称；MajorVersion 属性，表示浏览器的版本号。如：

strTemp = Request.Browser.Browser

strTemp = Request.Browser.MajorVersion

上述第一条语句获取浏览器的名称，第二条语句获取浏览器的版本号。

表 7.3 列出了 Browser 对象的常用属性。

表 7.3   Browser 对象的常用属性

属性名	含义
Type	客户端浏览器的名称和主要版本号
Browser	客户端浏览器的名称
Version	客户端浏览器的版本
Platform	客户端使用的平台名称
Frames	客户端浏览器是否支持 HTML 框架，布尔型值
Cookies	客户端浏览器是否支持 Cookie，布尔型值
Javascript	客户端浏览器是否支持 JavaScript，布尔型值

7.3.4   任务实现：获取用户浏览器信息

下面我们利用所学的 Request 对象的属性，来获取用户的 IP 地址及浏览器信息。

例 7-4   （7-4.aspx）获取用户上网信息，包括 IP 地址及浏览器版本等。

操作步骤如下：

（1）启动 DW CS3，新建一个 ASP.NET 网页 7-4.aspx。

（2）切换到代码视图，在<body>和</body>标记之间录入如下代码。

```
<%
Dim strTemp As String
strTemp = Request.PATH
response.Write("网页的完整路径--" &strTemp & "<p>")

strTemp = Request.ApplicationPath
response.Write("网页所在的文件夹--" &strTemp & "<p>")

strTemp = Request.ServerVariables("Remote_addr")
response.Write("客户端 IP 地址--" &strTemp & "<p>")

strTemp = Request.ServerVariables("Http_Host")
response.Write("客户端主机名--" &strTemp & "<p>")

strTemp = Request.Browser.Browser
response.Write("浏览器的种类--" &strTemp & "<p>")

strTemp = Request.Browser.MajorVersion
response.Write("浏览器的版本:" &strTemp & "<p>")
%>
```

（3）存盘后，按功能键 F12 在浏览器中观察结果，可以得到运行环境的相关信息，运行结果如图 7.13 所示。

从运行结果可以看到用户上网的 IP 地址及浏览器版本信息等。由于是本机运行，而本机即是 IIS 服务器，因此，运行结果显示当前机器 IP 地址是 127.0.0.1。如果在局域网环境，以本机作为服务器，通过网络上另一台机器来访问此网页，则可以得到那台机器的 IP 地址。

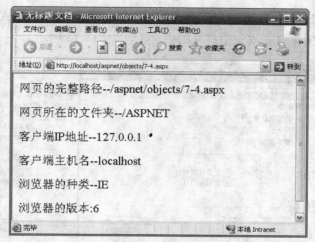

图 7.13 例 7-4 的运行结果

7.4 Application 对象

Application 对象代表一个目录及其所有子目录中的 ASP.NET 文件。通过 Application 对象，同一网站下的不同网页之间共享数据十分方便。Application 对象就相当于 Web 应用程序共享的全局变量。

7.4.1 建立 Application 对象

1. 自动建立 Application 对象

每建立一个 Web 站点，IIS 就会在它的根目录建立一个与之相对应的 Application 对象。假设已创建好虚拟目录 ASPNET，如图 7.14 所示，可以看到，ASPNET 旁边有个小图标，像一个打开的盒子，这个图标就是建立了 Application 对象的标志。这个 Application 对象是 IIS 在创建虚拟目录 ASPNET 时自动建立的。

图 7.14 IIS 自动创建的 Application 对象

2. 创建 Application 对象的方法

每个 Web 站点的子目录，可以创建一个新的 Application 对象。方法是：在"Internet 信息服务"目录树中选择相应的程序目录，如 objects。点击鼠标右键，在弹出菜单中选择"属性"。在打开的属性对话框中，点击"创建"按钮，即可创建一个新的 Application 对象。创建完后，程序目录的图标将变成一个打开的小盒子，如图 7.15 所示。

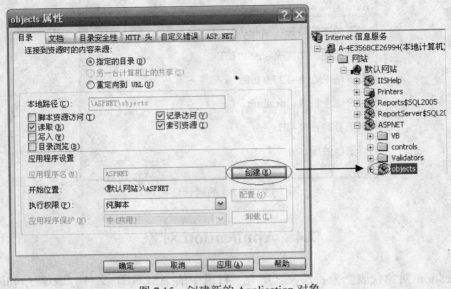

图 7.15　创建新的 Application 对象

要删除所创建的 Application 对象，同样是选择程序目录后，点击鼠标右键，从弹出的菜单中选择"属性"菜单项。在属性对话框中，原来的"创建"按钮变成了"删除"按钮，如图 7.16 所示。点击这个"删除"按钮，就可以将 Application 对象删除了。

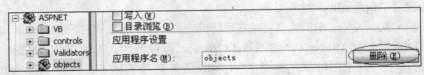

图 7.16　删除 Application 对象

删除后，程序目录旁的小盒子图标不见了，恢复成普通文件夹的图标了。要注意的是，删除的是 Application 对象，原来的程序目录还在。

3．一个 Web 站点可以有多个 Application 对象

一个 Web 站点至少有一个 Application 对象，并且可以有多个 Application 对象。

从 Web 站点的主目录开始，每个目录和子目录都可以作为一个 Application 对象。每一个 Application 对象保存这个目录及子目录中所有程序需要共享的信息。

一个网站如果存在多个 Application 对象，这些 Application 对象的作用范围是不同的。每个 Application 对象可以保存所在目录中（含子目录）所有程序需要共享的信息。

7.4.2　存取 Application 对象的变量值

Application 对象的功能强大，使用方法并不复杂。把需要共享的变量保存在 Application 对象中，使用时可以从 Application 对象中读取出这些变量。因为 Application 对象是可以由所在目录中的程序共享的对象，因此这些变量就可以作为全局变量使用。

1. 在 Application 对象中保存变量值

格式为：

> Application("变量名")=值

变量值可以是字符串、数值等。下面语句将 name 变量保存在 Application 中：

> Application("name")="Tom"

2. 从 Application 对象中读取变量值

格式为：

> 变量=Application("变量名")

下面语句将 Application 对象中保存的 name 值赋给变量 strTemp：

> strTemp = Application("name")

3. 从 Application 对象中删除变量

格式为：

> Application.Remove("变量名")

下面语句从 Application 对象中删除了变量 name：

> Application.Remove("name")

7.4.3 Application 对象的生命周期

Application 对象的生命周期起始于 Web 应用程序的第一个页面开始执行时，终止于 Web 服务器关闭或重启时。

7.4.4 Lock 和 UnLock 方法的使用

Application 对象是网站的应用程序可以共享的，而网站程序可能同时会有多个用户访问，那么可能出现多个用户同时访问某个保存在 Application 对象中的变量的情况。当多个用户同时需要修改 Application 中某个变量时，就有可能产生数据不一致的问题。

为了避免这种情况的发生，Application 对象提供了两个方法：Lock 和 UnLock。当需要修改某个 Application 对象中保存的变量值时，先用 Lock 方法将 Application 对象锁住，禁止其他用户修改 Application 对象中的变量值，然后再对变量值进行修改。修改结束后，再用 UnLock 方法把锁打开。这样就避免了访问冲突的问题。

格式：

> Application.Lock
> Application("变量名")=表达式
> Application.unLock

7.4.5 任务实现：用 Application 获取网站点击次数

有多种方法计算网站的点击次数。用 Application 获取网站点击次数是一种简单的计算方法。

例 7-5 （7-5.aspx）计算网站点击次数。步骤如下：

（1）启动 DW CS3，新建一个 ASP.NET 网页 7-5.aspx。

（2）切换到"代码"视图，在<body>和</body>标记间录入图 7.17 中第 9 行到第 14 行的代码。

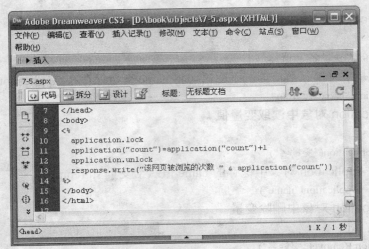

图 7.17　计算网站点击次数的代码

（3）存盘后，按 F12 功能键观察运行结果，可以看到网页显示被浏览 1 次，如图 7.18 所示。

图 7.18　例 7-5 的运行结果

每刷新一次或新开一个 IE 访问该页面，IE 中显示的浏览次数增加 1。

例 7-5 在 Application 对象中增加了一个 count 变量，每刷新网页一次，count 的值增加 1，以此表示网页被点击的次数。当然，真正的网站计数还要考虑更多的问题，本例只是一个 Application 对象的使用示范。

7.4.6　Application 对象的事件

Application 对象有两个基本事件：Application_OnStart 事件和 Application_OnEnd 事件，分别在 Application 对象启动时和终止时被触发。Application_OnStart 事件是在首次创建新的会话之前执行，而 Application_OnEnd 是在关闭 Web 服务器的时候执行。

利用这两个事件，可以对 Web 应用程序做一些初始化及收尾的工作。

需要说明的是，这两个事件不是放在普通的 ASP.NET 程序中，而是放在一个叫做 Global.asax 的文件中。

7.4.7　Global.asax

Global.asax 文件也称作 ASP.NET 应用程序文件，是一个可选文件。它用于定义在

ASP.NET 应用程序执行之前的一些初始化任务或 Web 应用程序结束时进行的一些收尾工作。Global.asax 中的代码可以包括应用程序级别事件的处理程序以及会话事件、方法和静态变量等。

Global.asax 的文件名是确定的，不能改动。

注意

· Global.asax 文件必须位于一个 Application 对象的根目录下，否则不起作用。IIS 会自动找到它，并执行里面的代码。

Global.asax 文件也有其作用范围，它只影响所在子目录的 Application 对象。

例 7-6 （Global.asax）建立 Global.asax，设置网页点击的初始次数。

（1）启动 DW CS3，点击"新建"菜单，在打开的"新建文档"窗口选择"其他"中的"文本"页面类型，点击"创建"按钮，打开一个空白的文本编辑窗口。录入以下代码后，将文件命名为 Global.asax，保存到本章的例题目录"D:\Book\Objects"下。

```vb
<script language="vb" runat="server">
sub application_onstart
    application.lock
    application("count")=1000
    application.unlock
end sub
</script>
```

（2）重新运行例 7-5.aspx，可以看到，点击次数增加了 1 次。

（3）打开"Internet 信息服务"，展开例题所在的 objects 文件夹，按图 7.15 所示的方法，将 objects 所在的文件夹创建为一个 Application 对象。再次运行例 7-5.aspx，结果如图 7.19 所示。

图 7.19　建立 Global.asax 后例 7-5 的运行结果

同样是运行例 7-5 计算网页被浏览次数，结果却不同，网页被浏览次数不再增加 1 次，而是直接变成 1001。这是因为在 Global.asax 中对点击次数进行了初始化。当网页执行时，会引发 Global.asax 中的 Application_onStart 事件，保存在 Application 对象中的 count 变量，初值设成了 1000。在执行例 7-5 时，点击次数在初值基础上增加 1，因此网页被浏览次数就成了 1001。

要说明的是，在上述第 2 步执行例 7-5 时，网页次数没有从 1000 开始增加，Global.asax 文件显然没有起作用。这是因为例 7-5 所在的 objects 文件夹没有被创建为 Application 对象。

所在的目录必须要创建为一个 Application 对象，否则 Global.asax 不会被执行，Application 对象中的值就不会被初始化了。图 7.20 中 objects 是 global.asax 所在的目录，从

objects 旁边的图标可以看出，objects 目录已创建了应用程序对象了。

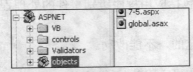

图 7.20　Global.asax 所在的子目录创建了 Application 对象

7.4.8　使用 Application 对象的注意事项

在整个 Web 应用的运行期间，Application 对象中的变量不会被释放，而是一直占用 Web 服务器的空间。如果在 Application 对象中保存了大量的变量，就会造成服务器的资源被大量占用，服务器的工作效率降低。因此，Application 对象中保存的变量不要太多，不用的变量要及时从 Application 对象中删除。

7.5　Session 对象

ASP.NET 中的 Session 对象用于存储特定的用户会话所需的信息。一个用户在一段时间内对站点的一次访问就是一次会话。

Session 对象用于维护一次访问中的用户信息。用户在同一网站的应用程序的页面之间切换时，存储在 Session 对象中的变量始终存在，不会被清除。

Application 对象中保存的是整个应用程序共享的数据，Session 对象中保存的是一次会话中可以共享的信息。会话是和用户相关的，因此通过 Session 对象，可以记录各个用户的信息，可以区分不同用户的身份。

7.5.1　存取 Session 对象的变量值

Session 对象的使用形式类似 Application 对象，只需将要记录的变量名作为 Session 对象的参数，进行赋值或取值即可。

存取 Session 对象的格式为：

```
Session("name")="Tom"
        变量=Session("变量名")
```

Session 对象没有 Lock 和 Unlock 方法。由于会话是针对单个用户的，其他用户无法改变当前用户的 Session 对象的项目值，因此要修改 Session 对象中的变量值时，不存在多用户访问冲突的问题，也无需使用 Lock 和 Unlock 方法。

7.5.2　Session 有效期及会话超时设置

在 Session 对象的生命周期内，Session 的值是有效的。但如果在大于生命周期的时间里没有再访问应用程序，Session 会自动过期，其存储的信息将不存在。

1．Internet 信息服务中的 Session 设置

在 IIS 中有 Session 会话超时的设置。查看方法是：选中虚拟目录，点击鼠标右键，在弹出菜单中选择"属性"选项，如图 7.21 所示。

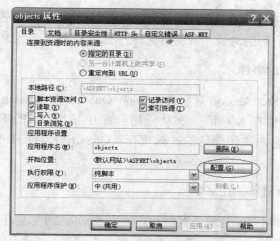

图 7.21　虚拟目录的属性对话框

点击"配置"按钮，打开如图 7.22 所示的"应用程序配置"对话框。选择"选项"选项卡，可以看到应用程序配置信息，其中"启用会话状态"下有"会话超时"时间，这就是 IIS 中设置的 Session 有效期。会话超时时间是 20 分钟，也就是连续 20 分钟未发生交互，则 IIS 视作这次会话结束，原来 Session 中保留的信息不存在。可以直接在这个窗口修改会话超时时间。

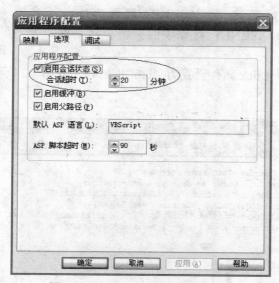

图 7.22　Session 对象会话超时设置

2．程序中的会话超时设置

也可以在程序中设置会话超时时间。方法如下：

　　　Session.Timeout=分钟数

在指定的分钟数内，若用户没有任何活动，则 Session 过期，Session 中存储的数据失效。

另外，通过 Abandon（放弃）方法也可以使 Session 对象即时失效，方法如下：

　　　Session.Abandon

Abandon 方法的作用是：销毁 Session 对象并立即释放 Session 占用的资源。当 Session 对象所记录的内容不再有用的时候，可使用这种方法将 Session 对象立即销毁。

7.5.3 Session 对象的事件

类似 Application 对象，Session 对象有 Session_OnStart 和 Session_OnEnd 事件。Session_OnStart 事件在客户第一次从应用程序中请求 ASP.NET 页面的时候执行，Session_OnEnd 事件在客户关闭会话的时候执行。OnStart 和 OnEnd 事件的代码也都放在 Global.asax 文件中。

7.5.4 使用 Session 对象的注意事项

使用 Session 对象时也要注意服务器资源。所有 Session 对象是在服务器端的内存中保存的，也要占据服务器的资源，要注意服务器的负载，不要定义太多的 Session 对象。

7.5.5 任务实现：用 Session 获取用户点击次数

Session 对象也可以用来记录网页点击次数，不同于用 Application 对象实现网页点击次数，Session 对象记录的是单个用户在一次连接中对网页的点击次数。

例 7-7 （7-7.aspx）用 Session 对象记录网页点击次数。步骤如下：

（1）启动 DW CS3，新建一个 ASP.NET 网页 7-7.aspx。在设计窗口并排放置一个 ASP.NET 对象中的按钮和两个标签控件，如图 7.23 所示。

图 7.23 例 7-7 的设计界面

（2）按钮控件的 OnClick 事件设置为"btnClick"，录入图 7.24 第 8 行到第 15 行的事件处理代码。

```
7   </head>
8   <script language="vb" runat="server">
9     sub btnClick(sender as object, e as eventargs)
10      Application("pageCount") = Application("pageCount") + 1
11      Session("userCount")=Session("userCount")+1
12      label1.text="该网页的浏览次数是--> " & Application("pageCount") & "次"
13      label2.text="您点击了--> " & Session("UserCount") & "次"
14    end sub
15  </script>
16  <body>
17  <form runat="server">
18    <p>
19      <asp:Button ID="Button1" runat="server" Text="提交" OnClick="btnClick" />
20    </p>
21    <p>
22      <asp:Label ID="Label1" runat="server" /></p>
23    <p>
24      <asp:Label ID="Label2" runat="server" /></p>
25  </form>
26  </body>
27  </html>
```

图 7.24 例 7-7 的代码视图

（3）存盘后，按 F12 功能键运行，浏览器中仅出现一个提交按钮。点击"提交"按钮，出现点击次数都为 1 次的提示。如果再新开一个 IE 窗口，输入同样的 URL 执行例 7-7，可以看到新的 IE 窗口中，网页的浏览次数是 2，而用户的点击次数仍是 1，如图 7.25 所示。

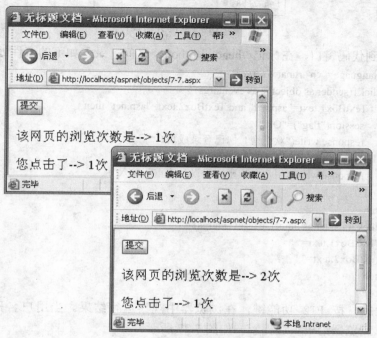

图 7.25 例 7-7 的运行结果

再打开 IE 窗口，情况也是这样，网页的浏览次数不断累加，而用户的点击次数每次都是从 1 次起增加。

该例中有两个点击次数：网页被点击的次数和用户（一个对话中）点击的次数，前者保存在应用程序对象 Application 中，后者保存在会话对象 Session 中。当多个用户访问该网页时，Session 对象中的变量总是记录本次会话用户的点击数，都是从 1 开始计数。Application 对象中的变量记录的则是网页被所有用户点击的总次数，只要网页所有的 Web 服务器没有停止运行，那么 Application 对象中的点击次数将一直增加下去。

7.5.6 任务实现：用 Session 记录登录状态

在 Web 应用开发中，经常使用 Session 对象。如典型的用户登录功能中，一般都会通过 Session 对象保留登录成功相关信息，以备后续处理用。

在下面的登录页面中，对于用户名和密码均输入"asp.net"的客户，不仅给出一个欢迎信息，同时还用 Session("flag")来保留登录成功信息。

例 7-8 （7-8.aspx）Session 对象的使用练习。步骤如下：

（1）启动 DW CS3，新建一个 ASP.NET 网页，界面设计如图 7.26 所示。网页上放置文本框两个、按钮两个，其中，密码的输入文本框要将文本模式设置为"密码"，提交按钮的 OnClick 事件名为"click1"、重置按钮的 OnClick 事件名为"click2"。

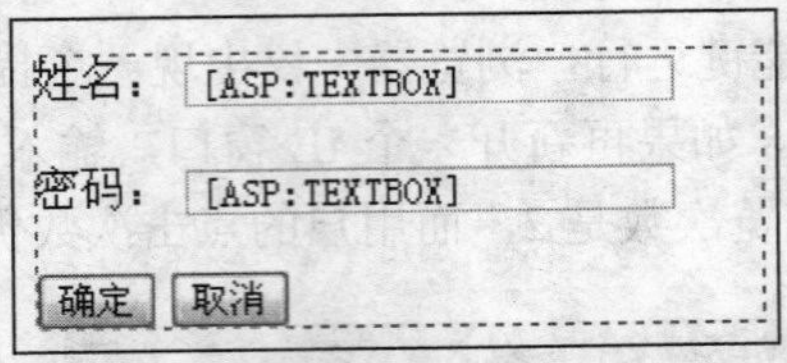

姓名：　[ASP:TEXTBOX]

密码：　[ASP:TEXTBOX]

确定　取消

图 7.26　例 7-8 的界面设计

（2）切换到代码窗口，在标记</head>和<body>之间，录入如下的事件处理语句：

```
<script language="vb" runat="server">
    sub click1(sender as object, e as eventargs)
        if TextBox1.text="asp.net" and TextBox2.text="asp.net" then
            session("flag")="OK"
            response.write("欢迎您！您已登录成功！")
        else
            response.write("用户名或密码错误！请重新输入")
        end if
    end sub
    sub click2(sender as object, e as eventargs)
        TextBox1.text=" "
        TextBox2.text=" "
    end sub
</script>
```

（3）存盘后，按 F12 功能键，在浏览器中观察运行结果。当用户名和密码都输入了"asp.net"后，浏览器给出欢迎提示，如图 7.27 所示。

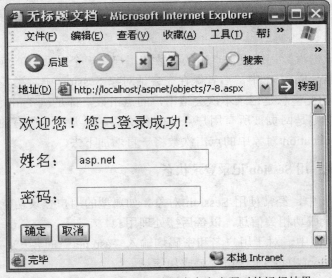

图 7.27　例 7-8 输入了正确用户名和密码时的运行结果

上例在用户名和密码输入正确时，用 Session 对象保存登录成功的状态信息，将用户的登录标志 flag 变量记录在 Session 对象中，并且将 Session("flag")的值设置为"OK"。若后续页面需要检查用户是否已登录时，可以直接通过 Session("flag")进行判断。

7.6 Server 对象

Server 对象反映了 Web 服务器的各种信息，用于实现对服务器的属性和方法的访问。和前面学的几个内置对象相比，Server 对象不为用户存储信息，也没有事件。

7.6.1 设置页面超时间隔

Web 应用开发中，常利用 Server 对象的 ScriptTimeout 属性控制页面运行时间。ScriptTimeout 属性说明了在页面超时之前可以运行多长时间，即页面的超时时间。设置方法如下：

    Server.ScriptTimeout=超时秒数

页面超时默认值是 90s。但是与 Session 对象的超时时间设置不同的是，**设置值只能大于默认值，否则不起作用！**

IIS 中也提供了手动设置页面超时的方法，和 Session 对象的超时设置对话框相同，参见图 7.22，其中的"ASP 脚本超时"即是指页面超时时间，可以直接修改其中的值。但是要记住，新设置的超时值只能大于等于 90s，否则没有意义。

7.6.2 Server 对象的常用方法

1．Server.MapPath

利用 Server 对象的 MapPath 方法可以获得文件的实际路径，这里的实际路径是完全路径，包含文件名。格式是：

    FilePath = Server.MapPath("文件名")

返回值 FilePath 是字符串类型，是包含文件名在内的实际路径。

在后续的数据库访问章节中，就是用 Server.MapPath 来从数据库别名中取得全路径的。

例 7-9 （7-9.aspx）Server.MapPath 练习。

（1）启动 DW CS3，在"D:\Book\Objects"中新建一个 ASP.NET 网页 7-9.aspx。

（2）切换到"代码"视图。在<body>标记后，录入图 7.28 中第 9 行到第 13 行的内容。

图 7.28　例 7-9 的代码

（3）存盘后，按功能键 F12 运行，结果如图 7.29 所示。

图 7.29　例 7-9 的运行结果

例 7-9 中，利用 Server.MapPath 方法将 7-9.aspx 的文件路径求出，再通过 Response.Write 语句送到浏览器窗口，浏览器中显示出来的路径正是本例的实际存盘路径。

2．Server 对象的控制传递方法

Server 对象有两个控制传递的方法：Server.Execute(URL)和 Server.Transfer(URL)。Response 对象也有一个控制传递的方法：Response.Redirect (URL)。图 7.30 给出了三种方法进行控制传递的对比。

图 7.30　三种控制传递方法比较

图 7.30 中，左边记事本依次给出了四个程序的源代码，右边分别是其中三个程序的运行结果。左边第一个程序的源代码 server_page2.aspx 是目标网页，下面三个程序将分别通过 Server.Execute(URL)、Server.Transfer (URL)和 Response.Redirect (URL)方法跳转至目标网页。

右边第一个运行结果是采用 Server.Execute 方法进行控制传递的。从图中可见，程序执行的 URL 未变，仍是第一个程序 server_Execute.aspx 的 URL。跳转前的网页内容仍保留，跳转的目标网页内容也显示在第一个网页中，执行完了目标网页后，再回到第一个程序继续执行。这一控制传递的过程类似子程序调用，调用完毕后，继续执行主程序。

右边第二个运行结果是采用 Server.Transfer 方法进行控制传递的。从图中可见，程序执行的 URL 未变。执行 Transfer 方法前的网页内容仍保留，执行 Transfer 方法后，跳转到目标网页执行，但执行目标网页后，不再回到第一个程序，网页过渡成第二个页面了。

右边第三个运行结果是采用 Response.Redirect 方法进行控制传递的。从图中可见，这是一个最彻底的控制传递，不仅程序执行的 URL 已改变成第二个程序 server_page2.aspx 的 URL 了，而且浏览器中只有第二个网页的内容，不执行第一个程序了。

实训

1．利用 Request 对象读取浏览器的信息，并显示在表格中。

2．编写程序使得当第 1000 个用户访问页面的时候，显示一个祝贺信息（提示：为了能及时测试程序结果，可以建立 Global.asax，将页面初始点击次数置为 990）。

3．设计一个强制登录检查的网页，用 Session 对象保存登录状态。若用户名和密码通过检查，则进入例 7-3-1.htm 所示的教务管理页面。

习题七

1．判断题

（1）Session 和 Application 对象的事件过程只能书写在 Global.asax 文件中。 （　　）

（2）一个 Web 站点，仅能建立一个与根目录对应的 Application 对象。 （　　）

（3）会话是针对单个用户的，其他的用户没有办法改变当前用户的 Session 对象的任何一个项目的值。 （　　）

2．简答题

（1）当 HTML 表单用 Get 方法向服务器端发送信息时，如何获得提交数据？

（2）在一个网站中只能有一个 Application 对象吗？如果不是，应该用什么方法来创立新的 Application？

（3）如果想要记录某个用户所喜欢的栏目，是应该把这个值写在 Application 中还是写在 Session 中？说明原因。

（4）Session 对象和 Application 对象各自的作用和最主要的区别？

第 8 章　访问数据库

大型网站都需要使用数据库，数据库访问是 Web 应用开发中的重要内容。数据库技术和动态网页技术的结合促进了电子商务、电子政务的蓬勃发展。

➢ 数据库及 SQL 基础
➢ 利用 ADO.NET 对象访问数据库介绍
➢ 数据网格
➢ 添加记录、修改记录和删除记录的服务器行为
➢ 数据列表和重复区域

8.1　任务概述：建立成绩发布网站

本章将围绕成绩发布网站的建设，学习在 DW CS3 中设计 ASP.NET 数据库访问页面的方法。成绩发布系统主要实现以下功能：单个成绩查询、批量成绩查询、录入成绩、修改成绩资料、删除成绩。学生只能进行单个成绩查询，成绩发布系统的其他功能只有教师用户才能操作。

上述功能需要用到如下数据库访问技术：指定数据的查询、批量数据的查询、添加记录、修改记录和删除记录。

8.1.1　成绩发布网站功能

成绩发布网站的用户有两类：学生和教师。对于学生用户，只能查询自己的成绩；对于教师用户，则可以批量查询及进行成绩资料的录入、修改和删除。

进入成绩发布网站，首先要登录。根据登录处理结果进行不同的处理，图 8.1 是成绩发布系统的功能模块图。

8.1.2　设计子任务分解

根据成绩发布网站的功能图，可以分解出以下子任务：

学生用户登录处理：根据学号和密码，判断是否与后台数据库用户表的资料一致。如果不一致，则退出系统；如果一致，则进入单个成绩查询页面。

单个成绩查询：是提供给学生用户的查询页面。根据学号查出该生的考试成绩。

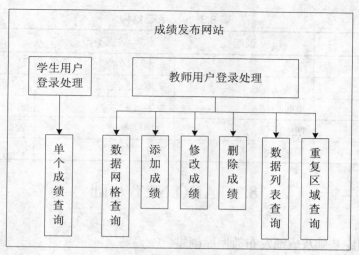

图 8.1　成绩发布网站功能图

教师用户登录处理：根据教师编号和密码，判断是否与后台数据库用户表的资料一致。如果不一致，则退出系统；如果一致，则进入教师查询页面。

数据网格查询：以表格形式查询成绩资料，并点击表格中的姓名链接，可以查询指定学生的成绩详细资料。

添加成绩：录入学生的成绩资料。

修改成绩：修改学生的成绩资料。

删除成绩：删除学生的成绩资料。

数据列表查询：在数据列表模板中设计成绩显示的格式，批量查询出成绩资料。

重复区域查询：利用静态网页标记设计成绩显示的格式，每条数据按设计的格式输出，批量查询出成绩资料。

8.1.3　后台数据库详细设计

成绩发布网站的数据库 study 中有三个表：学生用户表 stuInfo，教师用户表 teachInfo 和学生成绩表 score。表结构如表 8.1 至表 8.3 所示。

表 8.1　stuInfo 表结构

字段名称	说明	数据类型	是否主键
stuID	学号	文本（10 位）	是
stuPswd	密码	文本（6 位）	否

表 8.2　teachInfo 表结构

字段名称	说明	数据类型	是否主键
teachID	教师编号	文本（4 位）	是
teachName	姓名	文本（8 位）	否
teachPswd	密码	文本（6 位）	否

表 8.3　score 表结构

字段名称	说明	数据类型	是否主键
stuID	学号	文本（10 位）	是
stuName	姓名	文本（8 位）	否
score1	平时成绩	数字（整数）	否
score2	期中成绩	数字（整数）	否
score3	期末成绩	数字（整数）	否

8.2　ADO.NET 基础

8.2.1　数据库基础及成绩发布数据库创建

网站中发布的信息一般都是存储在数据库中。数据库是指按一定方式组织起来的数据的集合。

1．数据库的基本概念

一个数据库可以有多个数据表，每个表由行和列组成。表 8.4 是一个学生信息表 student 的数据记录。

表 8.4　student 表的数据

SNo	Name	Sex	Birthday
0001	李玲雨	女	1990.08.23
0002	张小光	男	1989.11.05
0003	刘宝江	男	1991.03.19
0004	汪月华	女	1989.12.27

数据表是一系列相关数据的集合，如成绩表、地址簿、课程表、选课表等。数据表的每一行是一条记录，如第一行记录了学生"李玲雨"的基本信息。每一列是一个字段，并且字段名称在表中必须唯一，如学号、姓名、性别、出生日期等，分别表示了"学生"的各种信息。

2．常见的数据库管理软件

数据库管理系统（DataBase Management System，DBMS）是用来操作与管理数据库的系统软件，如 Microsoft Access、Microsoft SQL Server、Oracle 等都是数据库管理系统软件。通过这些软件，用户可以定义、创建、查询和修改数据库。

3．成绩发布网站数据库创建

下面以 Access 2003 为例，介绍成绩发布网站的数据库创建。

（1）启动 Microsoft Access 2003，点击"文件"菜单中的"新建"，点击右侧窗格的"空数据库"，选择数据库存放路径为"D:\Book\score\"，数据库名字设为"study.mdb"，如图 8.2 所示。

图 8.2　在 Access 中创建成绩数据库 study.mdb

（2）点击"创建"按钮后，打开 Access 数据库 study 的表创建窗口，如图 8.3 所示。

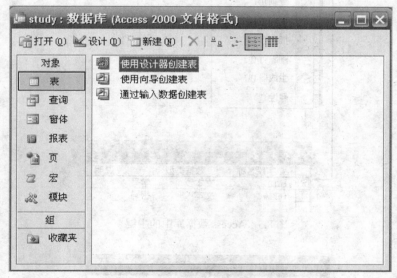

图 8.3　成绩数据库 study.mdb 的设计窗口

（3）在数据库的表对象中双击"使用设计器创建表"。根据表 8.1 所列的 stuInfo 表结构，在表设计器中创建字段名、数据类型。在字段名栏输入"stuID"，在数据类型栏指定文本类型，并在字段大小栏中输入 10，在说明栏输入字段的含义"学号"，如图 8.4 所示。再输入密码字段 stuPswd 的名称、类型、字段大小和说明。

（4）创建完字段后，创建主键。将 stuInfo 表中的 stuID 设为主键，鼠标右键点击 stuID 字段左边的按钮（即三角形所在位置），在弹出的菜单中选择"主键"。主键创建完后，可以看到主键字段旁有个小"钥匙"，表示该字段是主键字段，如图 8.5 所示。

（5）设计完成表结构后，执行关闭命令，在"另存为"对话框中输入表的名称"stuInfo"，如图 8.6 所示。

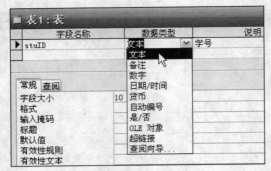

图 8.4　字段的创建

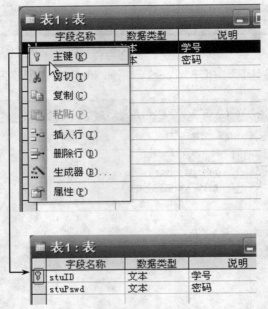

图 8.5　Access 数据库中的主键

图 8.6　保存设计

（6）表 stuInfo 创建完毕，在表设计视图中出现 stuInfo 的图标，如图 8.7 所示。

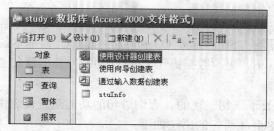

图 8.7　stuInfo 表创建完毕

（7）参照步骤（3）至（6），创建 teachInfo 和 score 表。图 8.8 是两张表的设计图。

teachInfo：表		
字段名称	数据类型	说明
teachID	文本	教师编号
teachName	文本	教师姓名
teachPswd	文本	密码

score：表		
字段名称	数据类型	说明
stuID	文本	学号
stuName	文本	姓名
score1	数字	平时成绩
score2	数字	期中成绩
score3	数字	期末成绩

图 8.8　teachInfo 表和 score 表

其中，score 表中的成绩字段均为整数类型，设计方法是：在表设计窗口，录入字段名称，如 score1 后，选择"数据类型"为"数字"，然后在下半部分设计窗口中，点击"字段大小"旁的下拉箭头，在下拉列表中找到"整数"。

（8）成绩发布数据库 study.mdb 创建完毕，由 stuInfo、teachInfo 和 score 三张表构成，如图 8.9 所示。

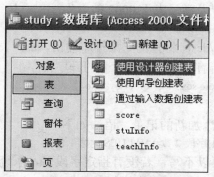

图 8.9　study.mdb 数据库创建完毕。

8.2.2　SQL 语言简介

数据库管理软件是一个直接管理和操作数据库的平台，而动态网站是通过网页上的表单项来访问后台数据库的。页面访问数据库使用 SQL 语言，SQL 语言是访问数据库的标准语言，全称是结构化查询语言（Structured Query Language）。最基本的 SQL 语句是查询语句 Select、添加数据语句 Insert、更改数据语句 Updata 和删除数据语句 Delete。

1．查询语句

SQL 查询是通过 Select 语句实现的。查询语句的功能是查询表中的数据信息。Select 语句是 SQL 语言的基础。Select 语句的语法如下：

Select　目标表的列名或列表达式集合

From　基本表或（和）视图集合

［Where　条件表达式］

［Group by　列名集合］

［Having　组条件表达式］］

［Order by　列名［集合］…］

 说明　中括号"[ ]"的内容为可选项。

在使用 SQL 语言进行数据查询时，最重要的是构造合适的查询条件。灵活使用各种运算符，可以构造出功能多变的条件表达式。

对于表 8.4 中的 student 表，可以使用以下 Select 语句查询。

（1）查出所有女生的记录：

Select * from student where sex="女"

（2）查出所有女生的姓名。可对上述 SQL 语句稍加修改得到：

Select name from student where sex="女"

2．复杂条件查询

（1）利用逻辑运算符 And 和 Or，可以将简单条件组合成复合条件。And 表示两个条件都要满足，Or 表示两个条件只要满足其中一个。下面语句查出学号大于 0002 的男生：

Select * from student where SNo> "0002" and sex="男"

下面语句查出所有男生以及学号大于 0002 的女生：

Select * from student where SNo>"0002" or sex="男"

（2）利用 Order by asc/desc 将查询结果排序输出，asc 表示升序，默认是采用升序，desc 是倒序。下面语句选出所有女生并且按学号的升序排序：

Select * from student where sex="女" order by SNo

3．增加记录 Insert

Insert 语句用于向数据表添加新的记录。语法如下：

Insert Into　表名(<字段 1,字段 2…>) VALUES (<值 1,值 2…>)

Insert 语句中字段名也可以不写，若没有指定字段名，系统则会按建表时的字段排列，依次填入各值。下面的语句在 student 表中增加一条记录：

Insert into student(SNo,birthday,sex,name) values(5,"1985.08.15","女","黄华")

4．修改记录 Update

Update 语句用于修改记录中的字段值。语法如下：

Update　表名　Set 字段 1＝值 1, 字段 2＝值 2

Where 条件

下面语句将 student 表中的"张大明"修改成"张小明"。

```
UPDATE student SET name="张大明" WHERE name="张小明"
```

5. 删除记录 Delete

Delete 语句用于删除数据表中的记录。语法如下：

```
Delete From 表名 Where 条件
```

注意　　　如果没有在 Delete 语句中加上 Where 条件，则该语句将删除表中所有的记录！

下面的语句将删除学号为 5 的学生记录。

```
Delete from student where SNo="5"
```

8.2.3　ADO.NET 概述

1. 什么是 ADO.NET

数据库访问技术是 Web 应用开发的重要技术。ADO.NET 是 ASP.NET 应用程序进行数据库访问的基础，是一组由.NET Framework 提供的对象类的名称，包含了所有允许数据处理的类，利用这些类可以进行典型的数据库访问。

ADO.NET 的功能不仅仅限于访问数据库，处理数据库中的数据，还可以处理其他数据存储方式（如 XML 格式、Excel 格式和文本文件）中的数据。这也是 ADO.NET 比早期 ASP 中的 ADO 更为先进的地方。

2. 常用的 ADO.NET 对象

ASP.NET 中常用的 ADO.NET 对象有五个，它们的名称及主要功能如表 8.5 所示。

表 8.5　常用的 ADO.NET 对象

ADO.NET 对象	功能
Connection	连接数据库
Command	打开数据表，执行 SQL 语句
DataReader	读取数据，从头至尾依次读出，一次读取一条数据
DataAdapter	用来对数据源执行各种 SQL 语句，并返回结果；必须与数据源 DataSet 对象配合使用
DataSet	用来访问数据库，存在于内存；是离线数据，在对数据库进行编辑的时候才需要对数据库进行连接

这五个对象中，Connection 对象用于连接数据库，其余四个对象可以划分为两组，DataReader 对象和 Command 对象为一组，DataAdapter 对象与 DataSet 对象为一组。在数据库访问时每一组内的对象常常配对使用，两种组合分别对应了两种不同的数据库访问过程。

8.2.4　ADO.NET 的命名空间

命名空间，英文名是 NameSpace，也叫名字空间。.NET Framework 为建立在它上面的应用程序提供了很多支持功能，为了把.NET 平台提供的这些支持功能很好地组织起来，微软引入了命名空间的概念，每一个命名空间可以代表某一类功能。

.NET Framework 为数据库访问这种应用提供的命名空间如表 8.6 所示。

表 8.6   .NET Framework 用于数据库访问的常用命名空间

命名空间	说明
System.Data	由构成 ADO.NET 结构的对象和类型组成
System.Data.OleDB	为 OLE DB 数据源提供的管理对象
System.Data.SqlClient	为 SQL Server 提供的管理对象

在编写数据库访问程序代码之前，应该根据需要引用特定的命名空间。引用命名空间要使用 Import 语句，下面的语句引入命名空间 system.data。

        `<%@ Import namespace="system.data" %>`

ADO.NET 提供了两类数据库连接的命名空间：System.Data.OleDB 和 System.Data.SqlClient。这两类命名空间包含的数据库对象在功能上是相同的。它们的区别在于：System.Data.SqlClient 是微软为 SQL Server 数据库提供的专用命名空间，专门用于连接 SQL Server 数据库，而 System.Data.OleDB 是通用的数据库访问对象，可用于访问 Access、FoxPro、Oracle 或其他数据库。

一般来说，如果访问 SQL Server，应选用 System.Data.SqlClient 命名空间的对象，效率会高些；而访问 SQL Server 以外的数据库，则应选用 System.Data.OleDB 命名空间的对象。

ADO.NET 常用对象在 System.Data.OleDB 命名空间的类名称如表 8.7 所示。

表 8.7   ADO.NET 常用对象在 System.Data.OleDB 命名空间中的名称

ADO.NET 对象	在 System.Data.OleDB 命名空间的名称
Connection	OleDBConnection
Command	OleDBCommand
DataReader	OleDBDataReader
DataAdapter	OleDBDataAdapter
DataSet	OleDBDataSet

由表 8.7 可见，System.Data.OleDB 命名空间中有五个常用的 ADO.NET 对象，它们的名字前缀都是"OleDB"。

DataSet 包含在 System.Data 命名空间中，使用 OleDbDataAdapter 可以填充驻留在内存中的 DataSet，该数据集可用于查询和更新数据源。

DateSet 数据集与数据库类型无关，不论 SQL Server 还是 OLE DB 类型的数据库都可以建立数据集。

8.2.5   数据库访问过程概述

ADO.NET 对象访问数据库有两种处理过程，如图 8.10 所示。

从图中可见，要进行数据库访问，首先要连接数据库，由 Connection 对象完成数据库连接功能。建立数据库连接后，有两种不同的后续处理过程。

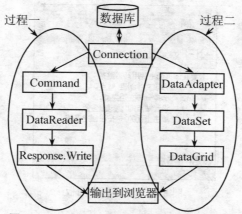

图 8.10　ADO.NET 访问数据库过程示意图

过程一中是利用 Command 对象执行 SQL 语句进行数据库访问，然后利用 DataReader 对象读取 SQL 语句的执行结果。为了在浏览器查看结果，可以用 Response.Write 方法或用 Label 标签在浏览器中显示出来。

过程二是利用 DataAdapter 对象执行 SQL 语句进行数据库访问。DataAdapter 的执行结果存放在数据集 DataSet 中，DataSet 相当于内存中的离线数据库，最后通过 DataGrid 或 DataRepeater 等数据显示控件，将 DataSet 中的数据绑定在数据显示控件中，从而在浏览器中显示出数据库中的内容。由于 DataGrid 的功能强大，使用简单，对于大量的数据访问应用，更适合采用第二种过程。

8.3　连接数据库

8.3.1　Dreamweaver CS3 中的数据库访问

1．Dreamweaver CS3 对 ASP.NET 的支持

Dreamweaver CS3 是一款优秀的网页设计工具软件，对于 ASP.NET 动态网页的设计也提供了基本的支持。作为轻量级工具，DW CS3 不仅能够方便地设计出常用的 ASP.NET 控件，对于基本的数据库访问操作，如单张数据表的增加、修改、删除和查询，DW CS3 也提供了很好的可视化开发支持，大大简化了数据库访问过程的设计。对于复杂的数据库访问，如多表查询或复杂的数据处理，可以在 DW CS3 中通过手写 SQL 代码及 ADO.NET 的相关处理代码完成。而界面设计中需要的 ASP.NET 控件，仍可以在 DW CS3 中通过可视化方式完成设计。

2．Dreamweaver CS3 中的应用程序面板

应用程序面板集中了 Dreamweaver CS3 中的制作 ASP.NET 动态网页的核心功能，建立数据库访问网页必须展开应用程序面板，并执行其中的菜单项。图 8.11 是 DW CS3 的应用程序面板。

在应用程序面板中，依次有数据库、绑定、服务器行为和组件四个选项卡，提供了构建数据库功能的可视化设计界面。各选项卡的功能见表 8.8。

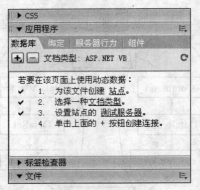

图 8.11 应用程序面板

表 8.8 应用程序选项卡的功能

选项卡	功能
数据库	选择数据源，建立数据库连接
绑定	连接数据库元素，建立数据集
服务器行为	数据变更及数据检索
组件	提供网络服务的设定及运用

每个选项卡的下面提供了"+"和"-"两个按钮，点击"+"按钮可以展开选项卡的功能菜单，完成相应的设定，点击"-"按钮可以删除设定。

应用程序面板中，利用"数据库"选项卡可以建立数据库连接对象，利用"绑定"选项卡能够建立数据集，这两步只是建立数据库应用程序的基础阶段。检索数据及增加记录、修改记录和删除记录等功能还需要在"服务器行为"选项卡的菜单项中进行可视化的设定。"服务器行为"选项卡提供了数据库访问的重要功能，是构建内容丰富、功能强大的数据库应用程序的关键。

8.3.2 部署 DreamweaverCtrls.dll 控件

在用 Dreamweaver CS3 开发 ASP.NET 动态网页前必须部署 DreamweaverCtrls.dll 控件。DreamweaverCtrls.dll 控件是 Dreamweaver CS3 自定义的 ASP.NET 控件，用于实现可视化的数据库访问，支持数据展示和数据绑定。

如果没有部署 DreamweaverCtrls.dll 控件，用到了 DW CS3 自定义控件的 ASP.NET 页面将不能正常执行，运行时会产生如图 8.12 所示的错误信息。

图 8.12 没有部署文件时的出错信息

解决上述问题的办法是将 DreamweaverCtrls.dll 文件部署到站点根目录下的 bin 子目录中。

DW CS3 中提供了部署 DreamweaverCtrls.dll 控件的方法。步骤如下：

（1）新建一个 ASP.NET 动态网页，切换到"应用程序"面板的"绑定"或"服务器行为"选项卡，如图 8.13 所示。

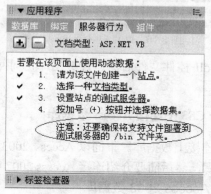

图 8.13　"服务器行为"选项卡的部署功能

（2）点击"部署"链接，弹出如图 8.14 所示的"将支持文件部署到测试服务器"对话框。

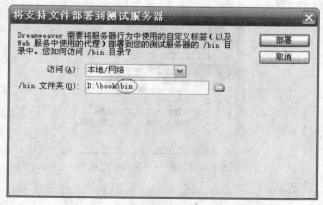

图 8.14　将支持文件部署到测试服务器

（3）在文件夹中输入 bin 路径后，点击"部署"按钮，DW CS3 就自动把 DreamweaverCtrls.dll 文件部署到"D:\Book\bin"目录下。部署完后，弹出如图 8.15 所示的对话框。在站点的根目录中，生成了 bin 文件夹，里面包含了 DreamweaverCtrls.dll 文件，如图 8.16 所示。

图 8.15　部署文件

图 8.16 站点根目录 bin 文件夹

部署 DreamweaverCtrls.dll 控件文件后，运行数据库访问网页时浏览器就不会产生图 8.3 中的出错信息。

8.3.3 在 Dreamweaver CS3 中连接 Access 数据库

要访问数据库，首先要连接上数据库。下面以 Access 2003 数据库为例，介绍在 DW CS3 中建立数据库连接的详细步骤，然后简要介绍连接 Access 2007 和 SQL Server 数据库的方法。

1. 在 DW CS3 中连接 Access 2003 数据库

操作步骤如下：

（1）启动 DW CS3，新建一个 ASP.NET 动态网页。

（2）展开"应用程序"面板，切换到"数据库"选项卡。点击"＋"按钮，选择"OLE DB 连接"，如图 8.17 所示。

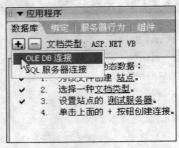

图 8.17 选择"OLE DB 连接"

（3）在选项卡的功能菜单中选择"OLE DB 连接"，在打开的对话框中点击"建立"按钮，如图 8.18 所示。

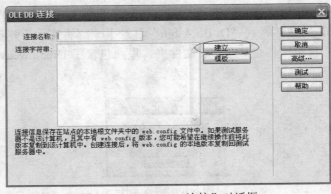

图 8.18 "OLE DB 连接"对话框

（4）在打开的"数据链接属性"对话框中切换到"提供程序"选项卡，如图 8.19 所示。在"OLE DB 提供程序"中，点击"Microsoft Jet 4.0 OLE DB Provider"，表示要连接 Access 数据库。

图 8.19　选择 OLE DB 提供程序

（5）点击"下一步"按钮，进入"连接"选项卡，如图 8.20 所示。点击"选择或输入数据库名称"旁的按钮，打开"选择 Access 数据库"对话框，选择要连接的数据库文件。如果 Access 数据库有密码，还可以在"输入登录数据库的信息"栏目下面，填写用户名称和密码。成绩发布数据库 study.mdb 没有用户名和密码，不用输入用户名和密码信息。

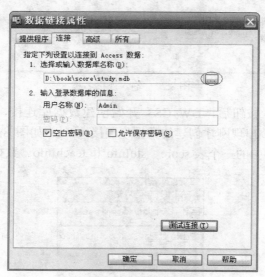

图 8.20　选择数据库名称

（6）点击"测试连接"按钮，若出现如图 8.21 所示的测试连接成功的信息，表明数据库连接成功。

图 8.21　测试连接

（7）点击"确定"按钮，关闭测试连接成功对话框。再点击"确定"按钮，关闭"数据链接属性"对话框，回到"OLE DB 连接"对话框，输入连接名称，如图 8.22 所示。

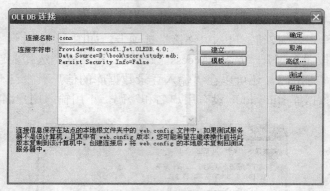

图 8.22　输入连接名称

（8）点击"确定"按钮后，DW CS3 开始创建数据库连接，在"应用程序"面板中"数据库"选项卡下面，出现刚才创建的数据库连接 conn，如图 8.23 所示。展开 conn，可以看到 study.mdb 数据库中的三个表 score、stuInfo 和 teachInfo。数据库连接创建成功。

图 8.23　已建立的数据库连接

2．在 DW CS3 中连接 Access 2007 数据库

DW CS3 中连接 Access 2007 数据库的步骤与连接 Access 2003 的步骤很类似，不同的地方有两处：

（1）连接 Access 2007 数据库时，步骤（4）中的"提供程序"选择"Microsoft Office 12.0"，这是 Access 2007 的驱动程序。

（2）对于 Access 2007 数据库，步骤（5）中需要手工填入数据库名称及全路径。

8.3.4 在 Dreamweaver CS3 中连接 SQL Server 数据库

在 DW CS3 中连接 SQL Server 数据库时，操作环节不多，但是需要手工填写相应的设置代码。步骤如下：

（1）点击"数据库"选项卡中的"+"按钮，选择"SQL 服务器连接"，如图 8.24 所示。

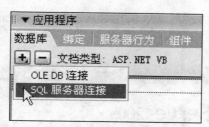

图 8.24　连接 SQL Server 数据库

（2）打开 "SQL 服务器连接"对话框，如图 8.25 所示。需要根据对话框中的连接字符串要求，手工输入相应的代码。

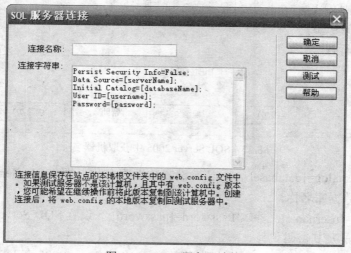

图 8.25　SQL 服务器连接

"连接字符串"列表框中，中括号"[]"部分的内容是需要输入的。输入项说明如下：

① "Data Source=[serverName];" 设置服务器名称，也即安装 SQL Server 数据库的机器名。

以 SQL Server 2000 为例，可以从服务管理器中获得机器名，如图 8.26 所示。

图 8.26　从 SQL Server 2000 服务管理器中获得机器名

对于 SQL Server 2005 用户，可以从 SQL Server Management Studio 的启动窗口获得机器名，如图 8.27 所示。

图 8.27　SQL Server 2005 中获取机器名

②　"Initial Catalog=[databaseName];" 设置数据库名称，即 SQL Server 2000 或 SQL Server 2005 中的数据库名称。

③　"User ID=[username];"和 "Password=[password];"设置 SQL Server 中用户数据库的密码，也可以用 sa 及其密码代替。

（3）图 8.28 是 SQL Server 2005 中数据库 study_SQLServer2005 在 DW CS3 中的连接字符串设置。输入连接名称，点击"测试"按钮，若出现测试连接成功的信息，表明 SQL Server 2005 中的数据库连接成功。

（4）测试成功后，点击"确定"按钮，可以看到，在"应用程序"面板的"数据库"选项卡下，生成了 SQL Server 数据库的连接，如图 8.29 所示。

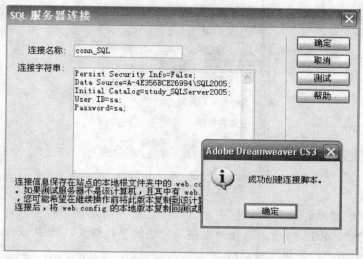

图 8.28　SQL Server 2005 的连接字符串

图 8.29　生成 SQL Server 数据库连接

8.4　数据绑定

8.4.1　子任务一：根据学号进行成绩查询

首先设计根据学号查询成绩页面。该项子任务是根据输入的学号，在数据库中查找到该学号学生的成绩，输出到浏览器中。

从数据库访问技术角度看，这是个简单的指定记录的查询。用户的输入和查询结果的输出显然是通过表单实现的。输入表单中的数据如何提交到数据库中以及数据库中的查询结果如何进到表单项？实现这些功能就要用到数据集和数据绑定。

8.4.2　在 Dreamweaver CS3 中建立数据集

在 DW CS3 中建立数据库连接之后，数据集及数据绑定是另一项建立数据库访问页面时需要进行的重要工作。

通过建立数据集，可以从后台数据库中筛选所需要的数据。通过数据绑定，可以将数据集中的字段绑定到表单项，从而实现数据库中数据在浏览器中的输出。

在 Dreamweaver CS3 中建立数据集的步骤如下：

（1）切换到"应用程序"面板中的"绑定"选项卡。点击"+"按钮，在下拉菜单中选择"数据集（查询）"，如图 8.30 所示。

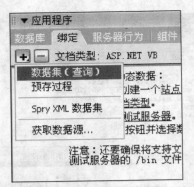

图 8.30　绑定数据集

（2）在出现的"数据集"对话框中，选择"连接"旁边的下拉箭头，选中刚建立的数据库连接 conn，如图 8.31 所示。选择"表格"旁边的下拉箭头，选中 conn 中的 score 表，点击确定按钮，关闭"数据集"对话框。

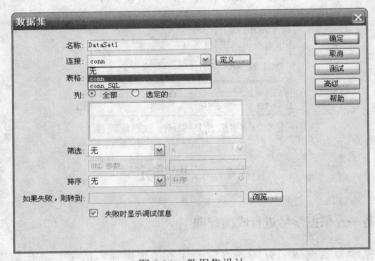

图 8.31　数据集设计

（3）在"应用程序"面板的"绑定"选项卡下面，出现刚才创建的数据集 DataSet1，这个数据集由 score 表中的数据构成。展开数据集 DataSet1 左边的"+"号，可以看到 score 表中的数据，如图 8.32 所示。至此，已完成 Dreamweaver CS3 中绑定数据库的过程。

图 8.32　已绑定的数据集

8.4.3 Dreamweaver CS3 的数据集及数据绑定标签

在建立了数据集后，在 DW CS3 的文档窗口中，增加了如图 8.33 所示的代码。其中，标 签 <MM:DataSet></MM:DataSet> 和 <MM:PageBind> 是 Dreamweaver CS3 中的自定义 ASP.NET 标签，分别用于设定数据集和实现数据绑定。

```
<MM:DataSet
id="DataSet1"
runat="Server"
IsStoredProcedure="false"
ConnectionString='<%# System.Configuration.ConfigurationSettings.AppSettings(
"MM_CONNECTION_STRING_conn") %>'
DatabaseType='<%# System.Configuration.ConfigurationSettings.AppSettings(
"MM_CONNECTION_DATABASETYPE_conn") %>'
CommandText='<%# "SELECT * FROM score" %>'
Debug="true"
></MM:DataSet>
<MM:PageBind runat="server" PostBackBind="true" />
```

图 8.33　数据集及绑定的代码

8.4.4 数据集的筛选

建立数据集是 Dreamweaver CS3 中进行数据库访问的重要环节。Dreamweaver CS3 通过自定义的数据集控件，提供了可视化的数据集设定对话框，可以灵活选择需要绑定的数据库记录。

在 DW CS3 双击"应用程序"面板中已建好的数据集 DataSet1，重新打开如图 8.34 所示的"数据集"对话框。在"筛选:"和"排序:"下拉列表中有表中的字段，选择相应的数据字段，可以对数据集中的数据进行筛选和排序。点击"高级"按钮，还可以切换到数据集的高级设置窗口，在高级设置窗口，可以通过手工修改 SQL 语句，进行更加灵活和功能强大的查询。

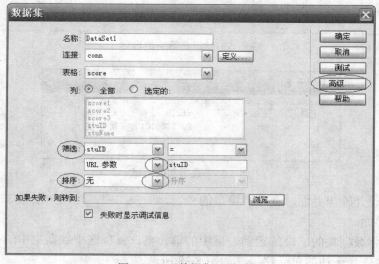

图 8.34　"数据集"对话框

8.4.5　子任务实现：设计根据学号查询成绩的页面

下面运用数据集绑定和筛选知识，完成一个成绩发布网站的"单个成绩查询"页面（8-1.aspx）。假设页面内容是查询数据库中学号为"2011306101"的学生成绩记录。操作步骤如下：

（1）启动 DW CS3，新建一个 ASP.NET 页面 8-1.aspx，保存在"D:\Book\score"中。

（2）展开"应用程序"面板，按照 8.3.3 节介绍的步骤建立数据库连接 conn。

（3）以 conn 为连接，按照 8.4.2 节介绍的步骤建立数据集 DataSet1，其中数据筛选的设定如图 8.35 所示，在"数据集"对话框中对"stuID"字段根据"输入的值"进行筛选，选定 stuID、stuName 和 score3 三个字段的数据输出。点击"测试"按钮，在打开的"测试SQL 指令"窗口可以看到一条数据，这就是指定学号的成绩记录，说明数据集筛选出了正确的结果，如图 8.36 所示。点击"确定"按钮，关闭测试窗口，再关闭"数据集"对话框。

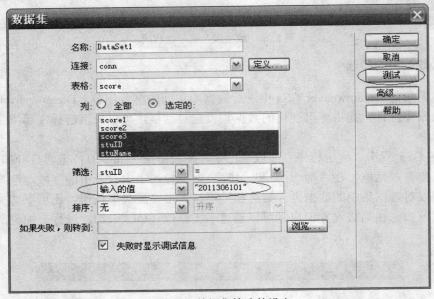

图 8.35　数据集筛选的设定

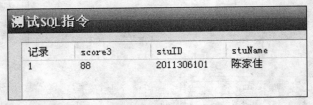

图 8.36　数据集的测试

（4）下面设计输出界面。在文档窗口的"设计"视图中，建立如图 8.37 所示的表格，作为成绩输出界面。

（5）下面将数据集的字段绑定到表格中的单元格。鼠标选中数据集中的 stuID，拖拉到"设计"视图中学号旁边的单元格中，如图 8.38 所示。

成绩查询	
学号：	
姓名：	
期末成绩：	

图 8.37 单个成绩查询的输出界面

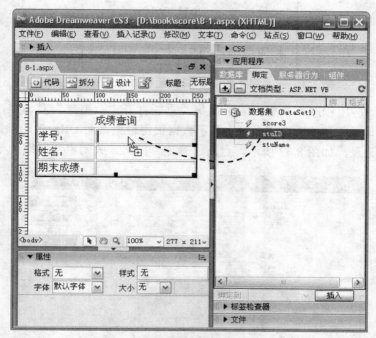

图 8.38 拖拉数据集的字段进行绑定

松开鼠标后，字段 stuID 被绑定到单元格中，如图 8.39 所示。

单元格绑定了数据字段后，在单元格的标记中生成了如下代码：

    <%# DataSet1.FieldValue("stuID", Container) %>

其中，<%#>是绑定指令，DataSet1.FieldValue("stuID", Container)表示将数据集 DataSet1 中的 stuID 字段内容指定到当前容器中。

（6）依次绑定其余两个字段，如图 8.40 所示。

成绩查询	
学号：	{DataSet1.stuID}
姓名：	
期末成绩：	

图 8.39 数据集字段绑定到单元格

成绩查询	
学号：	{DataSet1.stuID}
姓名：	{DataSet1.stuName}
期末成绩：	{DataSet1.score3}

图 8.40 设计界面中的绑定

（7）存盘后，按 F12 键运行结果，如图 8.41 所示。

上述页面中，学号是在数据集中先设定好的。而实际网站应用中，学号应该是由用户输入的。用户通过输入界面提交学号请求，成绩查询页面根据用户输入的学号进行查询。输入学号需要在一个单独的页面中完成，并将学号传递给成绩查询页面。成绩查询页面应该根据这个页面传递过来的 URL 请求进行查询。下面就改进上述设计过程，能根据 URL 请求中的学号进行相应的成绩查询。

图 8.41　例 8-1 的运行结果

（8）双击"应用程序"面板中的数据集，重新打开"数据集"对话框，选择筛选方式为"URL 参数"，并将值修改为"sno"，表示数据集将根据页面 URL 中的参数 sno 的值，选取 stuID 所在的记录，如图 8.42 所示。点击"确定"按钮，关闭"数据集"对话框。

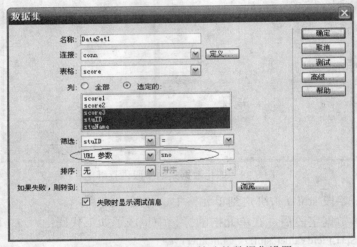

图 8.42　根据 URL 进行筛选的数据集设置

（9）重新存盘后，运行页面，输出页面没有数据显示。这是因为 URL 中没有将学号参数值 sno 传递给页面。修改 URL，在原来的 URL 后增加"?sno="及相应的学号值，按回车键，重新运行页面，可以看到，浏览器会输出 URL 中输入学号的成绩资料，如图 8.43 所示。

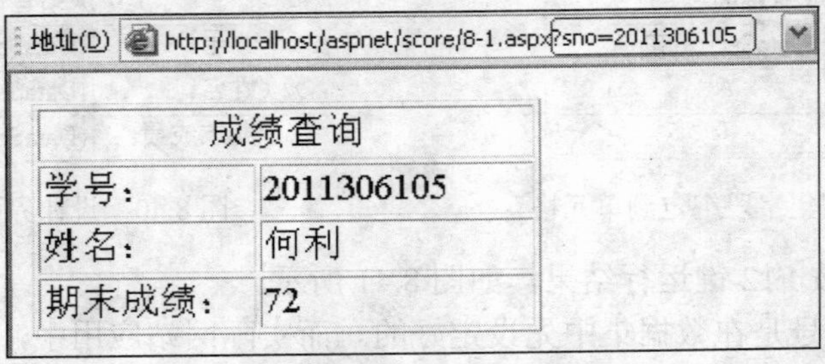

图 8.43　根据 URL 查询单个学生成绩

URL 的值当然不应该手工输入，而应该由前一个页面传递过来。下面我们就来学习学生登录页面的设计。如何判断登录成功以及将登录者的学号传递给查询页面是登录页面设计的两个重点内容。

8.4.6 子任务二：用户登录检查

成绩发布网站有两个不同的登录页面：学生登录页面和教师登录页面。从技术实现的角度来看，两个页面的做法是类似的。下面以学生登录页面为例介绍。

学生登录页面将检查登录的用户名和密码是否与 study.mdb 数据库中的 stuInfo 表相符。若登录成功，则记录下状态后转向查询页面；否则退出。如图 8.44 所示是学生登录页面的流程图。

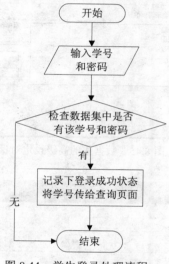

图 8.44　学生登录处理流程

8.4.7 数据集的高级设定和带参数的 SQL 语句

登录处理要同时检查两项内容"学号"和"密码"，说明建立数据集需要根据两个字段进行。在数据集的高级对话框模式中可以通过修改 SQL 代码的方式，根据多个字段建立数据集。

点击"数据集"对话框中的"高级"按钮，可以切换到数据集的高级设定对话框，如图 8.45 所示。对话框中"简单"按钮代替了原来的"高级"按钮。在数据集的高级对话框模式中，可以输入 SQL 语句。SQL 语句可以带参数，构成动态 SQL 命令。

1. 设置参数

"参数："旁边的"+"和"-"按钮，用于增加和减少参数。要注意的是，参数名必须以"@"开头。

点击"+"按钮，出现"添加参数"对话框，点击"类型"旁边的下拉箭头，可以选择参数的类型。参数可以是 ASP.NET 页面中控件的输入值，如文本框的输入内容，也可以通过点击"建立"按钮，打开参数的"生成值"对话框进行设置。图 8.46 定义了一个学号

@stuName 作为输入参数，参数的值来自文本框 TextBox1 中的输入值，参数的类型为字符型WChar。

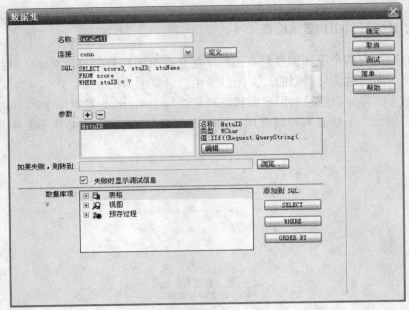

图 8.45　数据集的高级设定对话框

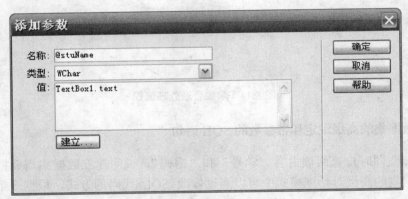

图 8.46　"添加参数"对话框

2. SQL 语句中引用参数

Where 子句中值为"？"的变量是参数。图 8.47 的 SQL 语句增加了学号 stuName 作为输入参数。数据集只能自动生成一个参数，其余参数需要手工填写，图中椭圆部分为手工输入的代码。

需要注意的是，如果在数据集的高级设定模式修改了 SQL 语句或增加了参数，数据集对话框就不能切换回简单模式了。

8.4.8　建立数据集失败时的处理

"数据集"对话框还提供了失败时的链接处理。点击"数据集"对话框中"如果失败，则转到："旁的"浏览"按钮，可以打开"选择重定向文件"对话框，指定建立数据集失败时的出错处理程序。当数据集建立失败时，可以链接到这个指定的程序进行后续处理。

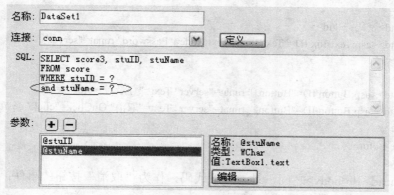

图 8.47　增加了第二个参数的数据集

8.4.9　子任务实现：设计用户登录检查页面

下面运用带参数的 SQL 查询语句和数据绑定知识，设计学生登录页面（8-2.aspx）。操作步骤如下：

（1）启动 DW CS3，新建一个 ASP.NET 页面 8-2.aspx，保存在 "D:\Book\score" 中。

（2）首先建立一个 4 行 2 列的表格，表格中放置两个文本框和两个按钮，如图 8.48 所示。密码框要将文本模式设置为"密码"。两个按钮的面板文本分别设为"登录"和"取消"，其中"取消"按钮事件设置为 "click"。

学生登录	
学号：	[ASP:TEXTBOX]
密码：	[ASP:TEXTBOX]
登录	取消

图 8.48　子任务二设计界面

注意，页面设计中添加第一个 ASP.NET 控件后，DW CS3 会自动在这个控件标记外生成 Form 标记，在设计窗口表现为出现红色的虚线。这时要调整 Form 标记的位置，将 Form 开始标记<Form runat="server">移至<table>之前，将 Form 结束标记</Form>移到</table>之后。然后再添加其余 ASP.NET 控件。登录页面设计完成后，界面部分代码如下：

```
<body><form runat="server">
<table width="448" border="1">
  <tr>
    <td colspan="2" align="center">学生登录</td>
  </tr>
  <tr>
    <td width="70">学号：</td>
    <td width="362">
```

```
        <asp:TextBox ID="TextBox1" runat="server" />
    </td>
</tr>
<tr>
    <td>密码：</td>
    <td><asp:TextBox ID="TextBox2" TextMode="Password" runat="server" /></td>
</tr>
<tr>
    <td><asp:Button ID="Button1" runat="server" Text="登录" /></td>
    <td><asp:Button ID="Button2" runat="server" Text="取消" OnClick="click" /></td>
</tr>
</table></form>
</body>
```

在标记</head>和<body>之间，录入如下代码，作为"取消"按钮的事件：

```
<script language="vb" runat="server">
    sub click(sender as object, e as eventargs)
        TextBox1.text=""
        TextBox2.text=""
    end sub
</script>
```

（3）展开"应用程序"面板，按照前面介绍的步骤建立数据库连接 conn 和数据集 DataSet1。DataSet1 的数据来自 stuInfo 表。点击"数据集"对话框的"高级"按钮，切换到高级设定模式。在 where 子句中增加密码字段 pswd 的查询条件，同时增加参数@pswd，值为 TextBox2.text，如图 8.49 所示，其中第一个参数@stuID 的值也要修改为 TextBox1.Text。点击"确定"按钮，关闭"数据集"对话框。

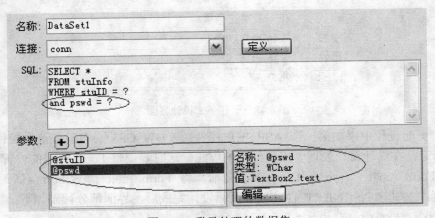

图 8.49 登录处理的数据集

（4）将文本框的文本属性与数据集的字段进行绑定。前面介绍过直接用拖拉的方法进行绑定，这里再介绍另一种绑定操作方法：在文档窗口的"设计"视图中，选中学号输入文本框 TextBox1，点击"属性"面板文本旁的图标，在弹出的"动态数据"对话框中选择字段"stuID"，如图 8.50 所示。点击"确定"按钮，关闭"动态数据"对话框。文本框绑定数据集中的 stuID 字段后，文本框标记变成：

```
<asp:TextBox ID="TextBox1" runat="server" Text='<%# DataSet1.FieldValue("stuID", Container) %>' />
```

图 8.50   文本框与数据集字段的绑定

用同样的方法，将密码输入文本框 TextBox2 与数据集字段"pswd"进行绑定。至此，输入表单项的内容与数据集中的字段就绑定在一起了。

（5）利用数据集的 RecordCount 属性判断登录成功与否。RecordCount 是数据集的记录条数。当用户输入的学号与密码与 stuInfo 表中的记录相符时，在数据集中可以查询到一条记录，RecordCount 的值大于 0；当用户输入资料与表中记录不相符时，数据集查询结果为空，RecordCount 为 0。

在网页中自动生成的数据集及绑定代码后面，录入图 8.51 中矩形框内的代码，其中 DataSet1 是数据集的名字。

```
<MM:DataSet
id="DataSet1"
runat="Server"
IsStoredProcedure="false"
ConnectionString='<%# System.Configuration.ConfigurationSettings.AppSettings(
"MM_CONNECTION_STRING_conn") %>'
DatabaseType='<%# System.Configuration.ConfigurationSettings.AppSettings(
"MM_CONNECTION_DATABASETYPE_conn") %>'
CommandText='<%# "SELECT *  FROM stuInfo  WHERE stuID = ?  and pswd = ?" %>'
Debug="true"
><Parameters>
  <Parameter  Name="@stuID"  Value='<%# TextBox1.text %>'  Type="WChar"   />
  <Parameter  Name="@pswd"   Value='<%# TextBox2.text %>'  Type="WChar"   />
</Parameters></MM:DataSet>
<%
  If DataSet1.RecordCount > 0 Then
      Session("flag") = "OK"
      Response.Redirect("8-1.aspx?sno=" & TextBox1.text)
  End If
%>
<MM:PageBind runat="server" PostBackBind="true" />
```

图 8.51   判断登录成功及登录成功处理代码

（6）存盘后，按 F12 功能键，在浏览器观察运行结果。在弹出的登录页面中输入正确的学号和密码，点击"登录"按钮后，进入单个成绩查询页面，并显示出成绩资料，如图 8.52 所示。

图 8.52　登录成功后查询成绩

分析：在服务器控件及验证控件章节中，也曾出现过登录检查的实训题及例题，但这些设计都是把一个固定的用户和密码作为合法用户编写在程序代码中。实际的应用系统中，用户资料是保存在数据库中的。本例模拟实际项目，以 stuInfo 表保存学号和密码，通过数据绑定，将用户名和密码的文本框内容与 stuInfo 表中的字段进行核对，判断是否为合法用户。

本例中关于数据集记录数的 IF 语句是很关键的代码。通过数据集记录数 RecordCount 来判断是否存在和输入的学号和密码相符的记录，如果存在，则说明是合法用户，否则用户不合法。

对于合法用户，先利用"Session("flag") = "OK""记录下登录状态，再利用 response.redirect 跳转到成绩查询页面，并且在跳转页面时，将当前页面中的用户信息，即保存在 TextBox1 中的学号（TextBox1.text）也传递过去。学号信息放在 sno 参数中，因为成绩查询页面中的数据集设计时，已约定是通过 URL 中的 sno 参数进行查询（参见图 8.42）。

教师用户的登录处理是类似的，请参照本例的步骤完成。

8.5　数据网格

8.5.1　子任务三：以表格显示批量查询结果

大量数据的查询也是网站建设中经常遇到的。对于成绩发布网站，教师用户需要批量查询成绩数据。在批量查询结果中，也需要详细查询其中的一条结果。这两项任务，都可以用数据网格轻松完成。

8.5.2 Dreamweaver CS3 的服务器行为概述

前面的设计用到了"应用程序"面板中的"数据库"和"绑定"选项卡，数据网格的设计则要用到下一个选项卡——"服务器行为"。"数据库"选项卡主要提供建立数据库连接的功能，"绑定"选项卡主要是提供建立数据集的功能。这两个选项卡中的功能菜单项较单一。而"服务器行为"选项卡中包含了丰富的菜单项，数据库访问中常用的"插入记录"、"更新记录"、"删除记录"以及批量查询等功能，都是通过"服务器行为"实现的。

切换到"应用程序"面板中的"服务器行为"选项卡。点击"+"按钮，出现服务器行为的下拉菜单。根据功能的不同，服务器行为下拉菜单可以分为绑定数据集、数据展现、数据变更、服务器行为管理几类，如图 8.53 所示。

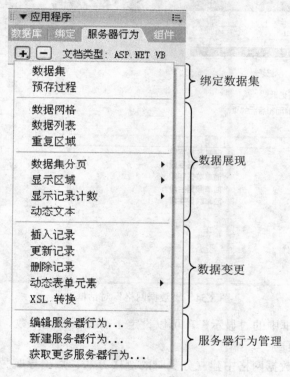

图 8.53　服务器行为

绑定数据集：用于建立数据集，与"绑定"选项卡的功能相同。

数据展现：封装了多种 ASP.NET 的数据显示控件，用于可视化的定制并能批量显示数据库的记录。

数据变更：数据库的变更处理主要包括数据的增加、删除和修改，能够可视化地设计数据变更功能。

服务器行为管理：用于将网页功能包装成服务器行为，以扩展 Dreamweaver CS3 的功能。

8.5.3　数据网格的分页和外观设计

ASP.NET 有多种数据显示控件，如 DataGrid、DataList 和 Repeater。Dreamweaver CS3

将上述控件分别封装在"服务器行为"选项卡下拉菜单中的"数据网格"、"数据列表"和"重复区域"项目中，并提供了可视化的操作界面。

数据网格是指 ASP.NET 的 DataGrid 控件，能够以表格形式显示数据。DataGrid 功能强大，设置灵活方便。通过设定 DataGrid 的属性，可以在网页中呈现出多种风格的数据表格。

数据网格是建立在数据集基础上的，数据集中的数据通过数据网格以表格方式显示。

下述数据网格用的数据集是以 study.mdb 数据库中的 score 表建立的。

1．数据网格的基本设置

从"服务器行为"选项卡下拉菜单中选择"数据网格"，在弹出的对话框中将数据集设定为"DataSet1"，如图 8.54 所示。

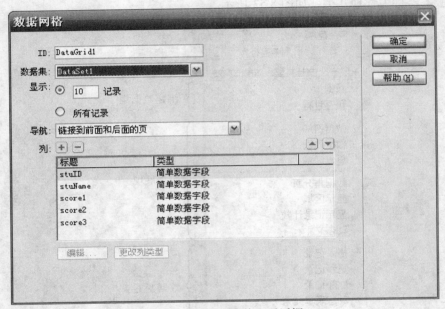

图 8.54　"数据网格"对话框

"数据网格"对话框中的"显示"项可以设定一次显示的记录数。

2．数字页码的分页

"导航"项设置在数据网格中建立分页时的链接方法。点击导航旁边的下拉箭头，出现两种导航方法，如图 8.55 所示。如果是"编号链接到每一页"，则数据网格中会以数字形式出现全部的分页页码。

图 8.55　两种导航方式

3．改变列标题

数据网格中显示的数据标题，可以在设计网页时进行更变。比如在建立数据库时，如果以字母或数字对字段命名，通过改变数据网格的列标题，可以在网页中显示出中文名称的标题。

在"数据网格"对话框中选中要改变显示列标题的字段，点击"编辑"按钮，弹出"简单数据字段列"对话框，修改标题，如图 8.56 所示。点击"确定"按钮，关闭"简单数据字段列"对话框后，数据网格中的列标题已改变。

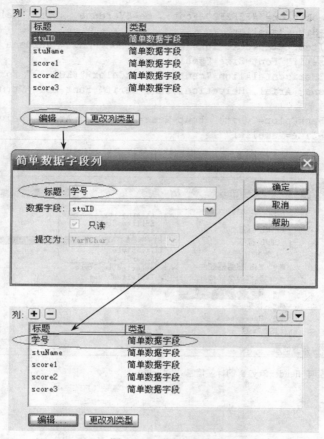

图 8.56　改变列标题

4．数据网格的显示外观与样式标签

数据网格的显示外观有丰富的表现形式。除了从"数据网格"对话框中将列标题设置成中文显示标题、分页形式设置为数字页码外，数据网格还提供了五个样式标签，用来设定字体、颜色、间隔宽度和底色等。

在 DW CS3 的"代码"视图中观察数据网格的标签代码，可以看到，在<asp:datagrid>标签下含有以下五种样式标签：<HeaderStyle>、<ItemStyle>、<AlternatingItemStyle>、<FooterStyle>和<PagerStyle>，如图 8.57 所示。

图中复杂的样式代码是自动生成的。DW CS3 也提供了可视化的样式标签编辑功能。在DW CS3 插入菜单中的标签选择器中可以找到这五种外观样式标签控件，如图 8.58 所示，在样式的标签编辑器窗口，可以对样式标签进行设置来改变数据网格的显示。

五个样式标签的设置界面均相同。以标题样式标签<HeaderStyle>为例，在图 8.58 所示的标签选择器中选择<HeaderStyle>，点击"插入"按钮后，出现如图 8.59 所示的标签设定对话框。根据对话框中的属性，可以设定数据网格的显示外观。

```
  <HeaderStyle>HorizontalAlign="center" BackColor="#E8EBFD" ForeColor="#3D3DB6"
 Font-Name="Verdana, Arial, Helvetica, sans-serif" Font-Bold="true" Font-Size=
"smaller" />
  <ItemStyle>BackColor="#F2F2F2" Font-Name="Verdana, Arial, Helvetica,
sans-serif" Font-Size="smaller" />
  <AlternatingItemStyle>BackColor="#E5E5E5" Font-Name="Verdana, Arial,
Helvetica, sans-serif" Font-Size="smaller" />
  <FooterStyle>HorizontalAlign="center" BackColor="#E8EBFD" ForeColor="#3D3DB6"
 Font-Name="Verdana, Arial, Helvetica, sans-serif" Font-Bold="true" Font-Size=
"smaller" />
  <PagerStyle>BackColor="white" Font-Name="Verdana, Arial, Helvetica,
sans-serif" Font-Size="smaller" />
```

图 8.57　数据网格中的样式标签代码

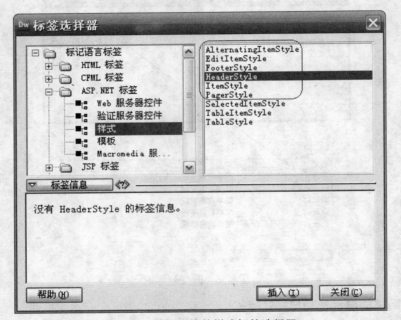

图 8.58　数据网格的样式标签选择器

五个样式标签的功能概述如下：

<HeaderStyle>用于设定标题区段的样式属性；

<ItemStyle>用于设定数据网格中数据项目的样式属性；

<AlternatingItemStyle>用于设定间隔行的样式，<AlternatingItemStyle>的样式属性可以覆盖<ItemStyle>的属性，设定间隔行样式后，一行按<ItemStyle>样式显示，下一行按<AlternatingItemStyle>样式显示，两两交替；

<FooterStyle>用于指定数据网格页尾区段的样式，页尾区位于分页区之上，数据网格的ShowFooter属性必须设定为True，<FooterStyle>样式才可见；

<PagerStyle>用于指定数据网格分页区段的样式。

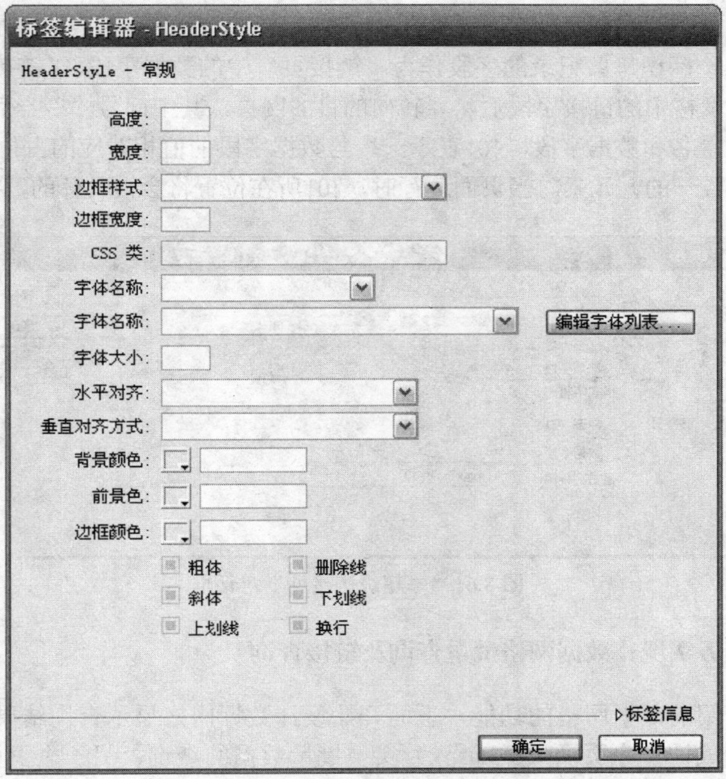

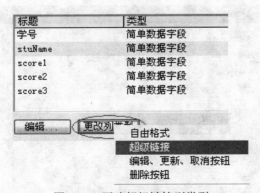

图 8.59 样式标签设定对话框

8.5.4 数据网格的链接设计

数据网格中的字段可以建立超级链接。

在数据网格的对话框中，选中要建立链接的字段，点击"更改列类型"按钮，如图 8.60 所示。

标题	类型
学号	简单数据字段
stuName	简单数据字段
score1	简单数据字段
score2	简单数据字段
score3	简单数据字段

编辑...　　更改列

- 自由格式
- 超级链接
- 编辑、更新、取消按钮
- 删除按钮

图 8.60 更改超级链接列类型

在下拉菜单中选择"超级链接"，打开"超级链接列"对话框，如图 8.61 所示。在"超级链接列"对话框中有"超级链接文本"和"链接页"两类设定项目，两类项目中均有数据字段。其中"超级链接文本"的数据字段是出现下划链接线的字段，而"链接页"中的数据字段是指传递到下一页面的数据字段，即通过 URL 传递到下一个页面的数据字段名。一般在数据集中选择一个唯一标识每条记录的字段作为"链接页"中的数据字段。"链接页"中的格式字符串即点击数据网格中的链接字段后，要转向的目的网页，其中问号"？"后的参数是要传递到目的网页的变量名和数据字段，{0}表示一个与数据字段的值相对应的占位符，通常用 0 来指示第一个（且唯一的）元素。当页面运行时，{0}所在位置将会被具体的数据替代。

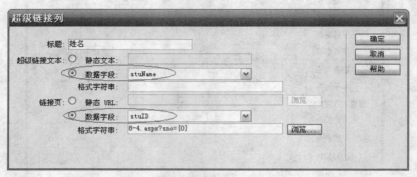

图 8.61　"超级链接列"对话框

8.5.5　子任务实现：数据网格批量查询及链接查询

根据上面介绍的数据网格的功能，下面开始设计数据网格显示查询结果页面。整个功能将由两个页面完成，一个页面（8-3.aspx）实现批量数据的查询，另一个页面（8-4.aspx）用于单条记录的详细查询页面，两个页面之间通过链接建立关系。

操作步骤如下：

（1）启动 DW CS3，新建一个 ASP.NET 页面 8-3.aspx，保存在"D:\Book\score"中。

（2）建立数据网格之前要先建立数据库连接和数据集。按照前面 8.3 节和 8.4 节的介绍建立数据库连接 conn 和数据集 DataSet1，数据集中的表格选择 score 表，并选定其中的部分列，如图 8.62 所示。

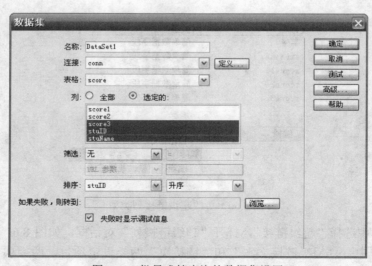

图 8.62　批量成绩查询的数据集设置

（3）从"服务器行为"选项卡下拉菜单中选择"数据网格"，在弹出的对话框中将数据集设定为"DataSet1"，表示数据网格中显示的是数据集 DataSet1 中的记录。设置导航方式为"编号链接到每一页"，然后将列标题更改为中文列标题，如图 8.63 所示。如需调整数据网格中的列标题顺序，可点击"列"右边的上下箭头按钮。

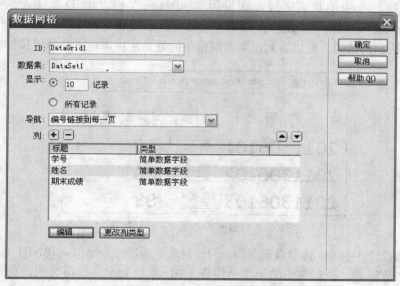

图 8.63　批量成绩查询的数据网格设置

（4）点击"确定"按钮，完成数据网格的设定。存盘后，按功能键 F12 在浏览器中查看结果。浏览器中出现 score 表的前十条记录，左下角是数据导航，如图 8.64 所示，点击箭头可以显示前十条或后十条记录的内容。

地址(D)	http://localhost/aspnet/score/8-3.aspx

学号	姓名	期末成绩
2011306101	陈家佳	88
2011306102	陈一一	80
2011306103	程舍	83
2011306104	程思思	86
2011306105	何利	72
2011306106	何其	74
2011306107	何刚	69
2011306108	胡小亮	96
2011306109	胡琴	95
2011306110	黄研	82

1 2 3 4 5 6

图 8.64　批量成绩查询的初步结果

以上步骤完成了批量成绩查询的初步设计，在数据网格查询过程中，可能需对某同学的成绩进行详细查询。下面修改数据网格，在批量成绩查询页面增加链接查询设计。

（5）在 DW CS3 中双击“服务器行为”选项卡下的数据网格，选中“姓名”列字段，点击“更改列类型”按钮，打开“超级链接列”对话框，按图 8.61 所示设置对话框，“超级链接文本”和“链接页”中的数据字段分别设为“stuName”和“stuID”。格式字符串中输入“8-4.aspx?sno={0}”。点击“确定”按钮后，关闭“数据网格”对话框。重新运行 8-3.aspx，得到如图 8.65 所示的结果。可以看到，数据网格中的姓名字段出现了超级链接标志。

地址(D)
http://localhost/aspnet/score/8-3.aspx
学号
姓名
期末成绩
2011306101
陈家佳
88
2011306102
陈一一
80
2011306103
程舍
83

图 8.65　数据网格中建立了超级链接

（6）下面设计 8-4.aspx 详细查询页面。同一目录下新建一个空白 ASP.NET 页面 8-4.aspx，按图 8.66 建立数据集，数据集中的记录是根据 URL 参数 sno 进行筛选的。页面运行时，数据集就根据前一个页面在 URL 中传递过来的 sno 筛选出一条记录。

数据集
名称:
DataSet1
连接:
conn
定义...
表格:
score
列:
全部
选定的:
score1
score2
score3
stuID
stuName
筛选:
stuID
=
URL 参数
sno
排序:
无
升序
如果失败，则转到:
浏览...
失败时显示调试信息
确定
取消
测试
高级...
帮助

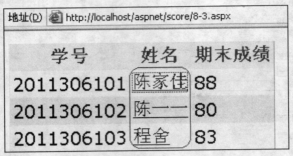

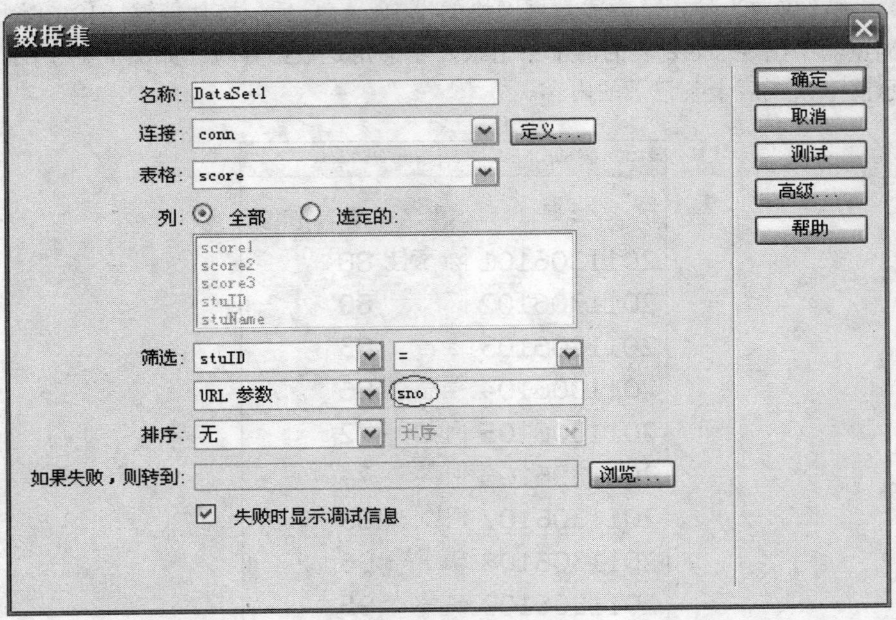

图 8.66　数据集筛选

（7）点击“确定”按钮，关闭“数据集”对话框。在 DW CS3 中建立 5 行 2 列的表格，用于详细资料查询。将数据集中的字段分别与表格中的字段绑定，如图 8.67 所示。

学号：	{DataSet1.stuID}
姓名：	{DataSet1.stuName}
平时成绩：	{DataSet1.score1}
期中成绩：	{DataSet1.score2}
期末成绩：	{DataSet1.score3}

图 8.67　详细成绩查询页面

（8）存盘后。重新运行 8-3.aspx，在数据网格中点击链接，浏览器将打开 8-4.aspx 页面，并显示出详细成绩资料，如图 8.68 所示。

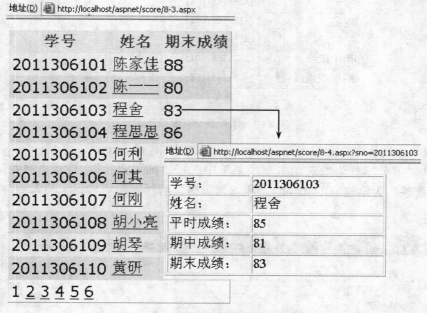

图 8.68　批量成绩查询及其链接查询

8.6　数据变更

除了查询外，访问数据库的基本操作还包括增加记录、修改记录和删除记录。在"服务器行为"选项卡的下拉菜单中，提供了"插入记录"、"更新记录"和"删除记录"的可视化设计界面，用于在网页中建立相关功能，并自动生成相应的标签代码。这三个功能所对应的标签分别是 MM:Insert、MM:Update、MM:Delete。和数据集标签 MM:Dataset 等以"MM:"开头的标签一样，这三个标签也是 Dreamweaver 中的自定义 ASP.NET 标签。三个标签所对应菜单项的设定操作类似。下面围绕成绩发布网站页面设计，介绍"服务器行为"选项卡中"插入记录"、"更新记录"和"删除记录"菜单。

8.6.1　子任务四及其实现：设计添加成绩页面

在建立添加记录的页面时，首先要建立一个表单，用来提交数据。添加成绩页面的设计中，首先建立学号、姓名、性别和密码的输入页面，然后建立插入记录的服务器行为。操作步骤如下：

（1）启动 DW CS3，在"D:\Book\score"中新建一个 ASP.NET 页面，命名为 8-5.aspx。

（2）在 DW CS3 的文档窗口建立如图 8.69 所示的输入页面，放置一个"提交"按钮，五个输入文本框控件 ID 值分别是：TextBox1、TextBox2、TextBox3、TextBox4 和 TextBox5。注意页面设计中，添加第一个 ASP.NET 控件后，调整 Form 标记的位置，将 Form 标记移至表格标记之外。具体做法请参见登录页面（8-2.aspx）设计中的介绍。

添加成绩	
学号：	[ASP:TEXTBOX]
姓名：	[ASP:TEXTBOX]
平时成绩：	[ASP:TEXTBOX]
期中成绩：	[ASP:TEXTBOX]
期末成绩：	[ASP:TEXTBOX]
提交	

图 8.69　添加成绩页面设计

（3）在"应用程序"面板，建立 study.mdb 数据库连接 conn。

（4）从"服务器行为"选项卡下拉菜单中选择"插入记录"，打开"插入记录"对话框，设定"连接"为刚建立的 conn，"插入到表格"选择需要增加记录的表名 score，如图 8.70 所示。

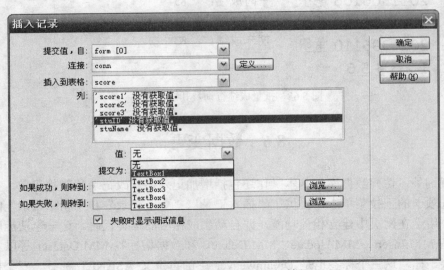

图 8.70　"插入记录"对话框

这时列字段列表中，stuID、stuName、score1、score2 及 score3 等字段均为"没有获取值"，这是因为没有将输入表单项与字段进行绑定。选中列表中的 stuID，点击"值"旁的下拉箭头，在出现的下拉列表中选择 TextBox1——这是界面设计中学号输入文本框控件的 ID 值。按上述方法，依次将 stuName 与 TextBox2、score1 与 TextBox3、score2 与 TextBox4、 score3 与 TextBox5 绑定。绑定完毕后的列如图 8.71 所示。

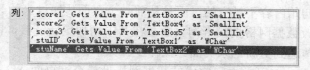

图 8.71　插入记录中的列字段与界面文本框绑定

（5）在同一目录下新建一个 ASP.NET 页面，命名为 success.aspx。在 success.aspx 页面的<body>标签后插入如下代码：

```
<%
    response.write("已成功录入成绩！")
%>
```

（6）切换到 8-5.aspx，点击"插入记录"对话框中"如果成功，则转到"旁的"浏览"按钮，在打开的对话框中选择刚建好的 success.aspx，点击"确定"按钮，关闭对话框，如图 8.72 所示。

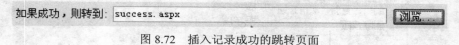

图 8.72　插入记录成功的跳转页面

（7）点击"确定"按钮，关闭"插入记录"对话框。在"应用程序"面板的"服务器行为"选项卡中出现插入记录图标，表示在网页中完成了插入记录的设定。

（8）存盘后，按功能键 F12 运行。首先出现添加记录输入页面，在其中输入成绩资料后，点击"提交"按钮，出现"已成功录入成绩！"的提示，这是因为在 score 表中成功添加一条记录后，跳转到 success.aspx，由 success.aspx 输出提示信息，如图 8.73 所示。

图 8.73　添加成绩页面的运行结果

8.6.2　子任务五及其实现：设计更新成绩页面

"更新记录"也是服务器行为中的一种，利用更新记录可以实现成绩表数据的更改。在设计更新记录的服务器行为之前，和添加成绩页面设计一样，要先建立一个数据输入表单。不同的是，该表单的初始内容不是空的，而是从前一个页面传递过来的。

为此，我们先修改数据网格批量查询页面，在其中增加更新链接，需修改的数据通过数据网格批量查询页面传递到更新记录页面。操作步骤如下：

（1）在 DW CS3 中打开前面已完成的数据网格批量查询页面 8-3.aspx，点击"服务器行为"选项卡中的数据网格，打开"数据网格"对话框。点击"列"旁的"+"按钮，选择下拉菜单中的"超级链接"。在打开的"超级链接列"对话框中，选择"超级链接文本"中的"静态文本"，并输入"更新"，标题也置为"更新"，如图 8.74 所示。格式字符串中的"8-6.aspx"是下面即将设计的更新成绩页面文件名。

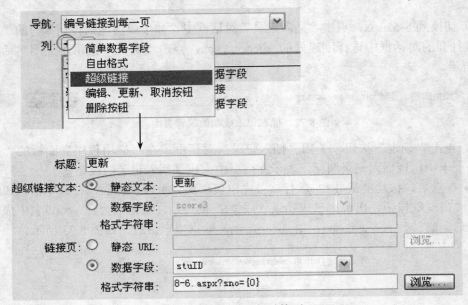

图 8.74　建立更新链接列

（2）存盘后，按 F12 键运行 8-3.aspx，可以看到数据网格中出现了"更新"链接列，如图 8.75 所示。

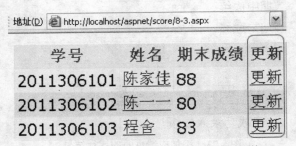

图 8.75　增加了"更新"链接列的数据网格

下面建立更新成绩页面。操作步骤如下：

（1）在"D:\Book\score"中新建一个 ASP.NET 页面，命名为 8-6.aspx。

（2）设计一个 7 行 2 列的表格，用于显示全部的成绩资料，表格中放置五个文本框控件和一个按钮控件。

（3）建立一个筛选数据集，用于根据前一个页面传入的 sno 筛选出成绩记录。数据集来源于 score 表，筛选值选 "URL 参数"，值是 "sno"。

（4）将数据集中的字段与表单中的文本框进行绑定。因为一般主键字段不允许更改，可将不能更改的字段所在的文本框设置为 "只读" 属性，如图 8.76 所示。

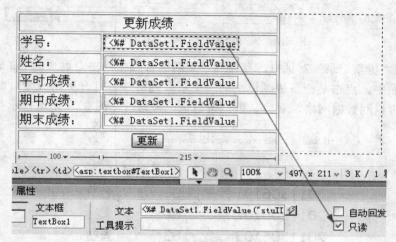

图 8.76　更新成绩页面设计

（5）点击 "服务器行为" 选项卡中的 "更新记录" 菜单项，在打开的 "更新记录" 对话框中，将 "连接" 设置为当前连接 conn，"更新表格" 设置为 score，如图 8.77 所示。

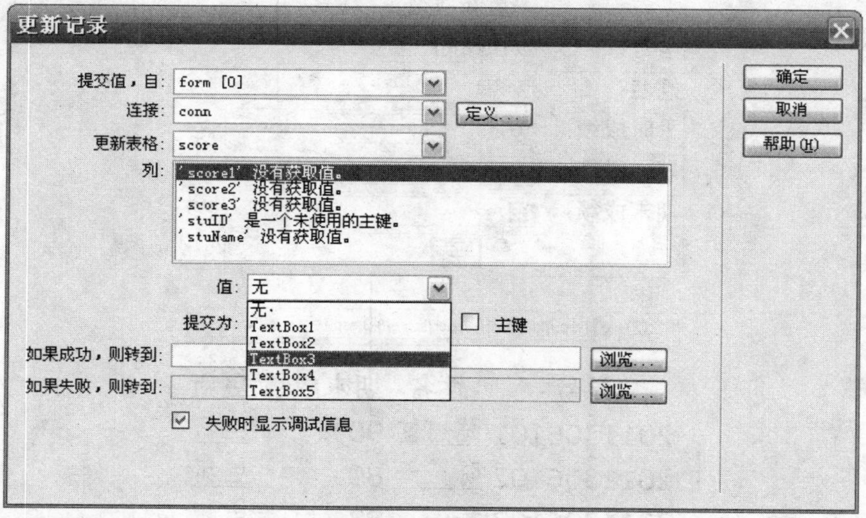

图 8.77　"更新记录" 对话框

（6）选中 "列" 中的字段，点击 "值" 旁边的下拉箭头，将列中的字段与表单控件进行绑定。绑定好列后，点击 "如果成功，则转到" 旁的 "浏览" 按钮，在打开的对话框中选择数据网格查询页面 8-3.aspx，表示更改完记录后再回到批量查询页面，点击 "确定" 按钮，关闭对话框，回到 "更新记录" 对话框，如图 8.78 所示。

列：
```
'score1' Gets Value From 'TextBox3' as 'SmallInt'
'score2' Gets Value From 'TextBox4' as 'SmallInt'
'score3' Gets Value From 'TextBox5' as 'SmallInt'
'stuID' Selects Record Using 'TextBox1' as 'WChar'
'stuName' Gets Value From 'TextBox2' as 'WChar'
```

值：TextBox2

提交为：WChar ☐ 主键

如果成功，则转到：8-3.aspx 　浏览...

图 8.78　列中字段与表单控件进行绑定

（7）关闭"更新记录"对话框，存盘后。重新运行数据网格查询页面 8-3.aspx，在浏览器中出现的页面中，点击某一条成绩记录的"更新"列链接，打开更新成绩页面，修改其中的成绩项后，再返回数据网格，观察是否该条记录已被修改。图 8.79 是运行示意图。

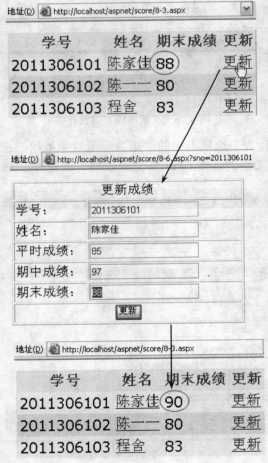

图 8.79　更新成绩页面

说明　　如果修改了平时成绩或期中成绩，则回到数据网格页面后，可以点击姓名上的链接，打开详细成绩页面，观察是否已修改成功。

8.6.3　子任务六及其实现：删除成绩页面

在建立删除记录页面时，和前面所学的"更新记录"功能一样，首先要建立一个表单，用来显示当前要删除的数据。该表单的初始内容不是空的，是从前一个页面传递过来的，是数据库中已有的数据。

因此，删除成绩记录页面的设计也包含两项工作：修改批量查询页面，在数据网格中增加一个"删除"超级链接列，链接到"删除记录"页面；设计删除成绩页面。

首先修改数据网格批量查询页面，在其中增加"删除"链接列。具体步骤可参考上节内容，其中的"删除"链接列设计对话框如图 8.80 所示。

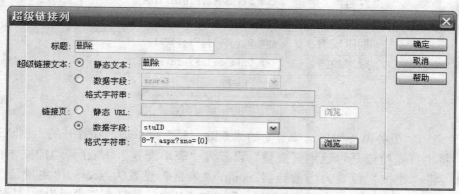

图 8.80　建立删除链接列

原来的数据网格，经过这两次修改后，变成如图 8.81 所示设置。

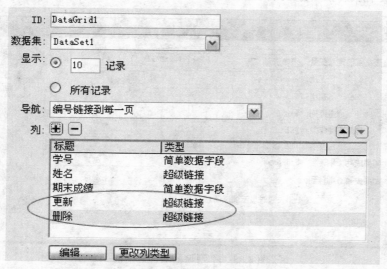

图 8.81　增加了更新和删除链接列的数据网格对话框

然后建立删除成绩页面。操作步骤如下：

（1）在"D:\Book\score"中新建一个 ASP.NET 页面，命名为 8-7.aspx。

（2）仿照更新成绩页面设计，建立一个 7 行 2 列的表格，表格中放置五个文本框和一个按钮控件。由于这些文本框是用来显示数据、无须用户录入或修改，因此可将五个文本框的"只读"属性都勾选上。

（3）再建立一个筛选数据集，用于根据前一个页面传入的 sno 筛选出成绩记录。数据集来源于score 表，筛选值选"URL 参数"，值是"sno"。

（4）将数据集中的字段与表单中的文本框进行绑定。绑定数据集字段后的界面如图8.82 所示。

删除成绩	
学号：	<%# DataSet1.FieldValue
姓名：	<%# DataSet1.FieldValue
平时成绩：	<%# DataSet1.FieldValue
期中成绩：	<%# DataSet1.FieldValue
期末成绩：	<%# DataSet1.FieldValue
删除	

图 8.82　删除成绩页面设计

（5）点击"服务器行为"选项卡中的"删除记录"菜单项。在打开的"删除记录"对话框中，将"首先检查是否已定义变量"设置为"表单变量"，并在旁边的文本框中填上 TextBox1。将"连接"设置为当前连接 conn，"表格"设置为 score。"主键值"设置为 "URL 参数"，并在旁边文本框中输入"sno"。"如果成功，则转到"设置为数据网格查询页面 8-3.aspx，如图 8.83 所示。要说明的是，"首先检查是否已定义变量"的默认设置是"主键值"，这时，当前删除成绩页面会被跳过不显示而直接将记录删除掉。

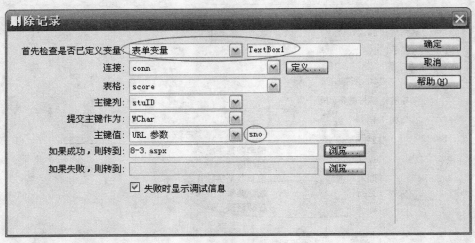

图 8.83　"删除记录"对话框

（6）关闭"删除记录"对话框，存盘后。重新运行数据网格查询页面 8-3.aspx，在浏览器中出现的页面中，点击某一条成绩记录的"删除"列链接，打开删除成绩页面，如确认需删除，则点击页面的"删除"按钮，返回数据网格，观察是否该条记录已被删除。图 8.84 是运行示意图。

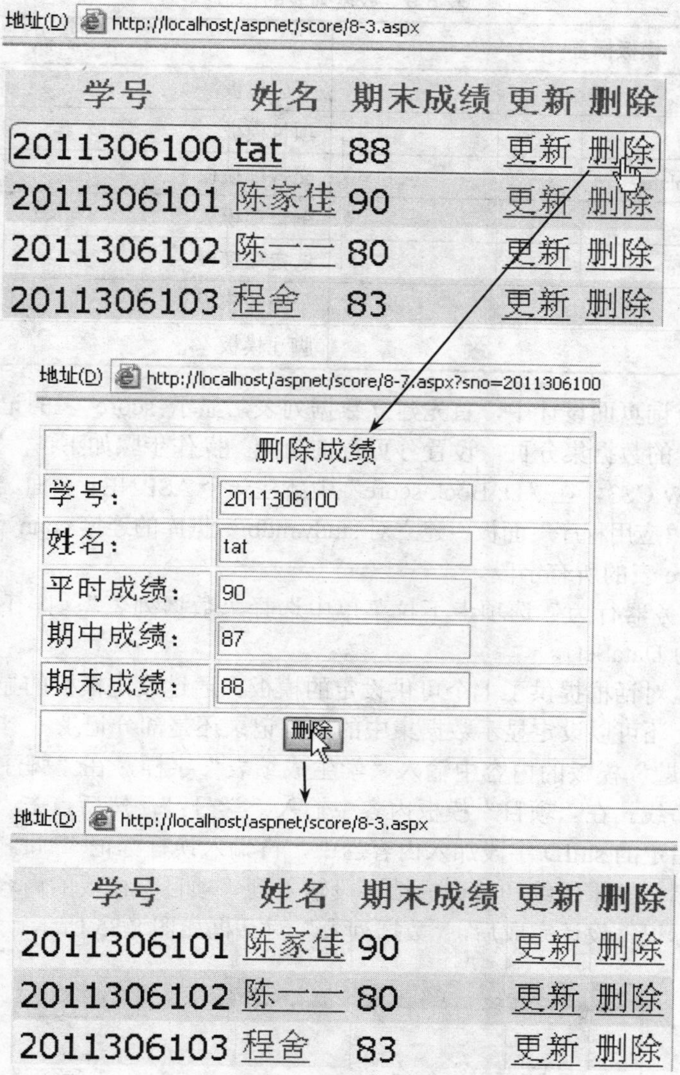

地址(D) http://localhost/aspnet/score/8-3.aspx

学号	姓名	期末成绩	更新	删除
2011306100	tat	88	更新	删除
2011306101	陈家佳	90	更新	删除
2011306102	陈一一	80	更新	删除
2011306103	程舍	83	更新	删除

地址(D) http://localhost/aspnet/score/8-7.aspx?sno=2011306100

删除成绩

学号：	2011306100
姓名：	tat
平时成绩：	90
期中成绩：	87
期末成绩：	88

删除

地址(D) http://localhost/aspnet/score/8-3.aspx

学号	姓名	期末成绩	更新	删除
2011306101	陈家佳	90	更新	删除
2011306102	陈一一	80	更新	删除
2011306103	程舍	83	更新	删除

图 8.84　删除记录页面

8.7　数据列表和重复区域

数据列表和重复区域分别对应 ASP.NET 的 DataList 控件和 Repeater 控件，是 Dreamweaver CS3 在服务器行为中封装的另外两种 ASP.NET 数据展现控件。下面就通过两个查询网页，介绍数据列表控件和重复区域控件的使用。

8.7.1　子任务七及其实现：数据列表及数据集的分页显示设计

与数据网格相比，数据列表提供了七种模板用来定义数据在网页中的显示方式。DataList 控件的模板标签及在 Dreamweaver CS3 中的名称如表 8.9 所示。

表 8.9　数据列表的模板

模板标签	名称
<headertemplate>	页眉模板
<itemtemplate>	项目模板
<alternatingitemtemplate>	交替项模板
<edititemtemplate>	编辑项模板
<selecteditemtemplate>	选定项模板
<separatortemplate>	分隔线模板
<footertemplate>	脚注模板

在数据列表查询页面设计中，首先建立数据列表，显示 score 表的记录，然后通过"服务器行为"选项卡的数据集分页，设置分页查询功能。操作步骤如下：

（1）启动 DW CS3，在"D:\Book\score"中新建一个 ASP.NET 页面，命名为 8-8.aspx。

（2）切换到"应用程序"面板，建立对 study.mdb 数据库的连接 conn 和数据集 DataSet1，DataSet1 取自 score 表的所有字段。

（3）从"服务器行为"选项卡下拉菜单中选择"数据列表"，打开"数据列表"对话框，设定数据集为 DataSet1。

"数据列表"对话框提供了七个可供设定的模板。通过设定模板的显示内容，可以定制数据的显示方式，还可以设定显示数据集中的所有记录还是部分记录。

（4）在"标题"模板的内容中输入"学生成绩表"字样，在"脚注"模板中输入一排由等号构成的双横线。在"项目"模板内容中输入"学号："，然后点击"将数据字段添加到内容"按钮，将指定的 stuID 字段加入内容当中，再输入换行标记"
"。依次将姓名、平时成绩、期中成绩、期末成绩和总评成绩字段输入到"项目"模板的内容中，并添加相应的数据字段和换行标记。设计完成后，"数据列表"对话框如图 8.85 所示。

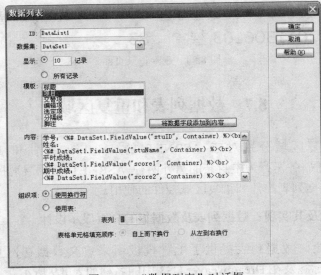

图 8.85　"数据列表"对话框

（5）点击"确定"按钮，关闭"数据列表"对话框。存盘后，按功能键 F12，在浏览器中可以观察到如图 8.86 所示的运行结果。

因为"数据列表"对话框设计时是选择显示 10 条记录，可以看到浏览器中出现了 10 位同学的成绩资料，第 10 位同学的成绩之后是由"="号构成的双横线脚注。

在"服务器行为"选项卡中有数据集分页功能。在数据列表页面中增加数据分页功能，就可以让 score 表中第 10 条后的记录也显示出来。

（6）打开刚刚建立的 8-8.aspx，在文档窗口的数据列表设计界面下加入一个 1 行 4 列的表格，填入分页导航的文字，如图 8.87 所示。

图 8.86　数据列表查询页面初步设计

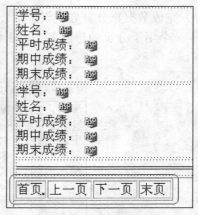

图 8.87　分页导航页面

（7）下面建立分页导航功能。选中"首页"，点击"服务器行为"选项卡的"+"按钮，在打开的下拉菜单中选择"数据集分页"→"移至第一页"，如图 8.88 所示。

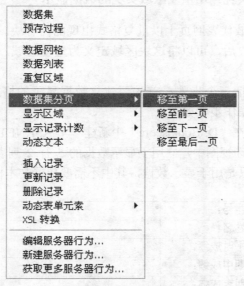

图 8.88　数据集分页

（8）打开如图 8.89 所示的"移至第一页"对话框，点击"确定"按钮，关闭对话框。

按上述方法，依次将分页导航中的"上一页"、"下一页"和"末页"定义为数据集分页中的"移至前一页"、"移至下一页"和"移至最后一页"。

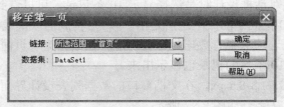

图 8.89　数据集分页中的"移至第一页"对话框

（9）完成数据集分页导航设置后，存盘，重新运行 8-8.aspx，可以看到，在数据列表下面出现了一个用于分页的导航条。点击任何一个分页链接，可以浏览不同页面的数据，如图 8.90 所示。

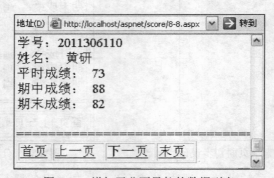

图 8.90　增加了分页导航的数据列表

8.7.2　子任务八及其实现：用重复区域实现的数据显示

DW CS3 中的重复区域代表网页上以重复格式出现的内容块。在网页上建立数据的显示格式并绑定数据集中的字段后，可以将这块区域定义为重复区域，数据集中的记录就会以定义的格式逐条显示出来。

建立重复区域主要包括三个步骤：首先要建立数据显示的格式页面，然后进行数据绑定，最后定义重复区域。操作步骤如下：

（1）启动 DW CS3，在"D:\Book\score"中新建一个 ASP.NET 页面，命名为 8-9.aspx。

（2）在文档窗口的设计视图中建立用于显示数据的 5 行 2 列表格，用于显示成绩资料，如图 8.91 所示。因为表格只是用于显示数据，其中不需要放置文本框控件或按钮控件。

学号：	
姓名：	
平时成绩：	
期中成绩：	
期末成绩：	

图 8.91　子任务八的设计页面

（3）切换到"应用程序"面板，建立对 study.mdb 数据库的连接 conn 和数据集
DataSet1，DataSet1 取自 score 表的所有字段，设置按 stuID 排序。

（4）将数据集中的字段拖拉到表单相应的单元格中进行绑定，如图 8.92 所示。

学号：	{DataSet1.stuID}
姓名：	{DataSet1.stuName}
平时成绩：	{DataSet1.score1}
期中成绩：	{DataSet1.score2}
期末成绩：	{DataSet1.score3}

图 8.92　绑定了数据集字段的显示界面

（5）上述表格只能显示一条记录，下面定义重复区域，使得数据集中的每条数据都以
该重复区域中的格式显示出来。首先选中刚设置好的整个表格，然后在"服务器行为"选项
卡下拉菜单中选择"重复区域"，打开"重复区域"对话框，数据集已自动设为 DataSet1，
如图 8.93 所示。点击"确定"按钮，关闭"重复区域"对话框。

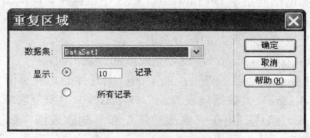

图 8.93　"重复区域"对话框

（6）存盘后，按功能键 F12 观察结果，浏览器中出现重复的表格，每个表格中均包含
一个学生的成绩数据，如图 8.94 所示。

地址(D) 🗐 http://localhost/aspnet/score/8-9.aspx

学号：	2011306101
姓名：	陈家佳
平时成绩：	85
期中成绩：	97
期末成绩：	90
学号：	2011306102
姓名：	陈一一
平时成绩：	90
期中成绩：	73
期末成绩：	80

图 8.94　重复区域查询页面

8.8　数据库访问技术小结

ADO.NET 是 ASP.NET 应用程序用来与数据库进行通信的技术，Dreamweaver CS3 通过自定义控件标签，对主要的 ADO.NET 对象进行了封装，提供了可视化的数据库访问设计界面。

在 Dreamweaver CS3 中开发 ASP.NET 数据库应用项目的主要步骤是：首先创建数据库连接，然后定义数据集，最后进行数据库的查询、修改、删除和增加记录等操作。

数据网格是功能全面、使用方便的数据展示控件，数据列表和重复区域提供了另外两种展现数据的方式，这三种数据显示控件以及数据库记录的增加、修改和删除处理可以通过"服务器行为"选项卡中的菜单项实现。Dreamweaver CS3 的"应用程序"面板提供了数据库访问的主要功能，可以通过"应用程序"面板中各个选项卡的功能菜单完成数据库访问页面的开发。

实训

本章围绕成绩发布网站介绍了 Dreamweaver CS3 中数据库访问页面的设计方法，网站的主要功能在章节中都有详细的实现步骤，但是还有几项小任务是需要补充完善的，下面实训中需要设计的页面，是成绩发布网站的部分页面。

1．参照学生登录页面（8-2.aspx），设计完成教师登录页面。

2．设计一个教师登录成功后的查询控制页面，由具体的功能页面链接组成。链接项由"数据网格查询"（8-3.aspx）、"数据列表查询"（8-8.aspx）、"重复区域查询"（8-9.aspx）和"添加成绩"（8-5.aspx）组成。由于"修改成绩"和"删除成绩"页面是在"数据网格查询"页面中通过链接列完成的，因此"修改成绩"和"删除成绩"不出现在链接项中。

3．修改实训 1 中的教师登录页面，登录成功后，利用 session 记录下登录状态并跳转到实训 2 中的页面。

4．参考"数据列表"查询中数据集分页的设计，完善"重复区域"查询，增加分页导航功能。

 习题八

1．有一张数据表，假设表名叫 info，内容如下。写出以下 SQL 查询语句：

（1）所有女生的数学成绩。

（2）语文、数学都在 90 分以上的学生姓名。

（3）所有男生的记录，并按数学成绩排序。

学号	姓名	性别	数学	语文
001	甲	男	96	88
002	乙	女	89	95
003	丙	男	82	85
004	丁	女	93	92

2．概述 ASP.NET 的数据库访问基本步骤。

3．为什么要部署 DreamweaverCtrls.dll 控件？

4．概述 Dreamweaver CS3 中建立数据库连接的基本步骤。

5．如何在数据集中筛选记录？

6．如何建立数据网格中的链接功能？

7．如何建立分页导航功能？

第 9 章　ASP.NET 开发实训

留言板系统和新闻发布系统是两个小型的 Web 应用系统。本章将围绕这两个系统的开发过程，综合运用控件知识和数据库访问技术，介绍在 Dreamweaver CS3 中开发基于 ASP.NET 的 Web 应用系统的方法和步骤。

➢　留言板系统
➢　新闻发布系统

9.1　留言板系统

留言板是网站中常见的功能。用户可以在留言板上发表感言，网站可以从留言板中收集用户的反馈信息，留言板在网站和用户之间架起了沟通的桥梁。

9.1.1　需求分析

留言板提供网站访客留言的功能。它接收用户输入的留言信息，并存入留言数据库。留言信息通过网页方式显示在网站中。留言板的基本功能包括两部分：提交留言和显示留言。复杂的留言板还有用户管理和回复管理等功能。本章我们仅介绍留言板基本功能的实现，用户管理及回复管理等功能作为实训练习。

本章的留言板系统包括提交留言、显示留言清单、查看留言详细内容三个页面：
- 提交留言网页 sendMsg.aspx：访客在留言板上输入信息留言。
- 显示留言清单网页 showList.aspx：以表格形式显示留言清单。
- 查看留言详细内容网页 showDetail.aspx：根据留言清单，具体查看其中的一条留言内容。

9.1.2　数据库详细设计

Web 应用系统离不开数据库的支持，留言板系统中也需要建立数据库。本章采用 Access 2003 数据库作为留言板系统的数据库，数据库文件名为 msgboard.mdb。留言数据库包含一个表 message，留言内容保存在 message 中，如图 9.1 所示。

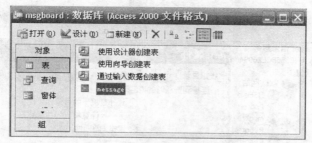

图 9.1　留言板数据库

留言板数据库的 message 表结构如图 9.2 所示。

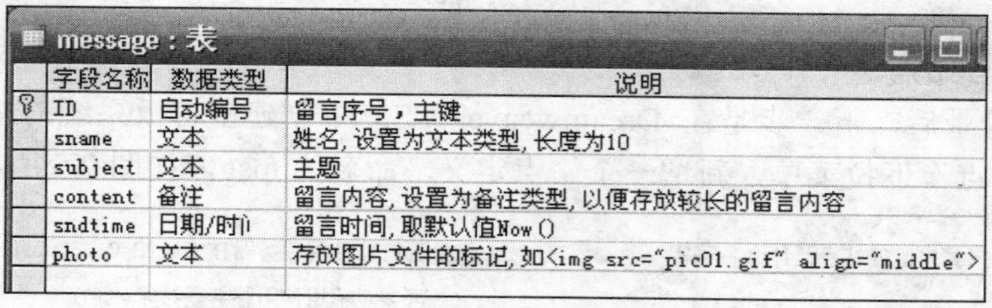

字段名称	数据类型	说明
ID	自动编号	留言序号，主键
sname	文本	姓名，设置为文本类型，长度为10
subject	文本	主题
content	备注	留言内容，设置为备注类型，以便存放较长的留言内容
sndtime	日期/时间	留言时间，取默认值 Now()
photo	文本	存放图片文件的标记，如<img src="pic01.gif" align="middle">

图 9.2　message 表结构

其中要注意的是：

- 字段 ID 是主键。
- 字段 sndtime 是留言提交的日期。Now()表示当前机器时间。默认值取 Now()，表示当新增留言记录时，数据库会自动将记录的 sndtime 字段设置为当时的机器时间。sndtime 字段的类型是"日期/时间"，表示不仅有日期值还有时间值，格式选"常规日期"格式，如图 9.3 所示。

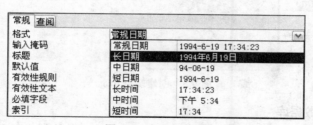

图 9.3　字段的格式

- photo 字段用来保存留言时的心情图片，但这里存放的不是图片文件或图片文件的路径，而是网页中要用到的图片文件的 HTML 标记。

9.1.3　创建站点和连接数据库

在开始编写留言板网页程序之前，先要建立站点、创建数据库及建立数据库连接。

1．建立虚拟目录

在用 Dreamweaver CS3 开发留言板系统之前，首先要在 IIS 中建立虚拟目录。

在 D 盘根目录下新建一个文件夹 msgBoard。从控制面板的管理工具中找到"Internet 信息服务"。打开"Internet 信息服务"，在默认网站中新建一个虚拟目录，指向实际路径

"D:\msgBoard"，虚拟目录名为 msg，如图 9.4 所示。

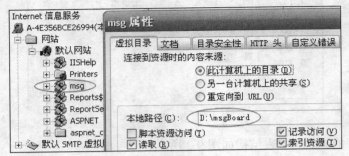

图 9.4　虚拟目录 board 及其属性

2．创建留言站点

建立虚拟目录后，下一步是在 Dreamweaver CS3 中创建留言板系统的站点。启动 DW CS3，点击"站点"下拉菜单，新增一个站点定义，命名为 msg，如图 9.5 所示。

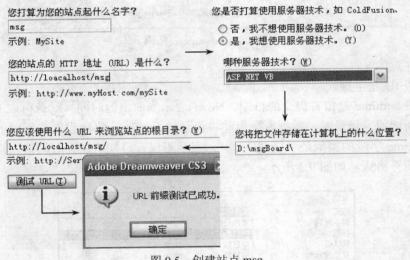

图 9.5　创建站点 msg

3．建立留言板数据库

在 Access 2003 中新建留言板数据库 msgboard.mdb，保存到"D:\Book\MessageBoard"路径。在 msgboard.mdb 中新建表 message，表结构参见图 9.2。

4．建立数据库连接

在 Dreamweaver CS3 中新建一个空白 ASP.NET 页面。展开应用程序面板（如果找不到，可从"窗口"下拉菜单中，点击"数据库"、"绑定"、"服务器行为"或"组件"任一项，即可调出"应用程序"面板），切换到"数据库"选项卡。点击"+"按钮，选择"建立 OLE DB 连接"选项，在出现的对话框中点击"建立"按钮，弹出"数据库链接属性"对话框，在"提供程序"选项卡中，选择 OLE DB 提供程序"Microsoft Jet 4.0 OLE DB Provider"，点击"下一步"按钮，在"连接"选项卡中，选择路径"D:\Book\MessageBoard"中的数据库 msgboard.mdb，测试连接是否成功。连接成功后，点击"确定"按钮，关闭"数据链接属性"对话框，回到"OLE DB 连接"对话框，输入连接名称"conn_msg"，如图 9.6 所示。点击"确定"按钮，关闭"OLE DB 连接"对话框。

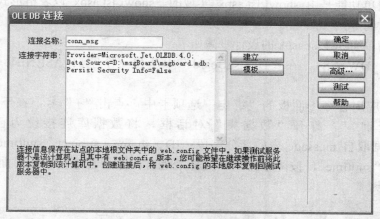

图 9.6　OLE DB 连接

创建完数据库连接后，在应用程序的"数据库"选项卡下，将出现 conn_msg 的图标，展开"+"号，可以看到"表"下的"message"，如图 9.7 所示。

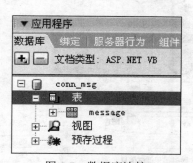

图 9.7　数据库连接

5. 部署 DreamweaverCtrls.dll

切换到"应用程序"面板的"绑定"选项卡，点击"部署"链接文字，部署 DreamweaverCtrls.dll 到路径"D:\msgBoard\bin"中，如图 9.8 所示。

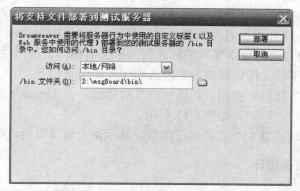

图 9.8　部署 DreamweaverCtrls.dll

9.1.4 显示留言清单页面设计

显示留言清单功能是由 showList.aspx 实现的。showList.aspx 以表格形式在页面上显示留言的主题、时间等。

显示留言清单 showList.aspx 的设计步骤如下：

（1）启动 DW CS3，在"D:\msgBoard"中新建一个空白 ASP.NET 页面，命名为 showList.aspx。

（2）在"应用程序"面板的"绑定"选项卡中，点击"+"号，在下拉菜单中选择"数据集（查询）"，打开"数据集"对话框，将数据库连接设为已建立的连接 conn_msg，数据取自 message 表的部分字段：ID、sname、subject、sndtime 和 photo。设置排序字段为"sndtime"，按降序排列，这样最近时间的留言能显示在前面。数据集的设置如图 9.9 所示。

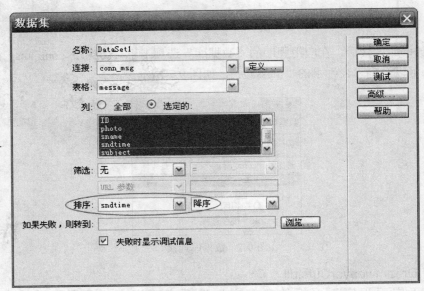

图 9.9 建立数据集

（3）从"服务器行为"选项卡下拉菜单中选择"数据网格"，在弹出的对话框中将数据集设定为"DataSet1"，导航方式设为"编号链接到每一页"。选中 ID 字段，点击"编辑"按钮，在弹出的对话框中将标题命名为中文名"编号"，依次选中 sname、subject、sndtime 和 photo 字段，用同样的方法将数据字段的标题改为中文名称"名称"、"主题"、"留言时间"和"心情"，并通过上下箭头按钮调整各字段的顺序，如图 9.10 所示。

（4）点击"确定"按钮，关闭"数据网格"对话框。在 Dreamweaver CS3 文档窗口的标题栏中输入"浏览留言清单"，如图 9.11 所示。

（5）存盘后，按功能键 F12 查看运行结果。显示留言清单页面设计完成。

9.1.5 提交留言页面设计

提交留言功能是由 sendMsg.aspx 页面实现的，这是留言板系统的首页。用户在页面上输入留言后，sendMsg.aspx 将留言内容增加到数据库的 message 表中。页面上设置了"查看留言"按钮，点击"查看留言"按钮，可以进入显示留言清单页面。

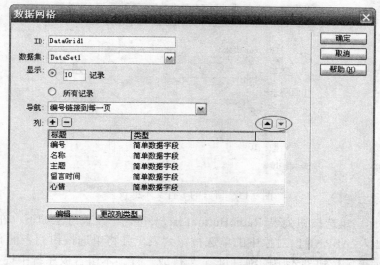

图 9.10　留言显示数据网格

图 9.11　标题文字

提交留言功能的设计步骤如下：

（1）启动 DW CS3，在"D:\msgBoard"中新建一个空白 ASP.NET 页面，命名为 sendMsg.aspx。

（2）首先要设计用于输入用户名称、留言主题、留言内容和心情的输入页面，如图 9.12 所示。输入页面设计过程如下：

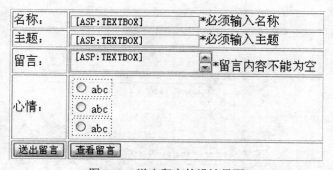

图 9.12　送出留言的设计界面

1）将文档窗口切换到"拆分"视图。在设计窗口的空白处输入"留言板"三个字，然后插入一个 5 行 2 列的表格。在表格左边分别输入提示文字"名称："、"主题："、"留言："

和"心情："。在表格右边分别插入三个文本框 TextBox1、TextBox2 和 TextBox3，其中，输入留言的文本框 TextBox3 为多行文本框，列数设为 60，如图 9.13 所示。

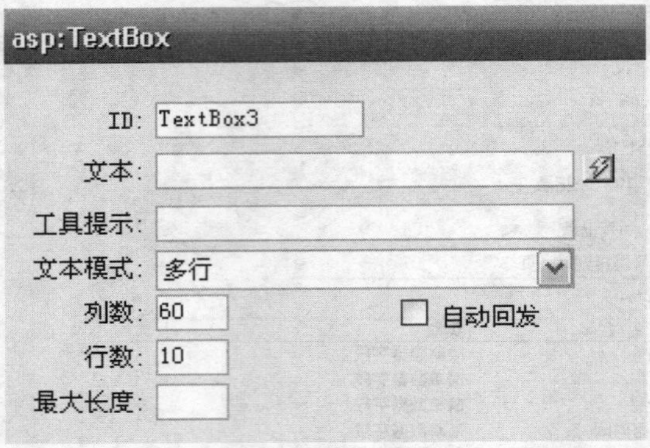

图 9.13　留言的多行文本框设置

2）心情图标用单选按钮列表 RadioButtonList 来布置，设置方法如下：在表格第 4 行第 2 列的单元格插入 ASP.NET 对象中的单选按钮列表，并将单选按钮列表的布局设置成如图 9.14 所示，表示单选按钮列表中的项目每 5 个排成一行。本留言板系统中提供了 15 种心情图标，要排成三行。

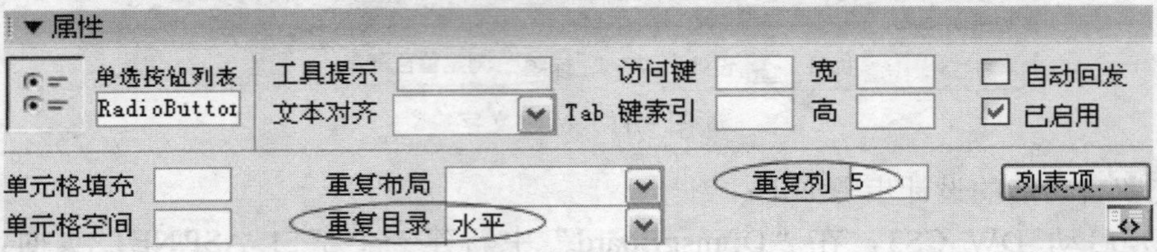

图 9.14　单选按钮列表的属性设置

3）下面进行单选按钮列表项的设计。15 个心情图标要放在列表项中。点击"属性"窗口中的"列表项…"按钮，打开"列表项"对话框，在"标签"处输入第一个心情图标标记"<img src='img/pic01.gif>"，在"值"处输入同样的内容"<img src='img/pic01.gif>"，如图 9.15 所示。

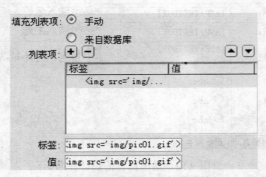

图 9.15　心情图标列表项设计

4）留言板的 15 个心情图标存放在单独的 img 子文件夹中，存放路径为

"D:\msgBoard\img"，图标文件名分别为 pic01.gif、pic02.gif、……、pic15.gif。因为 ASP.NET 页面程序是存放在"D:\msgBoard"中，因此，插入图标文件就要通过子目录 img。以插入 pic01.gif 图标文件为例，相应的 HTML 标记就为<img src='img/pic01.gif'>。注意，标记<img src='img/pic01.gif'>要放在双引号中作为"value"的属性，因此标记<img src='img/pic01.gif'>内路径 img/pic01.gif 是用单引号引起的。

用上述方法插入全部 15 个图标文件。切换到代码窗口，单选按钮列表及其中 15 个图标列表项所对应的代码如下，其中的<asp:ListItem>标记是列表项标记：

```
<asp:RadioButtonList ID="RadioButtonList1" runat="server" RepeatDirection="Horizontal" RepeatColumns="5">
<asp:ListItem value="<img src='img/pic01.gif'>"><img src='img/pic01.gif'></asp:ListItem>
<asp:ListItem value="<img src='img/pic02.gif'>"><img src='img/pic02.gif'></asp:ListItem>
<asp:ListItem value="<img src='img/pic03.gif'>"><img src='img/pic03.gif'></asp:ListItem>
<asp:ListItem value="<img src='img/pic04.gif'>"><img src='img/pic04.gif'></asp:ListItem>
<asp:ListItem value="<img src='img/pic05.gif'>"><img src='img/pic05.gif'></asp:ListItem>
<asp:ListItem value="<img src='img/pic06.gif'>"><img src='img/pic06.gif'></asp:ListItem>
<asp:ListItem value="<img src='img/pic07.gif'>"><img src='img/pic07.gif'></asp:ListItem>
<asp:ListItem value="<img src='img/pic08.gif'>"><img src='img/pic08.gif'></asp:ListItem>
<asp:ListItem value="<img src='img/pic09.gif'>"><img src='img/pic09.gif'></asp:ListItem>
<asp:ListItem value="<img src='img/pic10.gif'>"><img src='img/pic10.gif'></asp:ListItem>
<asp:ListItem value="<img src='img/pic11.gif'>"><img src='img/pic11.gif'></asp:ListItem>
<asp:ListItem value="<img src='img/pic12.gif'>"><img src='img/pic12.gif'></asp:ListItem>
<asp:ListItem value="<img src='img/pic13.gif'>"><img src='img/pic13.gif'></asp:ListItem>
<asp:ListItem value="<img src='img/pic14.gif'>"><img src='img/pic14.gif'></asp:ListItem>
<asp:ListItem value="<img src='img/pic15.gif'>"><img src='img/pic15.gif'></asp:ListItem>
</asp:RadioButtonList>
```

5）然后设置一个初始时被选中的图标，比如第一个心情图标。光标移到第一个<asp:ListItem>标记中，输入属性代码"selected=true"。也可以让 Dreamweaver CS3 自动生成这个属性设置，方法是：光标移到第一个<asp:ListItem>标记中，在"asp:ListItem"后、"value"属性前按下空格键，在出现的下拉菜单中双击"selected"，于是"selected=" ""属性将生成在标记中，同时出现新的下拉菜单，双击"true"，也将自动在<asp:ListItem>标记中生成"selected=true"代码，如图 9.16 所示。

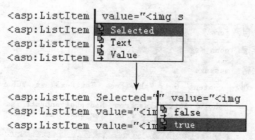

图 9.16　自动生成 selected="true"属性

注意　　在"value"属性值后面再按下空格键，不能弹出 selected 属性菜单。

增加了选中属性后，第一行<asp:ListItem>代码变成如下形式：

    `<asp:ListItem value="" Selected="true"><img src="img/pic01.gif"></asp:ListItem>`

6）下面增加必须字段验证控件。光标移到名称文本框 TextBox1 旁，从"插入记录"→"标签"菜单中，选择 ASP.NET 标签中的验证服务器控件，在右边的验证控件标签列表中选择必须字段验证控件 asp:RequiredFieldValidator，验证名称文本框 TextBox1 的必须字段输入控件设置如图 9.17 所示。依次对主题文本框 TextBox2 和留言多行文本框 TextBox3 设置必须字段验证控件，文本提示分别为"*必须输入主题"和"*留言内容不能为空"。

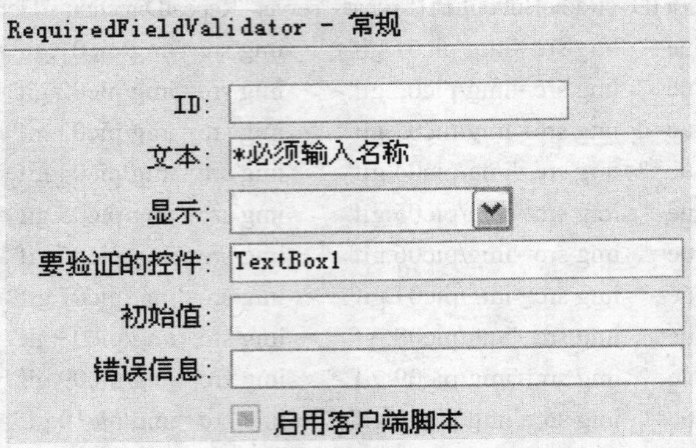

图 9.17　名称文本框的必须字段验证控件

7）最后在输入页面中加入按钮控件。光标移到表格的最后一行左边单元格，从"插入记录"→"ASP.NET 对象"中选择"asp:按钮"，插入按钮控件，控件的文本设为"送出留言"。然后，在右边的单元格中插入另一个 ASP.NET 的按钮控件，按钮的文本设为"查看留言"。

至此，输入页面就设计完成了。

下面增加"插入记录"服务器行为。

（3）在"应用程序"面板的"服务器行为"选项卡中，点击"+"号，在下拉菜单中选择"插入记录"，在打开的对话框中将数据库连接设置为 conn_msg，插入的表格为 message，将 message 的列字段 name、subject 和 photo 的值分别与 TextBox1、TextBox2 和 TextBox3 绑定，如图 9.18 所示，ID 和 sndtime 的值在插入记录时由数据库自动生成。

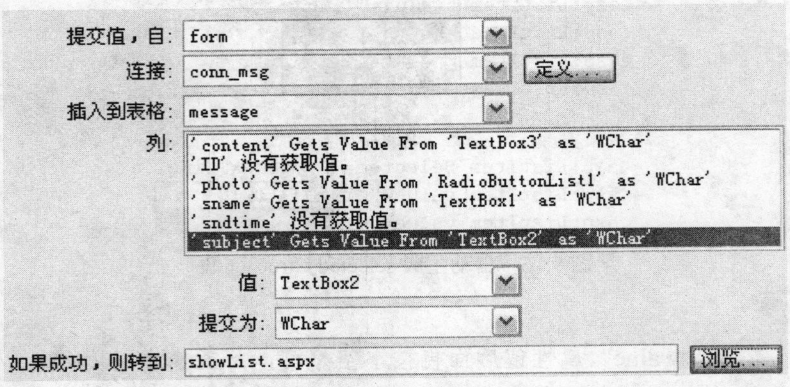

图 9.18　"插入记录"对话框的设置

把对话框中的"如果成功,则转到:"设为显示留言清单页面 showList.aspx。这样,当提交完留言后,会自动转到 showList.aspx 页面。

(4)点击"确定"按钮,关闭"插入记录"对话框。在 Dreamweaver CS3 文档窗口的标题栏中输入"提交留言",如图 9.19 所示。

图 9.19　定义提交留言标题

(5)下面设计"查看留言"按钮的功能。切换到拆分视图,选中"查看留言"按钮,点击鼠标右键,在下拉菜单中选择"编辑标签",如图 9.20 所示。

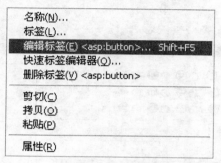

图 9.20　编辑标签

在弹出的标签编辑器中,选择 onClick 事件,在窗口右边的空白处录入 click1,如图 9.21 所示。

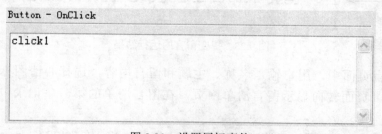

图 9.21　设置属标事件

(6)光标移到"代码"视图中,在代码后部</body>和</html>标记之间,录入如图 9.22 所示的"查看留言"按钮事件代码。"查看留言"按钮事件中,通过 response.redirect 方法,将网页重定向到 showList.aspx。

```
<script language="vb" runat="server">
  sub click1(sender as object, e as eventargs)
      response.redirect("showList.aspx")
  end sub
</script>
```

图 9.22　"查看留言"按钮事件代码

（7）存盘后，按功能键 F12 查看运行结果，如图 9.23 所示。

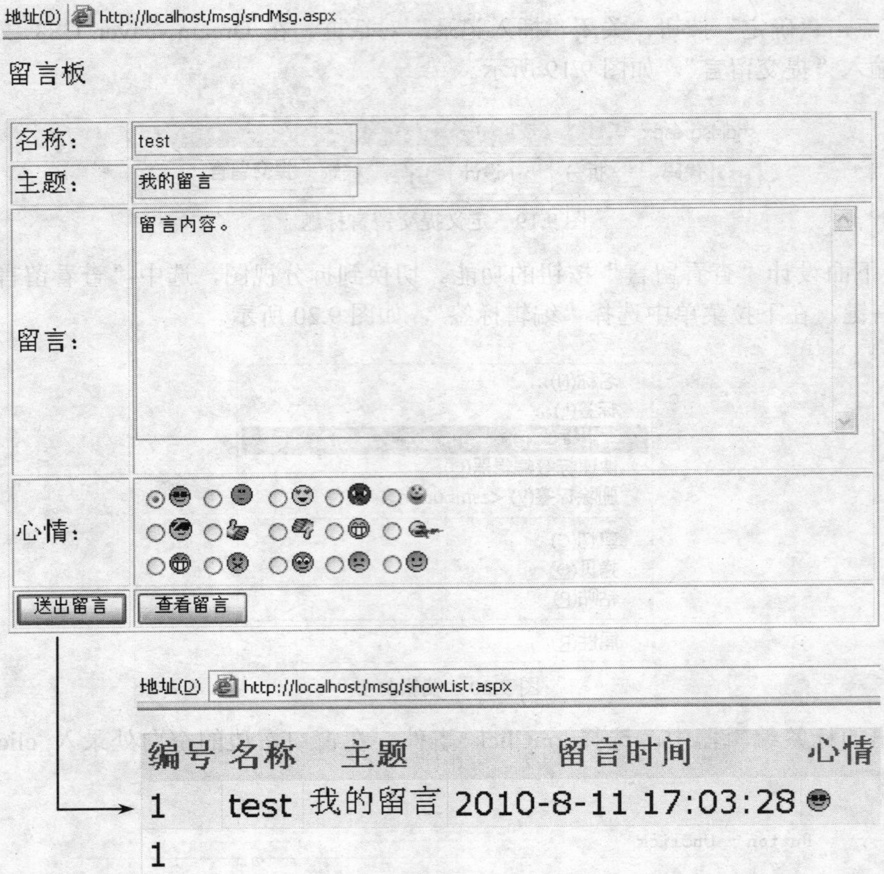

地址(D) http://localhost/msg/sndMsg.aspx

留言板

名称：	test
主题：	我的留言
留言：	留言内容。

心情：

送出留言　查看留言

地址(D) http://localhost/msg/showList.aspx

| 编号 | 名称 | 主题 | 留言时间 | 心情 |
| 1 | test | 我的留言 | 2010-8-11 17:03:28 | |

1

图 9.23　提交留言的运行结果

在提交留言页面中，用户输入名称、主题和留言内容，选择心情图标后，点击"送出留言"按钮，页面转向显示留言清单网页，在留言清单的第一条记录中出现刚刚提交的留言。

为了保证提交留言页面的正常运行，以下几点需要注意：在 sendMsg.aspx 程序第 1 行代码 page 指令中，增加属性 validateRequest="false"，否则将出现错误信息："从客户端(RadioButtonList1="<img src="img/pic01....")中检测到有潜在危险的 Request.Form 值。"修改后的 page 指令为：

```
<%@ Page Language="VB" ContentType="text/html" ResponseEncoding="utf-8" validateRequest=false %>
```

9.1.6　查看留言详细内容页面

查看留言详细内容是指在显示的留言清单中，点击某一条留言记录后，显示该条留言的详细内容。

为此，首先要修改显示留言清单页面 showList.aspx，在留言的主题字段建立链接。传递给查看留言详细内容页面的参数是 message 表的主键 ID，即留言编号。

在显示留言清单页面 showList.aspx 中建立数据网格字段的链接，步骤如下：

（1）先在"D:\msgBoard"路径下新建一个空白 ASP.NET 网页，命名为 showDetail.aspx，该页面将设计成查看留言详情的网页。

（2）在 DW CS3 中打开 showList.aspx，在"应用程序"面板中，找到数据网格，双击打开"数据网格"对话框，在列字段中选定"主题"，点击"更改列类型"按钮，在下拉列表中选择"超级链接"，如图 9.24 所示。

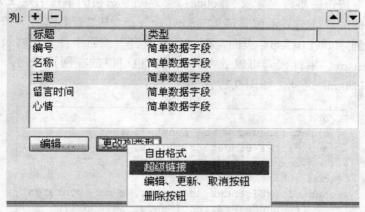

图 9.24　更改列类型

（3）在弹出的"超级链接列"对话框中，将"超级链接文本"的数据字段设为 subject，"链接页"的数据字段设为主键 ID，"链接页"的格式字符串设为刚刚建立的空白页面 showDetail.aspx，如图 9.25 所示。

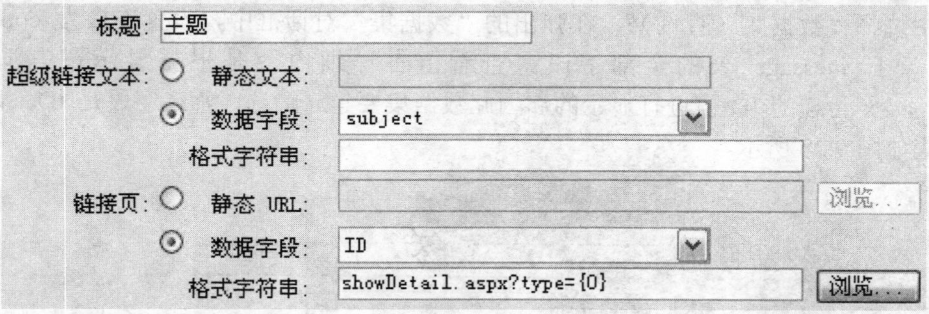

图 9.25　主题字段建立超级链接的对话框设置

（4）分别关闭"超级链接列"和"数据网格"对话框，存盘后，重新运行 showList.aspx，可以看到，在留言主题字段中建立了超级链接。

下面进行查看留言详细内容页面 showDetail.aspx 的设计。

（1）首先进行页面设计。在 DW CS3 中打开 showDetail.aspx，在文档窗口建立 5 行 3 列的表格，在表格中最下一行插入两个按钮控件，如图 9.26 所示。

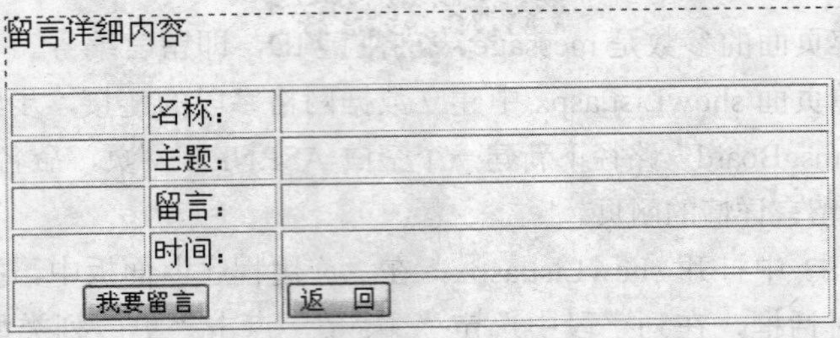

留言详细内容

名称：		
主题：		
留言：		
时间：		

我要留言	返 回

图 9.26　查看留言详细内容的设计界面

　　"我要留言"按钮的事件名定义为 click1，"返回"按钮的事件名定义为 click2。其中，"返回"按钮事件的代码与显示留言清单 showList.aspx 中"查看留言"按钮事件的代码一样，都是重定向到 showList.aspx 页面，而"我要留言"按钮事件是使网页重定向到提交留言页面 sendMsg.aspx。事件代码可以放在网页开头也可以放在网页最后，这里放在页面后部，在</body>和</html>之间，如图 9.27 所示。

```
</body>
<script language="vb" runat="server">
  sub click1(sender as object, e as eventargs)
      response.Redirect("sndMsg.aspx")
  end sub
  sub click2(sender as object, e as eventargs)
      response.Redirect("showList.aspx")
  end sub
</script>
</html>
```

图 9.27　按钮事件代码

　　（2）然后建立数据集。在"应用程序"面板中，点击"绑定"选项卡的"+"号，在下拉菜单中选择"数据集（查询）"，在弹出的"数据集"对话框中，设置连接为 conn_msg，数据来源于 message 表的全部字段。查看留言详细内容是根据显示留言清单页面 showList.aspx 传递的 ID 值进行显示的，因此数据集要建立筛选，筛选字段是 ID。设置完成的数据集如图 9.28 所示。

名称：	DataSet1		
连接：	conn_msg	▼	定义…
表格：	message	▼	
列：	◉ 全部　　○ 选定的：		
	content ID photo sname sndtime		
筛选：	ID	▼　＝	▼
	URL 参数	▼　type	

图 9.28　根据 ID 值筛选的数据集

点击"确定"按钮，关闭"数据集"对话框。"应用程序"面板中生成"数据集（DataSet1）"的图标，表明已成功建立数据集。

（3）下面将数据集中的字段绑定到显示界面。鼠标选中数据集中的字段，拖拉到显示界面中相应的单元格后，松开鼠标，数据集中的字段即绑定到显示界面上。绑定了数据集字段的界面如图 9.29 所示。

{DataSet1.photo}	名称：	{DataSet1.sname}
	主题：	{DataSet1.subject}
	留言：	{DataSet1.content}
	时间：	{DataSet1.sndtime}
我要留言		返 回

图 9.29　数据集中字段绑定到设计界面

（4）在文档窗口的标题中输入"查询留言详细内容"存盘。

（5）切换到显示留言清单页面 showList.aspx，按功能键 F 12 运行 showList.aspx；或者打开 IE 浏览器，在地址栏中输入"http://localhost/msg/showList.aspx"，在浏览器中出现留言的数据网格，点击其中一条留言记录主题的链接，可以重定向到查看留言详细内容 showDetail.aspx 网页，显示该条留言的全部内容，如图 9.30 所示。可以看到在查看留言详细内容网页的地址栏中，"？"号后面接的"type=1"就是链接主题的 ID 字段值。

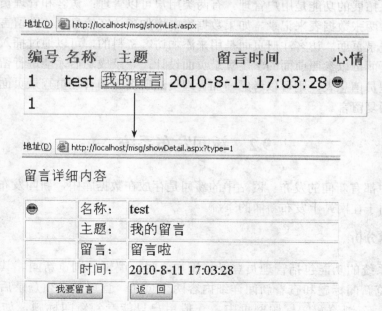

图 9.30　显示留言清单和查看留言详细内容的运行结果

9.1.7　设计总结及功能拓展

前面几节我们设计了一个简易的网站留言板，留言板中可以供访客留言、浏览留言主题及查看具体留言的详细内容。在设计中，主要用到了 DW CS3 中的数据网格和插入记录的服务器行为。

实际网站中的留言板是需要网站所有者关注并处理的，访客的留言要得到回复，这样才能实现网站与用户的良性互动。

留言的回复是留言板面向网站管理员的功能。回复内容的记录离不开数据库。简单的回复记录方式是在留言表中增加一个字段作为回复留言用，如图 9.31 所示。还可以进一步增加一个时间字段记录回复时间。

字段名称	数据类型	说明
ID	自动编号	留言序号，主键
sname	文本	姓名，设置为文本类型，长度为10
subject	文本	主题
content	备注	留言内容，设置为备注类型，以便存放较长的留言内容
sndtime	日期/时间	留言时间，取默认值Now ()
photo	文本	存放图片文件的标记，如<img src="pic01.gif" align="middle">
reply	备注	回复

图 9.31 增加一个字段记录回复

回复页面的设计可以通过 DW CS3 中的更新记录服务器行为实现。因为进行回复时，留言信息已经记录在数据库中，只是回复内容为空，回复功能只需要将数据库中的这条记录进行更新，而不是重新生成一条记录。

另一项可以拓展的功能是用户管理。有两类用户可以管理：访客和管理员。这两类不同的用户，要设计两张数据表来记录。如果数据库中增加了访客信息表，则留言板可以增加访客注册页面和登录页面。访客注册页面是用来添加访客资料的，可以通过插入记录服务器行为实现。登录页面可以参照前面的学生登录页面设计，登录成功后才能进行留言。如果数据库中增加了管理员信息表，则可以考虑增加管理员注册页面和管理员登录页面，管理员登录成功后才可以回复留言。

9.2　新闻发布系统

大型网站中都有新闻的发布。网站中的新闻是存放在数据库中，新闻发布系统就是网站编辑或管理员用于在网站上发布新闻的系统。

9.2.1　需求分析

新闻发布系统的功能包括管理员登录、添加新闻、编辑、浏览新闻。其中，浏览新闻的功能包括浏览新闻标题和查看新闻详细内容两个页面。管理员必须登录后才能进行新闻的添加和编辑。在浏览新闻标题网页中，一般用户只能看到新闻标题，如果是管理员用户，浏览新闻标题时，每条记录旁会出现编辑和删除按钮，管理员可以通过这两个按钮修改和删除新闻。

新闻发布系统由以下五个网页构成：

- 管理员登录网页 login.aspx
- 添加新闻网页 newsInsert.aspx

- 浏览新闻标题网页 newsList.aspx
- 查看新闻详细内容网页 newsDetail.aspx
- 编辑网页 newsUpdate.aspx

其中添加新闻和编辑网页要登录后才能由管理员执行。

9.2.2　数据库详细设计

由于新闻的添加和编辑需要登录后才能进行，因此新闻发布系统的数据库中包括了用户表和新闻数据表。新闻发布系统采用 Access 数据库，数据库文件名为 news.mdb，包括两个表：用户表 userInfo 和新闻数据表 newsInfo，如图 9.32 所示。

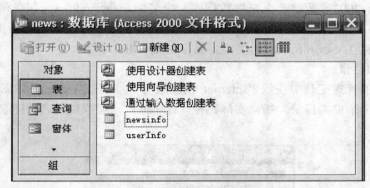

图 9.32　新闻数据库 news.mdb

新闻数据库的用户表 userInfo 的表结构如图 9.33 所示。其中 userID 用户代码是主键。

字段名称	数据类型	说明
userID	文本	用户代码，不能空，不可重复
userName	文本	用户名，不能空
pswd	文本	密码

图 9.33　userInfo 表结构

新闻数据存放在 news.mdb 的 newsInfo 表中，newsInfo 的表结构及各字段的说明如图 9.34 所示。其中：

字段名称	数据类型	说明
ID	自动编号	序号，主键
biaoti	文本	新闻标题
shijian	日期/时间	时间，默认值设为Now()
neirong	备注	新闻内容
zuozhe	文本	作者
click	数字	点击次数，默认值设为0
typeid	数字	新闻类型，1——新闻　2——通知

图 9.34　newsInfo 表结构

- 字段 ID 是主键，是 Access 数据库自动生成的编号。

- 字段 shijian 是新闻发布的时间。可参考留言板数据库中字段 sndtime 的说明。
- 字段 click 用于统计该条新闻被点击的次数，默认值为 0。
- typeid 表示新闻类型。网站中一般有两种形式的新闻：一种是一般的新闻，一种是以滚动形式出现的通知。这两种新闻都记录在 newsInfo 表中，用 typeid 区分。

9.2.3 创建站点和数据库连接

在 D 盘根目录下新建文件夹 news，用于存放新闻发布系统的程序。在"D:\news"目录中，要完成如下工作：创建数据库，建立虚拟目录，创建新闻站点，建立数据库连接。

1．建立留言板数据库

打开 Access 2003，新建一个空白数据库，命名为 news.mdb，保存在路径"D:\news"中。在 news.mdb 中新建两个表：userInfo 和 newsInfo，表结构参考图 9.33、图 9.34。管理员用户名和密码保存在 userInfo 中，新闻记录保存在 newsInfo 中。

2．建立虚拟目录

从控制面板的管理工具中找到"Internet 信息服务"，展开"Internet 信息服务"，在"默认网站"中新建一个虚拟目录，指向实际路径"D:\news"，虚拟目录名同样取名为 news，如图 9.35 所示。

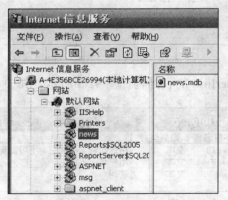

图 9.35 新闻发布系统的虚拟目录

3．创建新闻站点

启动 DW CS3，点击"站点"下拉菜单，新增一个站点定义，命名为 news，站点文件指向"D:\news"，如图 9.36 所示。

4．建立数据库连接

在 Dreamweaver CS3 中新建一个空白 ASP.NET 页面。展开"应用程序"面板，切换到"数据库"选项卡，点击"+"号，从下拉菜单选择"建立 OLE DB 连接"选项，在出现的"OLE DB 连接"对话框中点击"建立"按钮，弹出"数据库链接属性"对话框，在"提供程序"选项卡中，选择 OLE DB 提供程序"Microsoft Jet 4.0 OLE DB Provider"，点击"下一步"按钮，在"连接"选项卡中，选择路径"D:\news"中的数据库 news.mdb，测试连接是否成功。连接成功后，点击"确定"按钮，关闭"数据链接"对话框，回到"OLE DB 连接"对话框，输入连接名称"conn_news"，如图 9.37 所示。点击"确定"按钮，关闭"OLE DB 连接"对话框。

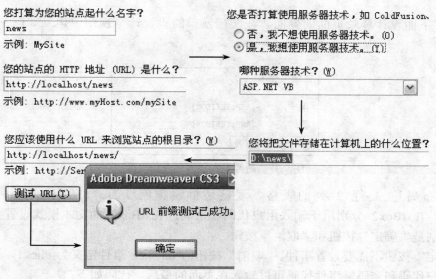

图 9.36 创建站点 news

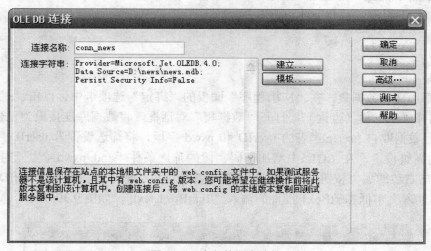

图 9.37 建立数据库连接

5. 部署 DreamweaverCtrls.dll

在 Dreamweaver 中新建一个空白 ASP.NET 页面，在"应用程序"面板的"绑定"选项卡，点击"部署"链接文字，部署 DreamweaverCtrls.dll 到路径"D:\news\bin"中。

9.2.4 管理员登录页面

管理员具有发布和编辑的权力。要执行登录页面后才能添加新闻和编辑页面。管理员登录页面是由 login.aspx 实现的，登录成功后要记录下登录信息，用于在其他页面中判断是否登录。

管理员登录页面 login.aspx 的设计步骤如下：

（1）启动 DW CS3，在"D:\news"中新建一个空白 ASP.NET 页面，命名为

login.aspx。

（2）下面设计登录页面的界面。在文档窗口的"设计"视图中建立如图 9.38 所示的登录页面。

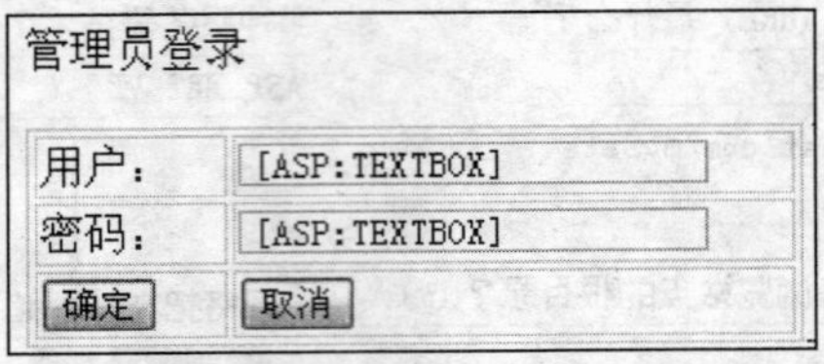

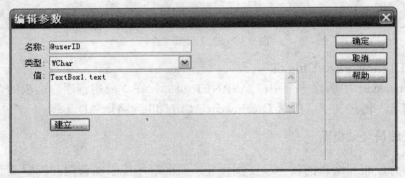

图 9.38　新闻发布系统的登录页面

页面布局是 3 行 2 列的表格，表格边框线颜色设为"#F9D168"。两个文本框 TextBox1、TextBox2 分别用于输入用户代码和密码，TextBox2 的文本模式设置为密码。两个按钮分别是"确定"按钮和"取消"按钮。

"确定"按钮不需要设置事件。"取消"按钮的 onClick 事件定义为 click1，用于清除已输入的用户代码和密码。事件代码可以输入在页面的最后，代码如下：

```vb
<script language="vb" runat="server">
    sub click1(sender as object, e as eventargs)
        TextBox1.text = ""
        TextBox2.text = ""
    end sub
</script>
```

（3）下面建立数据集。在"应用程序"面板的"绑定"选项卡中，点击"+"号，在下拉菜单中选择"数据集（查询）"，打开"数据集"对话框，将数据库连接设为已建立的连接 conn_news，数据取自 userInfo 表的 userID 和 pswd 字段，将筛选设置为 userID 字段。切换到数据集的高级设定，在 SQL 中增加密码字段的筛选条件"and pswd=?"，选择参数中的 userID，点击右边的编辑按钮，在弹出的"编辑参数"对话框中，将参数@userID 的值设置为用户代码输入文本框 TextBox1 控件的输入"TextBox1.text"，如图 9.39 所示。

图 9.39　用户代码参数设定

点击参数旁的"+"号，打开"添加参数"对话框，增加一个密码字段作参数，类型设置为 WChar，值为 TextBox2.text，如图 9.40 所示。

设置完毕的"数据集"对话框如图 9.41 所示。

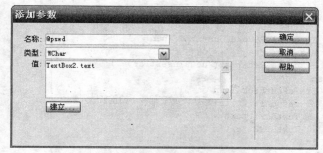

图 9.40　密码参数设定

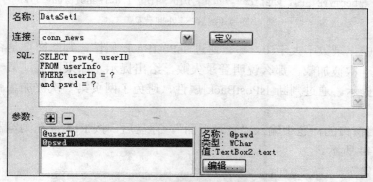

图 9.41　管理员登录数据集

点击"确定"按钮，关闭"数据集"对话框。在"应用程序"面板中出现一个数据集图标，如图 9.42 所示。

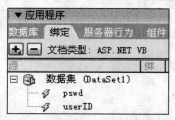

图 9.42　"应用程序"面板的数据集图标

（4）然后要将登录页面的输入文本框与数据集中的字段进行绑定。选中用户代码文本框 TextBox1，在"属性"面板中，点击"文本"旁的闪电状图标，打开"动态数据"对话框，选中其中的 userID 字段后，点击"确定"按钮，关闭"动态数据"对话框。以同样的方式将密码文本框 TextBox2 与 pswd 字段绑定。

（5）利用数据集的 RecordCount 属性判断登录成功与否。在自动生成的绑定标记 <MM:PageBind>后录入图 9.43 中圆角矩形内的代码，其中 dataset1 是数据集的名字。

上述代码表明，如果登录的用户代码和密码正确，在数据集中可以找到一条记录，dataset1.RecordCount>0 成立，首先执行对会话对象 session("flag")赋值，然后执行 response.Redirect 方法，登录页面重定向到添加新闻页面 newsInsert.aspx。

上述代码利用了 session 对象保存登录成功信息，在后面的添加新闻和编辑页中，就是通过检查 session("flag")的值，判断用户是否已成功登录的。

```
<MM:PageBind runat="server" PostBackBind="true" />

If dataset1.RecordCount > 0 Then
    session("flag") = "ok"
    response.Redirect("newsInsert.aspx")
Else
    If IsPostBack Then
        response.Write("用户名或密码错，请重新输入！")
        TextBox1.text = ""
        TextBox2.text = ""
    End If
End If

<!DOCTYPE html PUBLIC "-//W3C//DTD XHTML 1.0 Transitional//EN"
```

图 9.43　登录处理代码

如果数据集中记录数不大于 0，那么通过 IsPostBack 属性，判断网页是否是第一次被加载。如果不是第一次被加载，那么说明登录失败，给出提示。如果网页是第一次被加载，则不显示登录失败提示。通过判断 IsPostBack 属性，避免了网页第一次被加载就显示登录失败的情况。

（6）在文档窗口的标题中输入"登录页面"。存盘后，按 F12 键在浏览器中查看运行结果。结果如图 9.44 所示。

图 9.44　登录页面运行结果

9.2.5　添加新闻页面

添加新闻页面 newsInsert.aspx 提供了新闻标题、内容和作者等的录入功能，同时页面上还提供了"浏览新闻"按钮，用于跳转到浏览新闻页面。进入添加新闻页面需要有一定的权限，只有管理员才能添加新闻。

添加新闻页面的设计步骤如下：

（1）在"D:\news"中新建一个空白 ASP.NET 页面，命名为 newsInsert.aspx。在 DW CS3 的"设计"视图建立一个 8 行 2 列的表格，表格布置如图 9.45 所示。

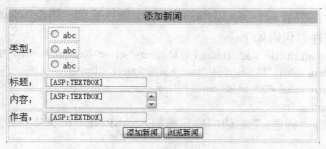

图 9.45　添加新闻界面

1）点击表格的"边框颜色"按钮，设置边框颜色，如图 9.46 所示。

图 9.46　表格的边框颜色

合并表格第 1 行两个单元格后输入"添加新闻"，设置黑体字、16 号，水平居中对齐，颜色设置为#98DE87，如图 9.47 所示。

图 9.47　表格第 1 行的设置

2）在表格第 2 行右边单元格中插入一个 ASP.NET 的单选按钮列表控件。在单选按钮列表控件的"属性"面板中，将"重复目录"设为"水平"，点击"列表项…"按钮，添加 1 个单选按钮列表控件，列表项有 2 项，分别设置为"新闻"和"通知"。选中单选按钮列表控件，设置列表项的对齐方式为水平，如图 9.48 所示。

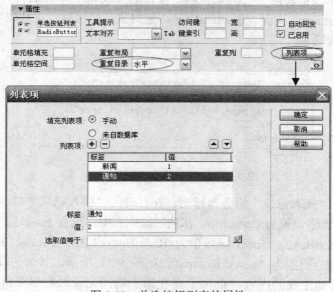

图 9.48　单选按钮列表的属性

切换到代码窗口，在第一个 asp:ListItem 标签中加入被选中属性 selected="true"。设置完后的单选按钮列表控件的代码如下：

```
<asp:RadioButtonList ID="RadioButtonList1" runat="server" RepeatDirection="Horizontal">
    <asp:ListItem value="1" Selected="true">新闻</asp:ListItem>
    <asp:ListItem value="2">通知</asp:ListItem>
</asp:RadioButtonList>
```

3）在表格第 3 行"标题："右边的单元格插入 ASP.NET 的文本框控件 TextBox1，列数设为 40。

4）在表格第 4 行"内容："右边的单元格插入 ASP.NET 的文本框控件 TextBox2，文本模式设置为多行，行数设为 8，列数设为 50，如图 9.49 所示。

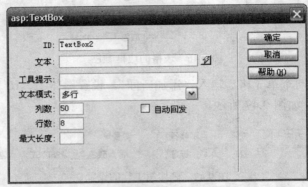

图 9.49　内容文本框的属性

5）在表格第 5 行"作者："右边的单元格插入 ASP.NET 的文本框控件 TextBox3，列数设为 20。

6）将表格的最后一行合并单元格后，插入 2 个 ASP.NET 的按钮控件，按钮的文本分别为"添加新闻"和"浏览新闻"。"浏览新闻"按钮的 onClick 事件名设为 click1，用于将网页重定向到 newsList.aspx 页面。newsList.aspx 是浏览新闻网页。在代码窗口录入如图 9.50 所示的 click1 事件代码。

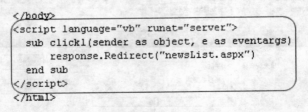

图 9.50　浏览新闻按钮的事件代码

（2）然后新建"插入记录"服务器行为。在打开的"插入记录"对话框中，设置连接为 conn_news，插入到表格设置为 newsInfo。在列字段列表中，设置 biaoti 字段值为 TextBox1，neirong 字段值为 TextBox2，typeid 字段值为 RadioButtonList1，zuozhe 字段值为 TextBox3。"如果成功，则转到"设置为"newsList.aspx"，如图 9.51 所示。其余字段无需进行绑定，因为：ID 是数据库自动生成的序号，shijian 是在添加新闻记录时数据库自动生成的时间值，

click 字段用于记录新闻被点击阅读的次数，在添加新闻记录时，click 为默认值 0。

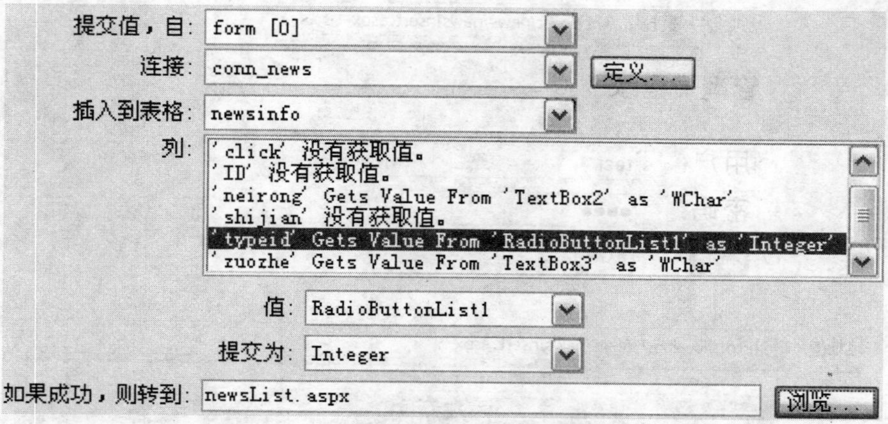

图 9.51 添加新闻页面的"插入记录"对话框

（3）在文档窗口的标题输入"添加新闻"。存盘后，按 F12 键即可运行添加新闻页面。

上述设计中有一个问题，就是没有判断是否已登录。因为添加新闻功能不是普通用户能执行的，必须要登录成功，以管理员身份才能添加新闻。因此，要在页面中增加登录判断的代码。

在管理员登录页面中，用了 session("flag")="ok" 来保存登录成功信息。为此，在页面中增加 Page_load 事件，代码如图 9.52 所示。

```
</body>
<script language="vb" runat="server">
sub page_load(sender as object, e as eventargs)
    If session("flag") <> "ok" Then
        response.redirect("login.aspx")
    End If
end sub
sub clickl(sender as object, e as eventargs)
    response.Redirect("newsList.aspx")
end sub
</script>
</html>
```

图 9.52 判断是否已登录的代码

page_load 是页面加载时要执行的代码，一般放在其他事件之前。在本页面中，page_load 事件代码放在 click1 事件代码前面。当首次访问添加新闻页面 newsInsert.aspx 时，首先执行 page_load 事件，在 page_load 事件中判断登录成功信息是否 "ok"。如果不是，说明没有登录成功，则重新定向到登录页面 login.aspx。通过 page_load 事件可防止用户不进行登录而直接添加新闻。

（4）完成上述各项步骤后，存盘，按功能键 F12 执行 newsInsert.aspx 页面。

可以看到，首先弹出登录页面 login.aspx，输入正确的登录信息后，才出现添加新闻页面 newsInsert.aspx。在页面上录入标题、内容和作者后，点击"添加新闻"按钮，即可添加一条新闻，同时页面重定向到 newsList.aspx 页面。运行结果如图 9.53 所示。

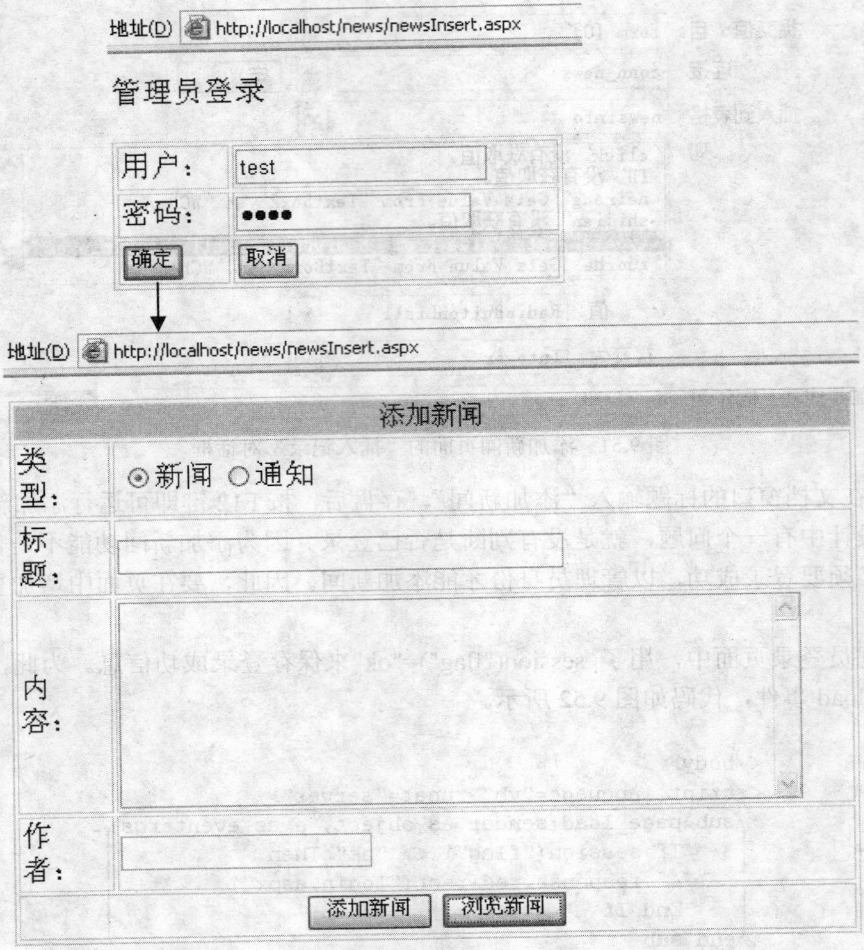

图 9.53　添加新闻运行结果

9.2.6　浏览新闻标题页面

浏览新闻标题页面 newsList.aspx 以表格形式显示新闻的标题、作者和发布时间，每条记录的新闻标题字段提供了链接，可以链接到显示新闻详细内容页面。如果是管理员用户浏览新闻标题，在每条记录旁会出现编辑和删除按钮，点击"编辑"按钮，可以链接到编辑页面，点击"删除"按钮，可以删除该条新闻。因此，newsList.aspx 页面中需要加入权限控制，对于管理员和非管理员，页面提供的功能有所不同。

浏览新闻标题页面 newsList.aspx 的设计步骤如下：

（1）启动 DW CS3，在"D:\news"新建一个空白网页，命名为 newsList.aspx。

（2）在"应用程序"面板的"绑定"选项卡中，点击"+"号，在下拉菜单中选择"数据集（查询）"，打开"数据集"对话框，将数据库连接设为已建立的连接 conn_news，数据取自 newsInfo 表的全部字段，设置排序字段为"shijian"，按降序排列，如图 9.54 所示。

图 9.54　浏览新闻的数据集

（3）从"服务器行为"选项卡下拉菜单中选择"数据网格"，在弹出的对话框中将数据集设定为"DataSet1"。

1）将数据网格不需要显示的列字段删除。选中 ID 字段，点击"-"号，删除 ID 字段。用同样的方法，分别删除 neirong、click 字段。

2）将列字段改为中文名称。选中 biaoti 字段，点击"编辑"按钮，在弹出的对话框中将标题命名为中文名"标题"，依次选中其余字段，用同样的方法将列字段的标题改为中文名称"类型"、"时间"和"作者"，如图 9.55 所示。通过上下箭头按钮调整各字段的顺序。

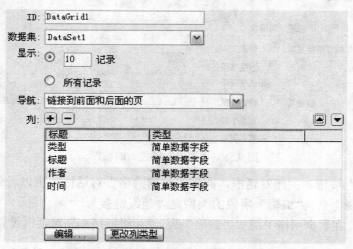

图 9.55　数据网格的中文标题列及顺序

3）建立链接字段。选中"标题"列字段，点击"更改列类型"按钮，选择下拉菜单中的"超级链接"，在打开的对话框中，设置"超级链接文本"数据字段为 biaoti，"链接页"数据字段为 ID，格式字符串为"newsDetail.aspx？type={0}"，表示通过 URL 变量 type 将数据字段 ID 传递给页面 newsDetail.aspx，如图 9.56 所示。

点击"确定"按钮，关闭"超级链接列"对话框，回到"数据网格"对话框，可以看到，"标题"列字段的类型变成了"超级链接"。

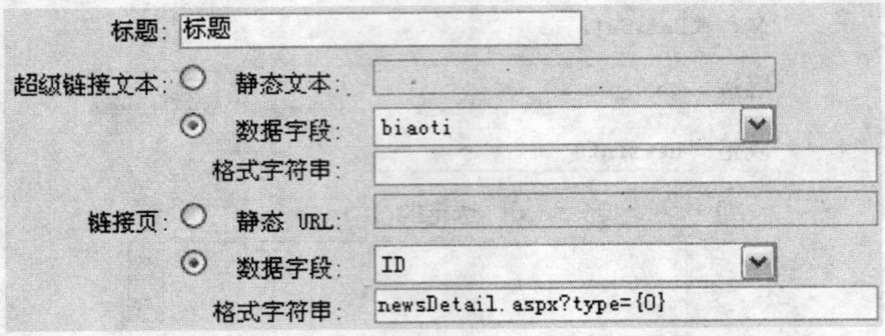

图 9.56　"超级链接列"对话框

4）在数据网格中增加两个超级链接列"编辑"列和"删除"列。点击列旁的"+"号，在下拉菜单中选择"超级链接"，如图 9.57 所示。

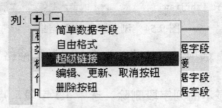

图 9.57　增加超级链接字段

打开"超级链接列"对话框，设置标题为"编辑"，"超级链接文本"静态文本设置为"修改"，"链接页"的设置与"标题"字段的超级链接设置类似，"链接页"的数据字段设置为 ID，表示将主键 ID 值传递到下一个页面，如图 9.58 所示。

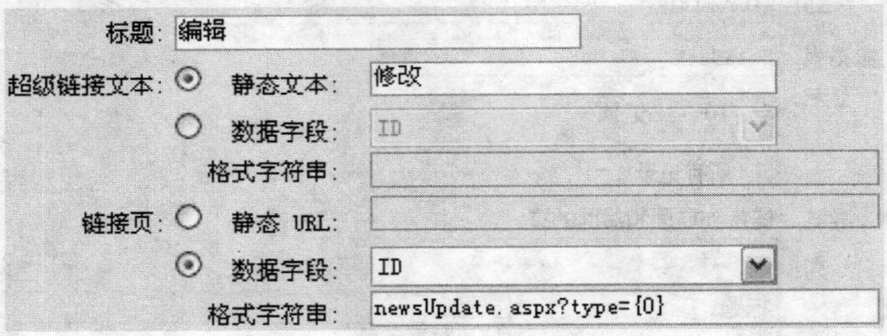

图 9.58　"编辑"链接列的设置

点击"确定"按钮，关闭对话框，回到"数据网格"对话框。可以看到，在列字段的最后，增加了"编辑"列，"编辑"字段的类型是"超级链接"。

同样的方法，在数据网格中增加"删除"列，"超级链接列"对话框设置如图 9.59 所示。

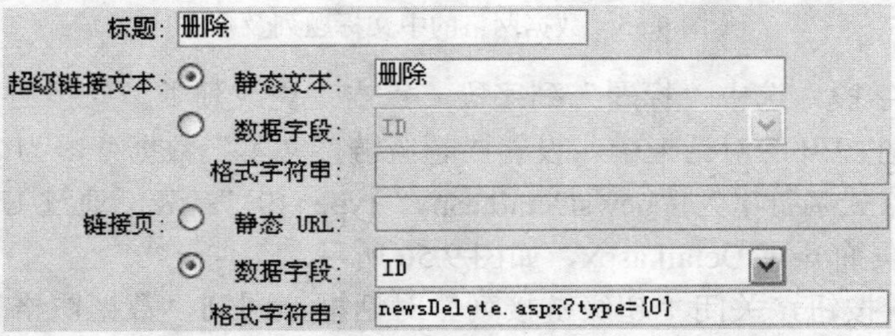

图 9.59　"删除"链接列的设置

设置完毕的"数据网格"对话框如图 9.60 所示。点击"确定"按钮，关闭"数据网格"对话框。

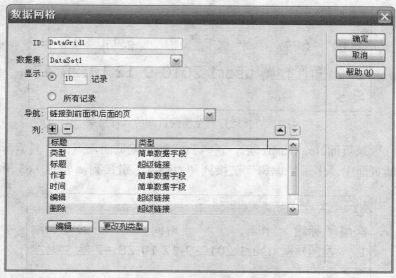

图 9.60　浏览新闻标题页面的数据网格

（4）下面增加关于管理员的权限控制代码。对于普通用户，newsList.aspx 页面可以浏览新闻标题，不能编辑和删除标题；对于管理员用户，比普通用户多了编辑和删除新闻的功能。因此，加入的代码，要检查用户是否登录，即判断 session("flag")="ok"。如果是管理员，则登录成功，数据网格的"编辑"和"删除"列就显示；否则，这两个增加的列字段就被隐藏起来。这样，普通用户就看不到"编辑"和"删除"列，无法执行编辑和删除功能。

可以在 newsList.aspx 的 page_load 事件中实现上述的判断功能。

切换到"代码"视图。在网页中加入如图 9.61 所示的代码。

```vb
</body>
<script language="vb" runat="server">
sub page_load(sender as object, e as eventargs)
  if session("flag")="ok" then
     datagrid1.columns(4).visible = true
     datagrid1.columns(5).visible = true
  else
     datagrid1.columns(4).visible = false
     datagrid1.columns(5).visible = false
  end if
end sub
</script>
</html>
```

图 9.61　根据登录状态显示数据网格列字段的控制代码

其中，datagrid1.columns(4)及 datagrid1.columns(5)是数据网格的第 4 及第 5 个字段，分别为"编辑"列和"删除"列。由于这两个按钮提供数据网格的编辑和删除功能，因此当判断用户没有作为管理员登录时，设置 visible 属性为 false，将这两个字段隐藏。

（5）在文档窗口的标题栏输入"浏览新闻"，存盘后，按功能键 F12，运行结果如图 9.62 所示。

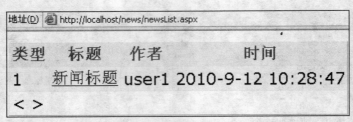

图 9.62 直接运行浏览新闻页面的运行结果

如果是执行登录页面 login.aspx 后，进入到添加新闻页面，点击"浏览新闻"按钮后，出现的浏览新闻页面中，多了"编辑"链接列和"删除"链接列，如图 9.63 所示。

图 9.63 登录后运行浏览新闻页面的运行结果

9.2.7 查看新闻详细内容页面

查看新闻详细内容页面 newsDetail.aspx 显示新闻的详细信息，包括类型、标题、内容、作者、发布时间和点击次数。

查看新闻详细内容页面 newsDetail.aspx 的设计步骤如下：

（1）启动 DW CS3，在"D:\news"目录下新建一个空白 ASP.NET 页面 newsDetail.aspx。在 DW CS3 的"设计"视图窗口，插入一个 6 行 1 列的表格，表格的边框颜色以及第 1 行的背景颜色按添加新闻页面中的设置，分别为"#F9D168"和"#98DE87"，在表格的第 2 行填上"作者："，第 5 行填上"发布时间："，第 6 行填上"点击："，如图 9.64 所示。

作者：
发布时间：
点击：

图 9.64 查看新闻详细内容网页界面

（2）建立数据集。在"应用程序"面板的"绑定"选项卡中，点击"+"号，在下拉菜单中选择"数据集（查询）"，打开"数据集"对话框，将数据库连接设为已建立的连接 conn_news，数据取自 newsInfo 表的全部字段，设置筛选字段为"ID"，等于 URL 参数中的 type 值，如图 9.65 所示。点击"确定"按钮，关闭"数据集"对话框。

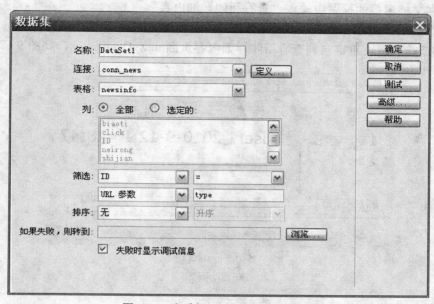

图 9.65　查看新闻详细页面的数据集

（3）下面将数据集中的字段绑定到表格中，绑定结果如图 9.66 所示，表格的第 1 行设置为居中对齐。

{DataSet1.typeid}	
作者：{DataSet1.zuozhe}	
{DataSet1.biaoti}	
{DataSet1.neirong}	
发布时间：{DataSet1.shijian}	
	点击：{DataSet1.click}

图 9.66　绑定的数据集字段的界面

由于 typeid 字段是以数字 1 和 2 来表示新闻或通知的，因此表格第 1 行绑定 typeid 后，将显示 1 和 2，生成的绑定代码如下：

```
<%# DataSet1.FieldValue("typeid", Container) %>
```

这样的数字显示不够直观。下面重新调整绑定代码，使表格第 1 行中显示类型名称"新闻"、"通知"字样，上述绑定代码修改如下：

```
<%# IIf(DataSet1.FieldValue("typeid", Container))=1,"新闻","通知") %>
```

上述代码中，用 IIf 语句判断所绑定的 typeid 字段的值是否为 1。如果是 1，则 Text 属性值为"新闻"；否则 Text 属性值为"通知"。这样，标签 Label1 就能显示出"新闻"、"通知"字样了。

（4）在文档窗口的标题中输入"查看新闻详细内容"。

（5）存盘后，先运行浏览新闻标题页面 newsList.aspx，在出现的新闻标题页面中点击新闻标题的链接，网页重定向到查看新闻详细内容页面 newsDetail.aspx，如图 9.67 所示。

图 9.67 查看新闻详细内容页面的运行结果

需要说明的是，由于新闻发布系统是网站编辑或管理员发布新闻用的，因此通过新闻发布系统浏览新闻时，新闻的点击次数不需增加 1。但如果是设计网站的新闻显示模块，用户通过网站主页查看新闻详细内容时，每查看一次，点击次数字段应该加 1。实现点击次数加 1 的方法，放在本章最后一节介绍。

9.2.8 编辑新闻页面

编辑新闻页面 newsUpdate.aspx 用于修改新闻的标题、内容和作者。编辑页面也需要加入权限控制，只有管理员才能对已发布的新闻重新编辑。

编辑新闻页面 newsUpdate.aspx 的设计步骤如下：

（1）启动 DW CS3，在"D:\news"下新建 ASP.NET 页面 newsUpdate.aspx。

（2）在 newsUpdate.aspx 中建立类似添加网页的页面。插入一个 6 行 2 列的表格，表格的边框颜色以及第 1 行的背景颜色按添加新闻页面中的设置，分别为"#F9D168"和

"#98DE87"。在表格中插入 4 个文本框 TextBox1、TextBox2、TextBox3 和 TextBox4，如图 9.68 所示。

图 9.68　编辑新闻的设计界面

将"编号："右边单元格中的文本框设置为"只读"属性，因为新闻编号是数据库自动生成的，不可修改。只读属性的设置方法如图 9.69 所示。

图 9.69　设置编号文本框的只读属性

（3）建立数据集。在"应用程序"面板的"绑定"选项卡中，点击"+"号，在下拉菜单中选择"数据集（查询）"，打开"数据集"对话框，将数据库连接设为已建立的连接 conn_news，数据取自 newsInfo 表的全部字段，设置筛选字段为"ID"，等于 URL 参数中的 type 值。

（4）下面将设计界面的控件与数据集中的字段进行绑定。"编号"文本框 TextBox1 与 ID 字段绑定，"标题"文本框 TextBox2 与 biaoti 字段绑定，"内容"文本框 TextBox3 与 neirong 字段绑定，"作者"文本框 TextBox4 与 zuozhe 字段绑定。

（5）在"应用程序"面板的"服务器行为"选项卡中，点击"+"按钮，在下拉菜单中选择"更新记录"，在打开的对话框中将数据库连接设置为 conn_news，更新表格设为 newsInfo。将 newsInfo 的列字段 ID、biaoti、neirong 和 zuozhe 的值分别设为与 TextBox1、TextBox2、TextBox3 和 TextBox4 绑定。"如果成功，则转到"设置为 newsList.aspx，即更新新闻记录完后，回到浏览新闻页面。图 9.70 是"更新记录"对话框的设置。

图 9.70　"更新记录"对话框

点击"确定"按钮，关闭"更新记录"对话框。

（6）下面增加权限控制代码。切换到"代码"视图，在</body>和</html>之间录入如下代码，用于判断是否已登录，若没有登录，则重定向到登录页面 login.aspx，而不能进入编辑页面。

```
<script language="vb" runat="server">
  sub page_load(sender as object, e as eventargs)
    If session("flag") <> "ok" Then
      response.Redirect("login.aspx")
    End If
  end sub
</script>
```

（7）在文档窗口的标题中输入"编辑新闻"。

（8）存盘。运行登录页面 login.aspx，登录成功后，进入添加新闻页面 newsInsert.aspx，点击页面的"浏览新闻"按钮，进入浏览新闻标题页面 newsList.aspx，点击"修改"链接，网页重定向到编辑页面 newsUpdate.aspx，如图 9.71 所示。修改完毕，点击"提交修改"按钮，网页重新回到浏览新闻标题页面。

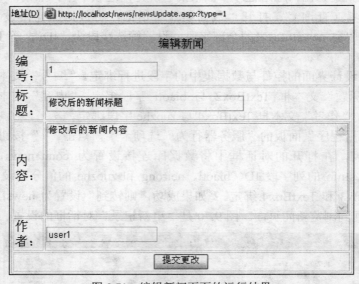

图 9.71　编辑新闻页面的运行结果

9.2.9　设计总结及功能拓展

新闻是一般网站主页上都有的模块。本章的第二个项目从网站后台管理者的角度，设计实现了一个新闻发布系统，介绍了管理员登录、添加新闻、更新新闻和浏览新闻标题及查看详细内容几个页面的设计。还需要补充完善的功能有删除新闻页面的设计，删除新闻需要用到"删除记录"服务器行为，服务器行为的设计可以参考上一章删除成绩页面中的介绍，界面设计部分可以参照本章的编辑新闻页面实现。

另外，新闻发布系统虽然已增加了管理员登录页面，但还可以增加管理员资料的维护，如增加管理员、修改管理员资料等。

新闻中常常需要插入照片，本章的新闻发布系统中并未涉及到。留言板项目中给出了网站页面中图片的存储和展示方法，可以借鉴到新闻发布系统的设计中。在新闻表中增加一个字段，记录图片存储的路径，如图 9.72 所示。在查看新闻详细内容页面设计中，将图片显示出来。

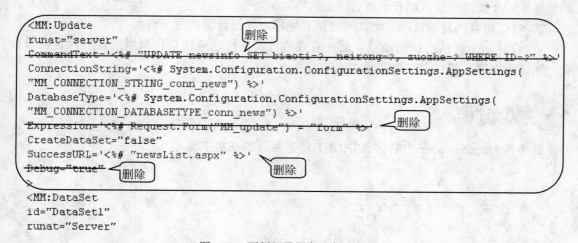

图 9.72　新闻数据库中增加图片的方案

另外一项拓展功能是关于点击次数的设计。在网站中有时需要记录新闻的点击次数，每查看一次详细新闻内容，点击次数字段自动加 1。这项功能的实现需要手工修改代码，下面介绍设计要点。

复制"更新记录"的服务器行为代码<MM:Update>，如从 newsUpdate.aspx 页面中复制下来，粘贴到 newsDetail.aspx 页面中的数据集代码<MM:DataSet>前面，复制过来的代码要进行调整，划线部分的代码需要删除，如图 9.73 所示。

```
<MM:Update
runat="server"
                                               删除
CommandText='<%# "UPDATE newsinfo SET biaoti=?, neirong=?, zuozhe=? WHERE ID=?" %>'
ConnectionString='<%# System.Configuration.ConfigurationSettings.AppSettings(
"MM_CONNECTION_STRING_conn_news") %>'
DatabaseType='<%# System.Configuration.ConfigurationSettings.AppSettings(
"MM_CONNECTION_DATABASETYPE_conn_news") %>'
Expression='<%# Request.Form("MM_update") = "form" %>'          删除
CreateDataSet="false"
SuccessURL='<%# "newsList.aspx" %>'
Debug="true"        删除                        删除
>
<MM:DataSet
id="DataSet1"
runat="Server"
```

图 9.73　更新记录服务器行为代码

在<MM:Update>中增加一个"id=update1"属性，并且在">"前加一个斜杠，作为缩写的结束标记。修改后的更新记录服务器行为代码如图 9.74 所示。

同时，在页面中增加一个 page_load 事件，事件代码如下：

```
<script language="vb" runat="server">
sub page_load(sender as object, e as eventargs)
    update1.CommandText = "UPDATE newsInfo SET click=" & DataSet1.FieldValue("click", Nothing)
```

```
            + 1 & " WHERE ID=" & Request("type")
            update1.debug = true
        end sub
    </script>
```

上面的代码主要是生成"更新记录"服务器行为中的更新语句，根据传入的 type 值更新 newsInfo 新闻表中的 click 字段，让数据集中的 click 字段增加 1。

```
<MM:Update
runat="server"
id="update1"
ConnectionString='<%# System.Configuration.ConfigurationSettings.AppSettings(
"MM_CONNECTION_STRING_conn_news") %>'
DatabaseType='<%# System.Configuration.ConfigurationSettings.AppSettings(
"MM_CONNECTION_DATABASETYPE_conn_news") %>'
CreateDataSet="false"

<MM:DataSet
id="DataSet1"
runat="Server"
```

图 9.74   更新记录服务器行为修改后的代码

实训

1．参考新闻发布系统中的登录页面，在留言板系统中增加登录控制功能及权限管理，只有登录后才能提交留言和查询留言详细内容。

2．修改留言回复数据库，增加回复信息字段，并设计留言回复页面。

3．设计一个网站的新闻浏览页面，可以通过新闻标题链接查询新闻的详细内容，每查看一次详细内容，将点击次数字段加 1。

习题九

简述在 Dreamweaver 中制作 ASP.NET 动态网页的基本步骤。

第 10 章　网站发布与推广

　　网站域名和空间申请是网站发布的前提。网站域名具有地址性和标识性功能，是企业的网上门牌，及时注册与企业自己的标识相关的域名是最有效的域名权益保护方式。域名注册分为国际域名注册与国内域名注册两种，注册的流程大体相同，但国内域名审核比较严格，目前已经禁止个人申请。给网站申请完域名后，就需要为网站在网络上申请相应的空间，用于存放网站文件和资料，虚拟主机是目前最常见的网站空间方式。申请好域名和空间，需要将站点中的所有文档上传到网站空间内，并进行域名绑定，这个过程就是网站的发布。发布站点时，可以使用 FTP 软件进行上传，如 LeapFTP、CuteFTP 以及 FlashFXP 等，也可以直接使用 Dreamweaver CS3 提供的上传/下载功能对网站进行发布。网站发布后还需要进行网站推广，以吸引客户浏览访问，最终实现企业网络营销的目标。

本章要点

- ➤ 域名的概念
- ➤ 域名的功能
- ➤ 域名的结构
- ➤ 域名的常见类型
- ➤ 域名注册流程
- ➤ 网站空间的概念
- ➤ 网站空间的常见形式
- ➤ 网站空间申请流程
- ➤ 网站发布工具
- ➤ 网站发布流程
- ➤ 网站推广方法

10.1　任务概述：申请和使用免费空间

　　免费空间是指网络上免费提供的网络空间，是在网络服务器上划分出一定的磁盘空间供用户放置站点、应用组件等，提供必要的站点功能与数据存放、传输功能。免费空间是网站建设初学者最钟情的一种空间方式，其优势主要体现在不需要花钱购买；但也有缺点，主要有空间性能不稳定、空间限制比较多、有时不能绑定域名等。本章的任务是申请免费空间，在可能的情况下将制作好的站点通过 FTP 工具上传到该空间中，并尝试进行浏览。

10.2 网站域名注册

10.2.1 域名概述

1．域名的概念

计算机网络是基于 TCP/IP 协议进行通信和连接的，每一台主机都有一个唯一的标识固定的 IP 地址，以区别网络上成千上万个用户和计算机。网络在区分所有与之相连的网络和主机时，均采用了一种唯一、通用的地址格式，即每一个与网络相连接的计算机和服务器都被指派了一个独一无二的地址。网络中的地址方案分为两套：IP 地址系统和域名地址系统。IP 地址用二进制数来表示，每个 IP 地址长 32 比特，由 4 个小于 256 的数字组成，数字之间用点间隔，例如 10.10.0.1 表示一个 IP 地址。由于 IP 地址是数字标识，使用时难以记忆和书写，因此在 IP 地址的基础上又发展出一种符号化的地址方案，来代替数字型的 IP 地址。每一个符号化的地址都与特定的 IP 地址对应，这样网络上的资源访问起来就容易多了。这个与网络上的数字型 IP 地址相对应的字符型地址，就被称为域名（Domain Name）。域名就是用字符表示的计算机地址，是企业在互联网上的标识，是企业的网络商标，可以解决 IP 地址难以记忆的问题。

域名地址是 Internet 采用"标准名称"寻址方案，即每个机器都分配一个独有的"标准名称"，并由分布式命名体系自动翻译成 IP 地址。计算机在网上进行寻址时，先将域名传输给特别的服务器——域名服务器，再由它"翻译"，将所得 IP 地址的结果传回，计算机最终仍通过 IP 地址来找寻。这种翻译称为"主机名/域名解析"。域名要通过域名服务器解析到 IP 地址，才能被访问。一个 IP 地址同时可对应多个域名，也就是一个 IP 地址可以用多个域名来访问，而一个域名同时只能对应一个 IP 地址。

如我们所熟悉的百度的域名是 www.baidu.com，而很少有人记住百度的 IP 地址：119.75.213.50，人们在输入百度的域名时，会通过域名服务器解析到百度的 IP 地址，从而实现正常访问，如图 10.1 所示。

2．域名的功能

简而言之，域名的功能主要体现在以下两点：

（1）地址性功能。域名是企业网上门牌、网上虚拟地址。其实，域名究其本质，不过是互联网联机通信中具有技术参数功能的标识符，是特定的组织或个人在互联网上的标志。从技术角度讲，域名的作用类似于现实中的电话号码或门牌号，只是起一个定位的作用。

（2）标识性功能。域名可以识别企业组织、传递产品或服务品质及属性。域名的作用不仅限于网络上的电话号码或门牌号，而且还标识着其所有者或网站的身份，当其为特定的组织或个人拥有时，就与其产生了一种身份上的联系，成为在网络世界中认知其所有人的重要的、直观的标志。

3．域名的结构

Internet 主机域名的一般格式是：主机名.单位名.类型名.国家名，表示的顺序从左到右，范围从小到大，如图 10.2 所示，各个部分的含义如下：

● 顶级域名：即一级域名，分两类，国际顶级域名和国内顶级域名；

- 二级域名：标识网站性质；
- 三级域名：标识网站名称；
- 四级域名：标识主机名。

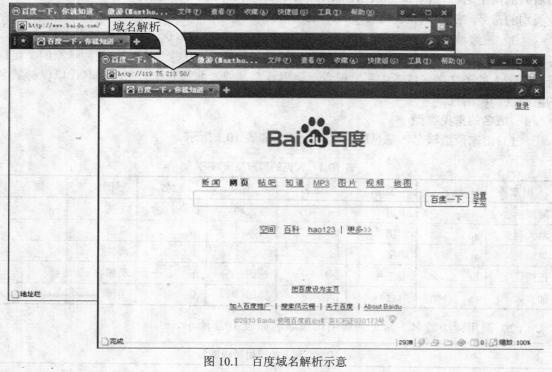

图 10.1　百度域名解析示意

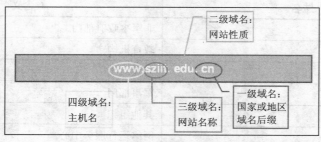

图 10.2　域名的结构

（1）顶级域名。顶级域名又分为两类：

① 国际顶级域名（international top-level domain-names，简称 iTDs），也叫国际域名。这也是使用最早最广泛的域名。例如表示工商企业的.com，表示网络提供商的.net，表示非盈利组织的.org 等。

② 国内顶级域名（national top-level domain-names，简称 nTLDs），又称为国内域名，即按照国家的不同分配不同后缀，这些域名即为该国的国内顶级域名。目前 200 多个国家和地区都按照 ISO3166 国家代码分配了顶级域名，例如中国是 cn，美国是 us，日本是 jp 等。

在实际使用和功能上，国际顶级域名与国内顶级域名没有任何区别，都是互联网上的具有唯一性的标识。只是在最终管理机构上，国际域名由位于美国的互联网络信息中心（InterNIC）

负责注册和管理，InterNIC 隶属于互联网名称与数字地址分配机构（ICANN）；而国内域名则由中国互联网络管理中心（CNNIC）负责注册和管理，CNNIC 隶属于工业和信息化部。

（2）二级域名。二级域名是指顶级域名之下的域名，在国际顶级域名下，它是指域名注册人的网上名称，例如 ibm、yahoo、microsoft 等；在国家顶级域名下，它是表示注册企业类别的符号，例如 com、edu、gov、net 等。

（3）三级域名。三级域名由字母（A～Z，a～z）、数字（0～9）和连字符（-）组成，各级域名之间用实点（.）连接，三级域名的长度不能超过 20 个字符。如无特殊原因，建议采用申请人的英文名（或者缩写）或者汉语拼音名（或者缩写）作为三级域名，以保持域名的清晰性和简洁性。

4．域名的常见类型

（1）国家顶级域名。常见的国家顶级域名如表 10.1 所示。

表 10.1　常见的国家顶级域名

国家	域名	国家	域名	国家	域名	国家	域名
阿根廷	ar	中国	cn	意大利	it	埃及	eg
澳大利亚	au	韩国	kr	日本	jp	希腊	gr
奥地利	at	印度	in	芬兰	fi	荷兰	nl
巴西	br	爱尔兰	ie	法国	fr	新加坡	sg
加拿大	ca	以色列	il	德国	de	美国	us

（2）通用顶级域名。常见的通用顶级域名如表 10.2 所示。

表 10.2　常见的通用顶级域名

域名	含义
gov	非军事政府部门
edu	教育机构
com	商业组织
mil	军事部门
org	其他组织
net	网络运行服务中心

（3）新兴域名种类。常见的新兴域名如表 10.3 所示。

表 10.3　常见的新兴域名

域名	含义
name	个人域名的标志
biz	企业
info	信息服务机构
cc	商业公司
mobi	手机和移动装置

5．域名命名规则

（1）英文域名命名规则

- 26 个英文字母；
- "0"到"9"的数字；
- "-"英文中的连字符，但不可用于开头及结尾处；
- 长度一般不超过 26 个字符。

（2）中文域名命名规则

- 2～15 个汉字之间的字词或词组；
- 26 个英文字母；
- "0"到"9"的数字；
- 长度一般不超过 15 个汉字。

（3）域名中字符组合的限制

- 英文字母不区分大小写
- 中文域名不区分繁简体
- 空格及符号如"？/\;:!@#$%~_=+&*,。<>"等都不可用于域名中

6．域名设计策略

域名设计包括网站名称的设计创意以及一级域名、二级域名后缀的选择。域名设计可根据易记、易推广、符合品牌形象的要求来设计。具体策略如下：

（1）域名与企业名称、商标一致。选择和企业名称、商标一致的域名，便于企业品牌的宣传推广。像海尔、TCL 是比较成功的案例。还可以把企业域名也规划到 CI 形象系统中。如果企业名称比较冗长、复杂，可选择英文名称的缩略语。

（2）域名短小顺口，便于输入和记忆。选择有意义的词或词组作为域名，容易记忆和推广，同时，要求域名应发音清晰准确，避免同音异字。如 8848、51down 等。

（3）重新命名。有些企业为了更好地抢占网络市场，从长远战略眼光考虑，不惜重金重新设计企业名称与域名，打造品牌形象。比如联想集团用"Lenovo"代替"Legend"。

10.2.2　域名注册

域名不仅是企业知识产权战略保护的重要内容，也是企业信息化战略的有机组成，其重要性日益受到人们的认可。及时注册与自己的标识相关的域名是最有效的域名权益保护方式。现实世界的标识权利人应该及时将自己的标识注册为域名，这样，不仅可以通过互联网提高自己的知名度，通过网上交易提高自己的收益，而且可以保护自己在现实世界拥有的标识。在知识产权保护方面，跨国公司无疑走在前列，像松下、大众、三星等公司一次性注册数百个 CN 域名，构建全面牢固的域名保护圈。而我国大量的知名企业、商标和特定称谓等则被他人抢先注册。由于域名被抢夺，无疑对我国的国际交流、产品出口、企业形象等方面造成巨大的潜在威胁。根据目前的检索资料显示，我国著名的企业和商标，如海尔、长虹、同仁堂、阿诗玛、红塔山、五粮液、青岛啤酒、娃哈哈、健力宝、海信、中化、中包、中外运等均已经被抢先注册。希望今后我国的企业多一些知识产权保护意识，将自己在现实世界的权利延伸到互联网。

根据互联网在我国迅猛发展的实际形势和域名管理的需要，信息产业部从 2000 年初，

开始组织进行域名管理办法的起草调研工作。信息产业部参考国际惯例，并结合国内的发展
情况，同时广泛征求了我国互联网、法律界、知识产权界专家学者的意见，经过多次讨论，
进行反复修改完善，制定了《中国互联网络域名管理办法》。国际域名管理组织为了促进公
平竞争，于 1999 年重新修订了国外域名注册机制，设立了注册管理机构、注册服务商、代
理商的分层体系，由一家权威机构管理中央数据库并提供日常域名解析服务，在注册服务领
域增加注册服务商展开竞争。域名注册管理分层体系如图 10.3 所示。

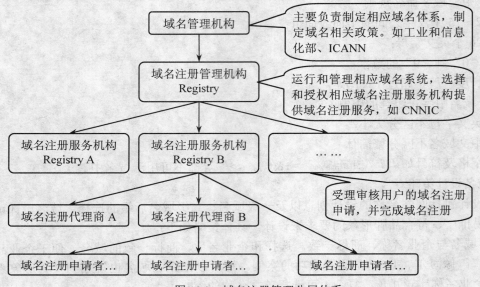

图 10.3　域名注册管理分层体系

域名注册分为国际域名注册与国内域名注册两种，注册的流程大体相同，如图 10.4 所示。

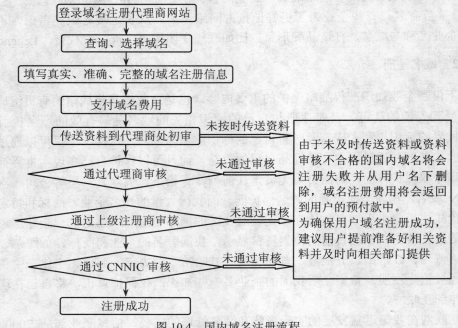

图 10.4　国内域名注册流程

值得说明的是，目前主要的国内域名代理商如表 10.4 所示。

表 10.4　国内主要域名代理商

代理商名称	代理商公司域名
中国新网	xinnet.com
中国万网	net.cn
35 互联	35.com
新网互联	dns.com.cn
中资源	zzy.cn
易名中国	ename.cn
商务中国	bizcn.com
时代互联	now.cn
美橙互联	cndns.com
西部数码	west263.com

1. 国内域名注册

国内域名注册由中国互联网络信息中心（CNNIC）授权其代理商进行，主要包括.cn、.com.cn 、.net.cn 等。CNNIC 严格按照《中国互联网络域名注册暂行管理办法》和《中国互联网络域名注册实施细则》的规定负责各种域名的申请与注册工作等。CNNIC 决定从 2009 年 12 月 14 日上午 9 时起，个人用户将没有资格进行域名注册。下面以在域名注册代理商上海建站服务中心（www.021website.com）申请国内域名为例，介绍一下具体的步骤。

（1）进入上海建站服务中心网站"域名注册"栏目，在域名注册查询框中输入您要查询的域名，点击"查询"按钮，如图 10.5 所示。

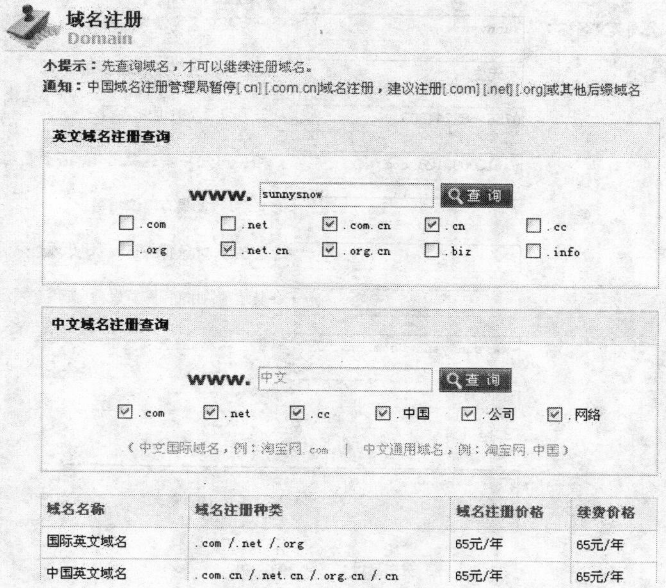

图 10.5　查询域名

（2）在"域名查询结果"中，如您查询的域名未被注册，可以点击该域名右侧的"立即注册"按钮进行注册，如图10.6所示。

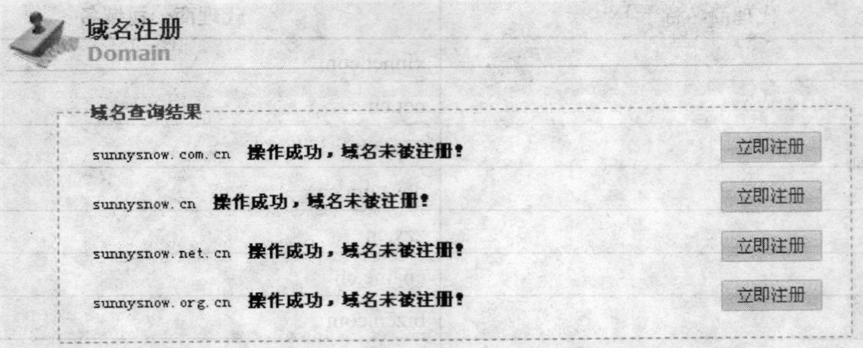

图 10.6　域名查询结果

（3）进入"填写订单"页面后请按要求填写申请资料，填写完成后点击"下一步"按钮，如图10.7所示。

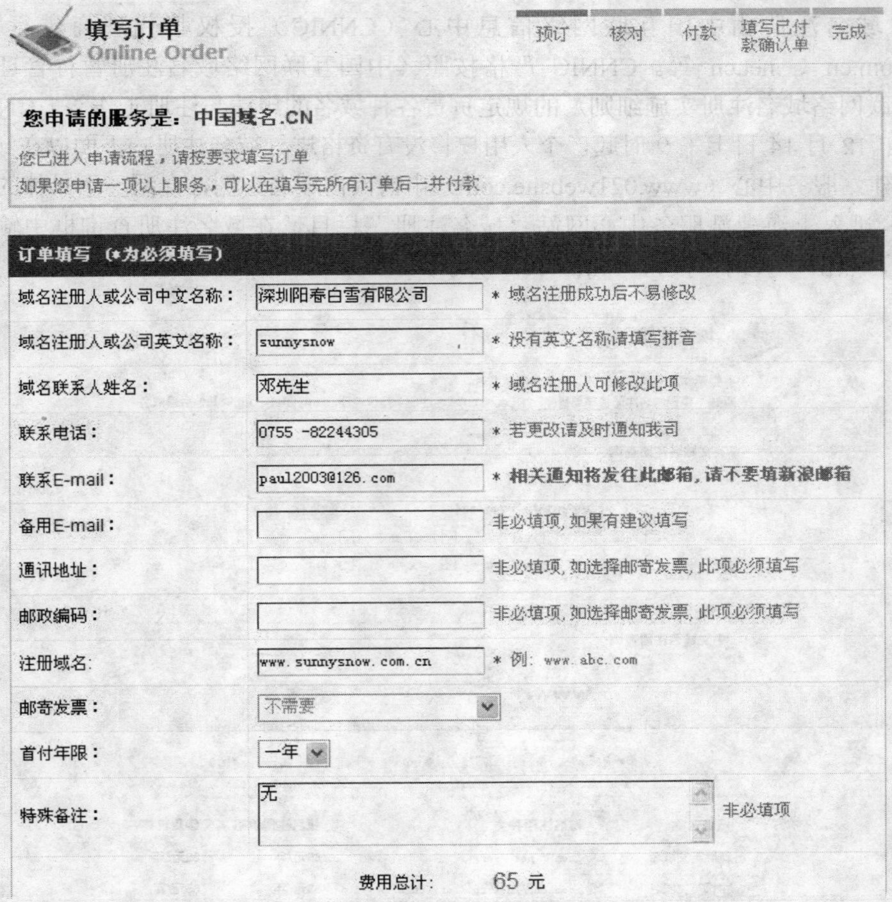

图 10.7　填写域名注册申请资料

（4）进入"核对订单"页面后，请确认您填写的信息，确认无误后点击"下一步"按钮，如图 10.8 所示。

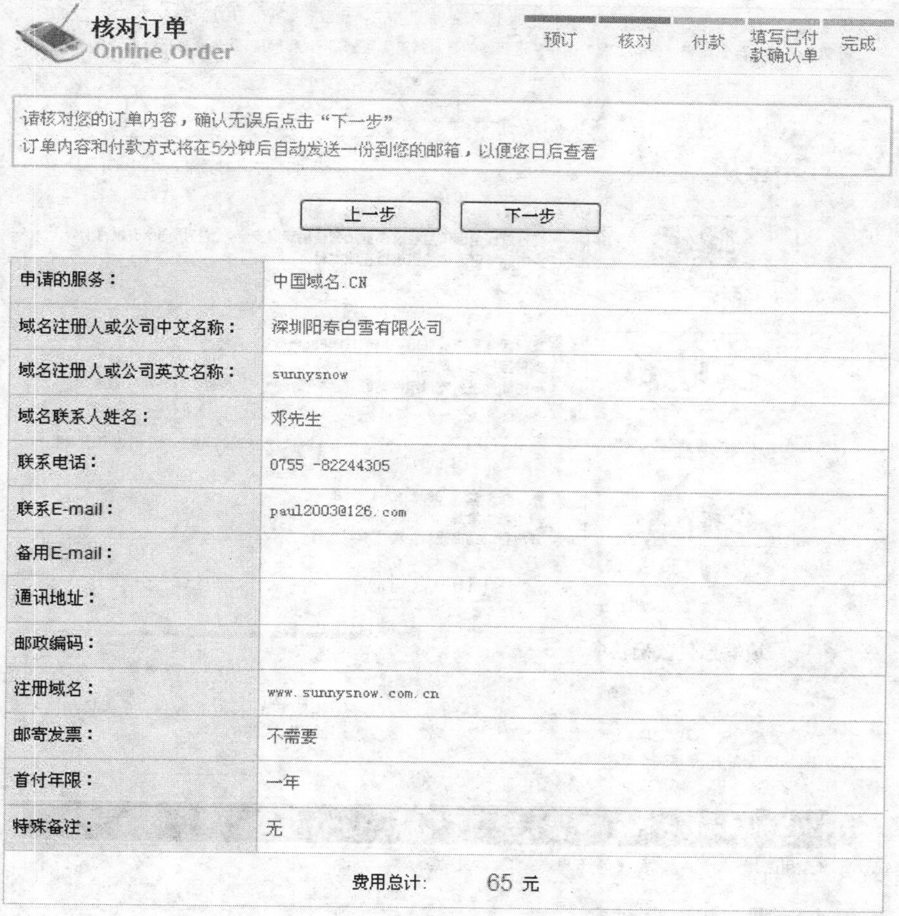

图 10.8　核对域名注册信息

（5）进入"付款"页面后，请选择您适合的方式进行支付，支付完成后点击"下一步"按钮，如图 10.9 所示。如果您不能马上完成支付，之后支付时请从联系邮箱中查看付款方式和订单信息。

（6）进入"填写已付款确认单"页面后，请填写支付相关信息以便代理商去确认款项，填写完成后点击"下一步"按钮，如图 10.10 所示。

（7）进入"预订完成"页面后，初步完成域名申请流程，接下来需要向代理商提供域名注册所需的资料，主要包括：

① 盖有申请单位公章的《中英文国内域名注册申请表》原件。提醒注意：在网站提交域名注册信息时，请确保域名注册人单位名称与《域名注册申请表》注册人组织名称一致。

② 企业营业执照复印件或组织机构代码证复印件（必需带有效年检记录），建议在上面注明用途"仅作为申请****域名的凭证"。提醒注意：在网站提交域名注册信息时，请确保单位名称与企业营业执照上公司名称或组织机构代码证上单位名称一致。

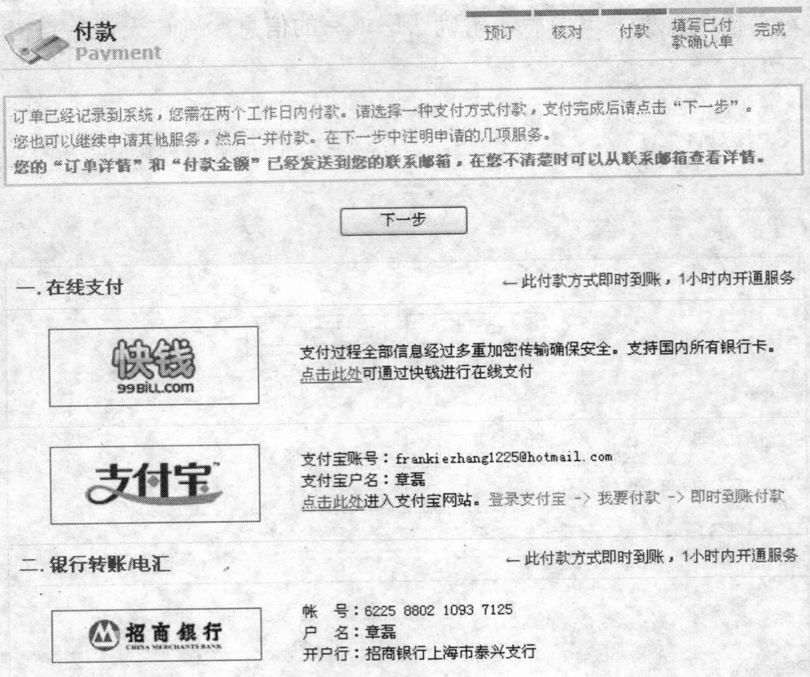

图 10.9　付款

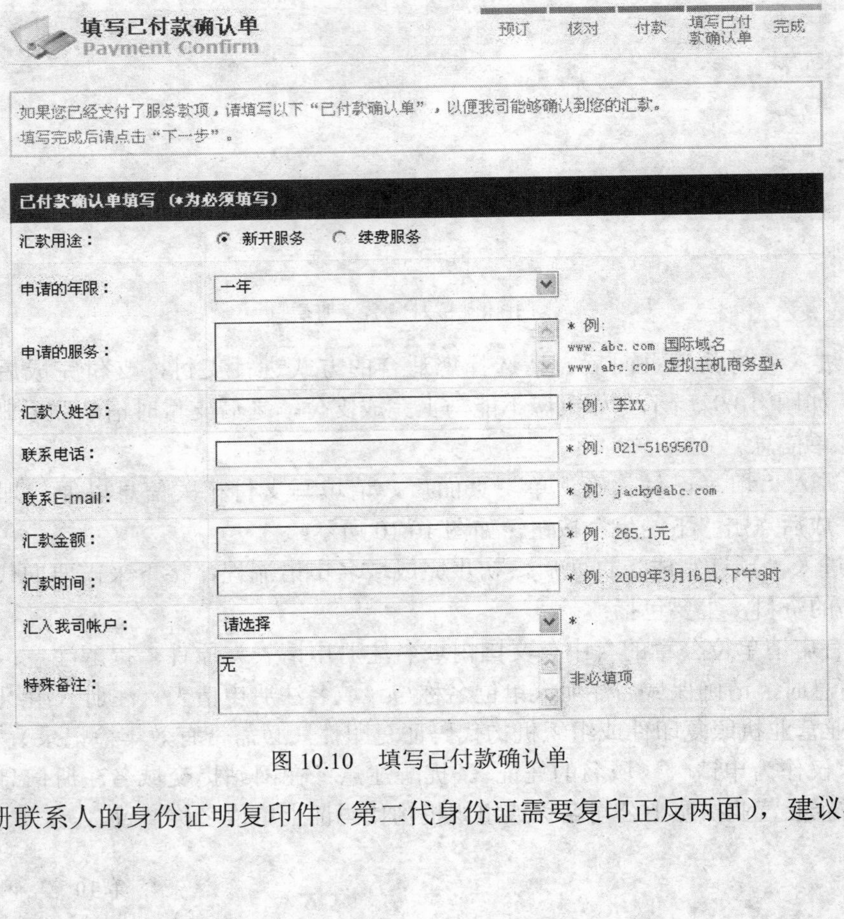

图 10.10　填写已付款确认单

③ 注册联系人的身份证明复印件（第二代身份证需要复印正反两面），建议在上面注明

用途"仅作为申请****域名的凭证"。提醒注意：在网站提交域名注册信息时，请确保注册联系人姓名与《域名注册申请表》注册人姓名一致。

只有上述资料通过代理商及其上级注册商以及 CNNIC 审核后，域名才能最终通过审批并投入使用。代理商发出"域名注册证"和付款发票，至此，域名注册成功。一般情况下，域名注册处理时间大致如下：从收到申请材料至域名开通在 5 个工作日内完成；从收到域名注册费用至寄出"域名注册证"在 10 个工作日内完成。

2．国际域名注册

国际域名注册通过国际互联网络信息中心（InterNIC）授权其代理进行。国际域名注册的主要步骤与国内域名注册大致相同，不过域名审核环节较为宽松，没有国内严格，任何人都可以申请注册。首先是检索注册域名，确认要注册的域名是否已被人注册。如果没有被注册过，进入下一步注册步骤。其次是填写表格并交纳费用，也就是填写注册代理商的"在线订单"，并传真至该网站，同时将相应缴费款项汇至注册代理商的账户。然后是办理注册，即收到申请的"在线订单"及汇款后，注册代理商立即开始办理申请注册。最后是注册成功，注册代理商将缴费发票邮寄给申请人。

10.3　网站空间申请

10.3.1　网站空间概述

给网站申请完域名后，就需要为网站在网络上申请出相应的空间。建立一个自己的网上站点。目前主流的有五种网站空间选择形式。

（1）自建主机：指购置专业的服务器，并向当地的 Internet 接入商租用价格不菲的专线来建立独立的主机服务器。不仅如此，而且还要给服务器配备专门的管理和维护人员。因为费用昂贵，这种方式适合一些有实力的大中型企业和专门的 ISP（Internet Service Provider，互联网服务提供商）。

（2）服务器托管：与自建主机方式不同的是，自己购置服务器之后，将它托付给专门的 Internet 服务商，由他们负责为你进行 Internet 接入、服务器硬件管理和维护，你只需要按年支付给接入商一定的服务器托管费用就可以了。这种方式费用较贵，适合一些中小型企业和 ISP 使用。

（3）服务器租用：用户无须自己购置主机，可以按照自己的业务需要，向 Internet 服务商提出服务器软、硬件配置要求，然后由服务商配备符合需求的服务器和提供相关的管理和维护服务。相对前两种方式，服务器租用方式的费用有所降低，特别适合中小型企业和一些经济基础比较好的个人使用。

（4）虚拟主机：这是目前最常见的网站空间方式，它采用特殊的硬件技术，把一台 Internet 上的服务器主机分成多个"虚拟"的主机，供多个用户共同使用。每一台虚拟主机都具有独立的域名或 IP 地址，具有完整的互联网服务器（WWW、FTP、E-mail 等）功能；虚拟主机之间完全独立，并可由访问者自行管理。因此，在外界看来，每一台虚拟主机和一台独立的主机完全一样。由于多台虚拟主机共享一台真实主机的资源，每个用户承担的硬件费用、网络维护费用和通信线路的费用均大幅度地降低。同时，网站使用和维护服务器的技术问题由 ISP 服务商负责，企业就可以不用担心技术障碍，更不必聘用专门的管理人员。

（5）免费空间：这是网站建设初学者最钟情的一种空间方式，不过因为是免费的，在使用过程中就会受到很多限制，很多操作都不能够使用。

10.3.2　网站空间申请

1．网站空间申请应考虑的因素

网站建成之后，要购买一个网站空间才能发布网站内容，选择网站空间时，主要应考虑的因素包括：网站空间的大小、操作系统、对一些特殊功能如数据库的支持，网站空间的稳定性和速度，网站空间服务商的专业水平等。下面是一些通常需要考虑的内容：

（1）网站空间服务商的专业水平和服务质量。这是选择网站空间的第一要素，如果选择了质量比较低下的空间服务商，很可能会在网站运营中遇到各种问题，甚至经常出现网站无法正常访问的情况，或者遇到问题时很难得到及时的解决，这样都会严重影响网络营销工作的开展。

（2）虚拟主机的网络空间大小、操作系统，对一些特殊功能如数据库等是否支持。可根据网站程序所占用的空间，以及预计以后运营中所增加的空间来选择虚拟主机的空间大小，应该留有足够的余量，以免影响网站正常运行。一般说来虚拟主机空间越大价格也相应较高，因此需在一定范围内权衡，也没有必要购买过大的空间。虚拟主机可能有多种不同的配置，如操作系统和数据库配置等，需要根据自己网站的功能来进行选择，如果可能，最好在网站开发之前就先了解一下虚拟主机产品的情况，以免在网站开发之后找不到合适的虚拟主机提供商。

（3）网站空间的稳定性和速度等。这些因素都影响网站的正常运作，需要有一定的了解，如果可能，在正式购买之前，先了解一下同一台服务器上其他网站的运行情况。

（4）网站空间的价格。现在提供网站空间服务的服务商很多，质量和服务也千差万别，价格同样有很大差异，一般来说，著名的大型服务商的虚拟主机产品价格要贵一些，而一些小型公司可能价格比较便宜，可根据网站的重要程度来决定选择哪种层次的虚拟主机提供商。

（5）网站空间出现问题后主机托管服务商的响应速度和处理速度，如果这个网站空间商有全国的 800 免费电话，空间质量就增加几分信任。

2．网站空间申请流程

网站空间的申请可以通过同样的域名和主机服务商提供，当然也可以有所不同。同域名申请一样，也是通过几个步骤来进行：进入服务提供商的网站选择虚拟主机服务，根据需要选择申请空间大小以及填写申请信息，付费开通。下面仍以在上海建站服务中心（www.021website.com）申请空间为例，介绍一下具体的步骤。

（1）进入上海建站服务中心网站"虚拟主机"栏目，选择您需要的一款虚拟主机点击"马上申请"按钮，如图 10.11 所示。

（2）进入"填写订单"页面后请按要求填写申请资料，填写完成后点击"下一步"按钮，如图 10.12 所示。需要说明的是，订单信息里面要填好域名绑定信息，所谓的域名绑定是指你注册的域名与虚拟主机的空间进行绑定，使一个域名被指向一特定空间，访问者访问你的域名的时候就会打开你存放在该空间上的网页。

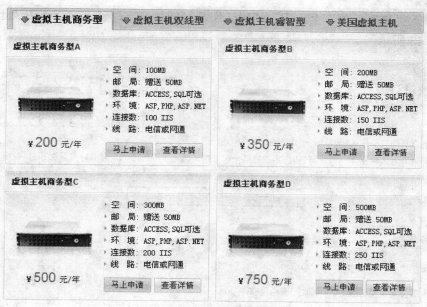

图 10.11　查看商务型虚拟主机

| 填写订单 Online Order | | 预订 | 核对 | 付款 | 填写已付款确认单 | 完成 |

您申请的服务是：虚拟主机商务型B

您已进入申请流程，请按要求填写订单

如果您申请一项以上服务，可以在填写完所有订单后一并付款

我司承诺为所有虚拟主机客户办理信息产业部ICP备案，订单填写的资料即为ICP备案办理所需资料

订单填写（*为必须填写）

网站性质：	○ 个人网站　　● 公司网站	
公司名称：	深圳阳春白雪有限公司	* 网站所有者的主要依据
营业执照注册号：	4030610223398001	* 为您办理ICP网站备案所需
网站联系人姓名：	邓先生	* 网站所有人可修改此项
网站联系人身份证号码：	441621197712035319	* 为您办理ICP网站备案所需
联系电话：	0755 -82244305	* 此项必须为固话号码 例:021-51695670
联系手机：	13488888888	* 此项必须为手机号码 例:13917109123
联系E-mail：	paul2003@126.com	**相关通知将发往此邮箱,请不要填新浪邮箱**
备用E-mail：		非必填项
通讯地址：	深圳市泥岗西路1090号	* 为您办理ICP网站备案所需 例：x市x区x路x号x室
邮政编码：		非必填项,如选择邮寄发票,此项必须填写
绑定域名：	www.sunnysnow.com.cn	* 例：www.abc.com
线路带宽：	● 电信带宽　　○ 网通带宽	

图 10.12　填写订单信息

（3）进入"核对订单"页面后，请确认您填写的信息，确认无误后点击"下一步"按钮，如图 10.13 所示。

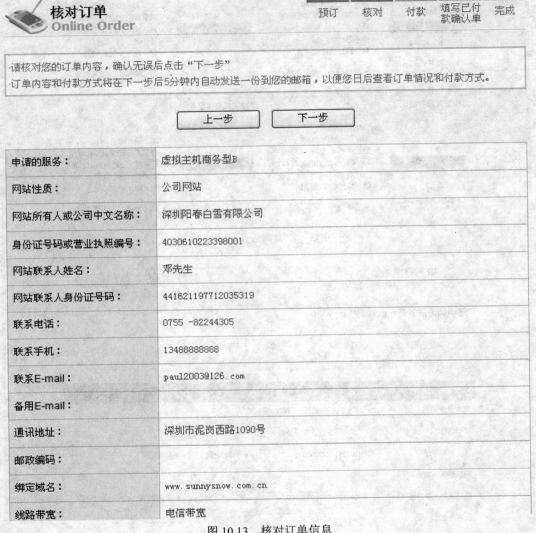

申请的服务：	虚拟主机商务型B
网站性质：	公司网站
网站所有人或公司中文名称：	深圳阳春白雪有限公司
身份证号码或营业执照编号：	4030610223398001
网站联系人姓名：	邓先生
网站联系人身份证号码：	4416211977712035319
联系电话：	0755 -82244305
联系手机：	13488888888
联系E-mail：	paul2003@126.com
备用E-mail：	
通讯地址：	深圳市泥岗西路1090号
邮政编码：	
绑定域名：	www.sunnysnow.com.cn
线路带宽：	电信带宽

图 10.13　核对订单信息

（4）进入"付款"页面后，请选择适合的方式进行支付，支付完成后点击"下一步"按钮，如图 10.14 所示。如果不能马上进行支付，以后支付时可以从联系邮箱中查看付款方式和订单信息。

（5）进入"填写已付款确认单"页面后，请填写支付相关信息以便服务商去确认您的款项，填写完成后点击"下一步"按钮，如图 10.15 所示。

（6）进入"预订完成"页面后，完成整个申请流程，服务商审核通过后会为您开通空间，并将服务相关账户信息发送到您的联系邮箱中。

付款
Payment

预订　核对　付款　填写已付款确认单　完成

订单已经记录到系统，您需在两个工作日内付款。请选择一种支付方式付款，支付完成后请点击"下一步"。
您也可以继续申请其他服务，然后一并付款。在下一步中注明申请的几项服务。
您的"订单详情"和"付款金额"已经发送到您的联系邮箱，在您不清楚时可以从联系邮箱查看详情。

[下一步]

一．在线支付　　　　　　　　　　　　　　　　← 此付款方式即时到账，1小时内开通服务

快钱
99BILL.COM

支付过程全部信息经过多重加密传输确保安全。支持国内所有银行卡。
点击此处可通过快钱进行在线支付

支付宝

支付宝账号：frankiezhang1225@hotmail.com
支付宝户名：章磊
点击此处进入支付宝网站。登录支付宝 -> 我要付款 -> 即时到账付款

二．银行转账/电汇　　　　　　　　　　　　　　← 此付款方式即时到账，1小时内开通服务

招商银行
CHINA MERCHANTS BANK

帐　号：6225 8802 1093 7125
户　名：章磊
开户行：招商银行上海市泰兴支行

中国工商银行
INDUSTRIAL AND COMMERCIAL BANK OF CHINA

帐　号：9558 8010 0114 3015 938
户　名：章磊
开户行：工商银行上海市分行营业部

中国银行

帐　号：4563 5108 0001 8237 296
户　名：章磊

图 10.14　付款

填写已付款确认单
Payment Confirm

预订　核对　付款　填写已付款确认单　完成

如果您已经支付了服务款项，请填写以下"已付款确认单"，以便我司能够确认到您的汇款。
填写完成后请点击"下一步"。

已付款确认单填写 (*为必须填写)	
汇款用途：	⊙ 新开服务　　○ 续费服务
申请的年限：	一年　　　　　　　　　　　▼
申请的服务：	＊ 例： www.abc.com 国际域名 www.abc.com 虚拟主机商务型A
汇款人姓名：	＊ 例：李XX
联系电话：	＊ 例：021-51695870
联系E-mail：	＊ 例：jacky@abc.com
汇款金额：	＊ 例：265.1元
汇款时间：	＊ 例：2009年3月16日,下午3时
汇入我司帐户：	请选择　　　　　　　　　　▼ ＊
特殊备注：	无　　　　　　　　　　　　非必填项

[上一步]　　[下一步]

图 10.15　填写已付款确认单

10.4 网站发布

10.4.1 网站发布的概念

申请好域名和网站空间，并对网页程序进行测试和调试后，就需要将站点中的所有文档上传到自己的主页空间内，这样网友们就可以浏览你的网页了，这个过程就是网站的发布。因此，所谓网站的发布就是把制作好的网站内容上传到服务器中，以供人们通过互联网或者企业内部网访问该站点。

10.4.2 网站发布的方法

发布站点时，可以使用 FTP 软件进行上传，如 LeapFTP、CuteFTP 以及 FlashFXP 等，也可以直接使用 Dreamweaver CS3 提供的上传/下载功能对网站进行发布。

1．利用 FTP 软件进行网站发布

将网站发送到 Web 服务器通常需要 FTP 软件。FTP（File Transfer Protocol）是文件传送协议的简称，它也是源自于 ARPANET 工程的一个协议，主要用于在互联网中传输文件，它使得运行任何操作系统的计算机都可以在互联网上接收和发送文件。通常也将遵循该协议的服务称为 FTP。互联网上有很多 FTP 服务器主机，在这些主机中有很多文件资料。用户可以运行自己计算机上的 FTP 客户软件，登录到这些服务器，从服务器上搜索自己感兴趣的文件，然后下载到本机。如果有相应的权限，还可以将文件传输到服务器上。很多 FTP 服务器都允许匿名登录，即不必经过管理员的允许、不需要有账号，只需要用 anonymous 作为用户名就可登录到 FTP 服务器。登录服务器之后，就可以进入相应的目录下载你所需的文件。但要将本地的文件上传到服务器，往往需要管理员授权的账号，不过也有一些 FTP 服务器，允许用户匿名向服务器中的某一个目录上传文件（通常这个目录的名称是 incoming）。

目前有很多好的 FTP 客户软件，都各有千秋。比较著名的 FTP 客户软件主要有 CuteFTP、LeapFTP、FlashFXP 以及网络蚂蚁 NetAnt 等，在执行网站发布的时候可以任意选择一款进行操作。

2．利用 Dreamweaver CS3 进行网站发布

除了这些独立的客户软件外，Microsoft 的 FrontPage 和 Adobe 公司的 Dreamweaver 也都将 FTP 功能集成进去。其中特别值得一提的是 Dreamweaver CS3 中的用户自定义控制不仅可以迅速完成个人页面以及站点的设计，而且的 Roundtrip HTML/JavaScript 行为库以及模板和标签功能也非常适合大型网站的合作开发，通过与其他群组产品的配合使用以及众多第三方支持可轻松完成动态发布电子商务网站的构建。同时，Dreamweaver 还具有 FTP 本地站点和远程站点的维护和更新，对站点内的文件、链接进行删除、增加等操作的管理功能，而且还具备了上传、下载等文件传输行为。利用 Dreamweaver CS3 中的站点管理功能，可以统一分配工作内容，提高大型网站建设的工作效率，保护文件的安全。

10.4.3 网站发布的流程

下面分别以 FlashFXP 和 Dreamweaver CS3 为例来展示网站发布的具体流程。

1. 利用 FlashFXP 发布站点

（1）启动 FlashFXP，界面如图 10.16 所示。

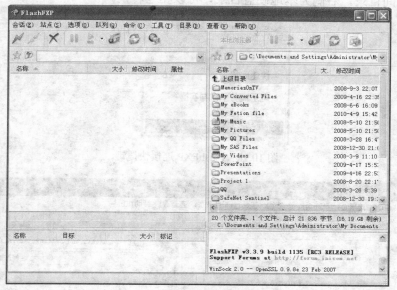

图 10.16　FlashFXP 界面

（2）点击"站点"→"站点管理器"，点击"新建站点"按钮，创建一个名为"阳春白雪"的站点，在"常规"选项卡配置好 IP 地址、用户名称和密码等参数，必要时还可以配置"选项"、"传输"等其他选项卡参数，这些参数在申请空间时服务商会通过发送邮件等方式告诉空间申请者，如图 10.17 所示。

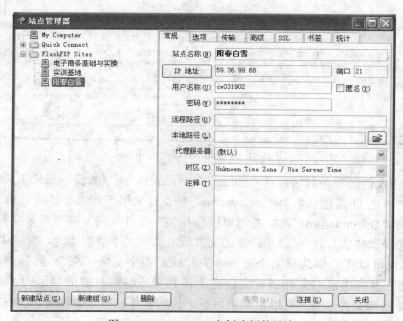

图 10.17　FlashFXP 中创建新的站点

（3）站点创建完毕后直接点击图10.17中的"连接"按钮或者点击如图10.18所示的连接快捷键，选择"阳春白雪"站点进行连接。连接成功后如图 10.19 所示，默认状态下左侧为服务器端空间目录，右侧为本地硬盘目录，可以相互转换。

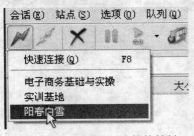

图 10.18　FlashFXP 连接快捷键

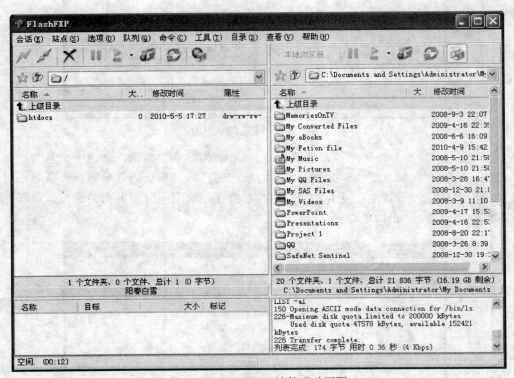

图 10.19　FlashFXP 连接成功画面

（4）点击左侧的服务器端目录"htdocs"进行展开，可以看到该目录下所有的文件和文件夹，同时在本地 D 盘建立名为"sunnysnow"的文件夹用于和服务器端交互，在 FlashFXP 中将鼠标指向"D:\sunnysnow"，在左侧可以选择某个文件（夹）或者多个文件（夹），然后点击右键，选择"传输"，就可以将选定的文件或者文件夹下载到本地，如图10.20所示。

（5）你也可以在右侧选择某个文件（夹）或者多个文件（夹），然后点击右键，选择"传输"，就可以将选定的文件或者文件夹上传到服务器端对应的目录中，如图 10.21 所示。更新服务器端文件（夹）时经常采用这一上传的操作，将服务器端旧文件（夹）进行替换，达到维护站点的目的。

图 10.20　FlashFXP 下载操作

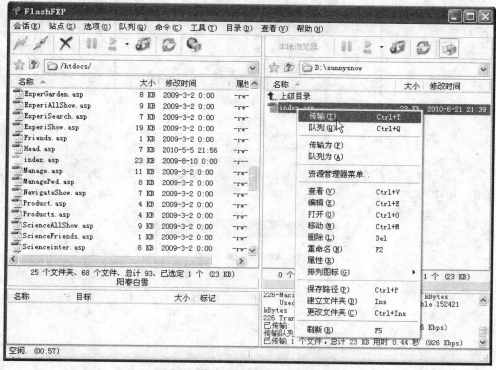

图 10.21　FlashFXP 上传操作

2．利用 Dreamweaver 发布站点

（1）启动 DW CS3，点击"站点"→"管理站点"，如图 10.22 所示，然后点击"新建"→"FTP 与 RDS 服务器"，新建 FTP 站点，输入相关参数，如图 10.23 所示。

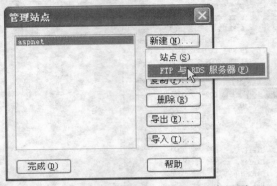

图 10.22　Dreamweaver CS3 管理站点界面

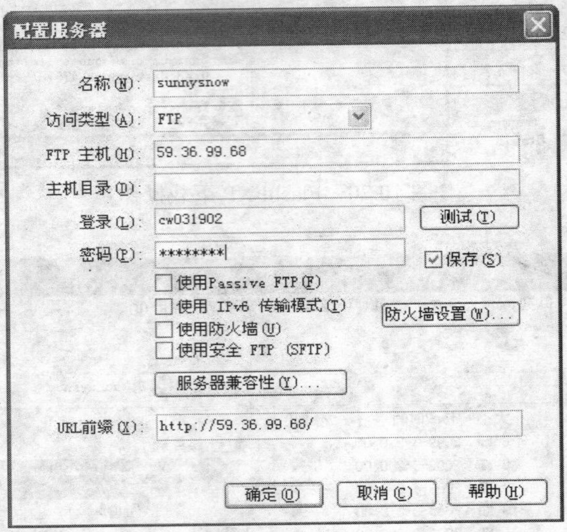

图 10.23　Dreamweaver CS3 配置 FTP 服务器

（2）新建 FTP 站点完成后如图 10.24 所示，如果还需要对站点参数进行修改，可以点击"编辑"按钮，完成后点击"完成"按钮。

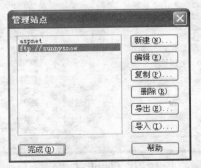

图 10.24　Dreamweaver CS3 FTP 服务器配置完成

（3）FTP 站点配置完成后 Dreamweaver CS3 会从服务器中获得网页文件（夹），并在 "文件" 面板对 FTP 站点的文件（夹）进行显示，如图 10.25 所示。

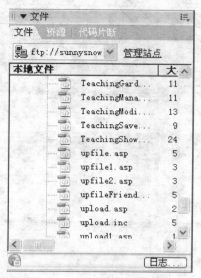

图 10.25　Dreamweaver CS3 文件面板显示 FTP 站点

（4）如果需要对 FTP 站点中的文件进行修改，可以双击右侧 "文件" 面板中的具体文件，如 index.asp，DW CS3 会从服务器端自动下载获取与该网页相关资源，如图 10.26 所示，最终在 DW CS3 完整显示该网页，如图 10.27 所示。如果需要对该网页进行修改，可以使用 DW CS3 直接进行编辑，完成后只需点击 "文件" → "保存" 即可，由 DW CS3 直接通过 FTP 站点对服务器端文件进行更新。

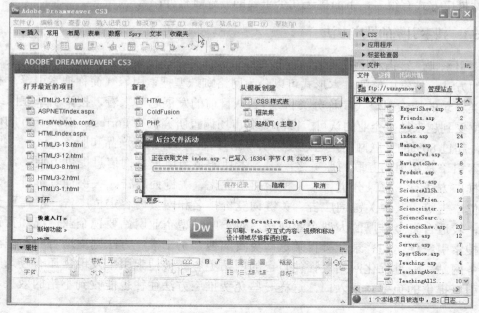

图 10.26　Dreamweaver CS3 FTP 站点获取网页资源

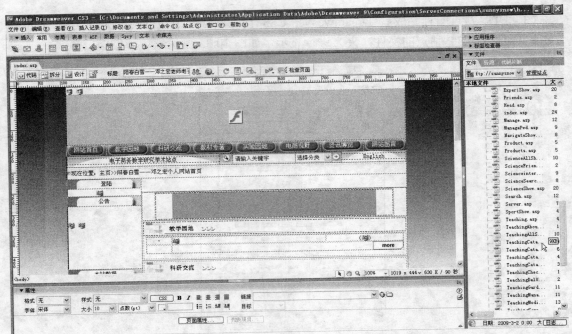

图 10.27　Dreamweaver CS3 FTP 站点显示完整网页信息

10.5　网站推广

建好一个网站只是企业进入网络营销的第一步。网站建设的真正目的是使网站能吸引众多的访问者，使目标客户能很方便地找到自己的网站。这就是网站推广所肩负的任务。电子商务网站推广方式有很多，下面挑选几个重要的方式进行介绍。

10.5.1　搜索引擎的推广方法

搜索引擎推广是指利用搜索引擎、分类目录等具有在线检索信息功能的网络工具进行网站推广的方法。搜索引擎的基本形式可以分为网络蜘蛛型搜索引擎（简称搜索引擎）和基于人工分类目录的搜索引擎（简称分类目录）。从目前的发展趋势来看，搜索引擎在网络营销中的地位受到越来越多企业的认可。国际著名市场调查研究机构 Forrester Research 的研究结果显示，超过 80% 的互联网用户通过搜索引擎来寻找网站并购买产品和服务。

搜索引擎是常用的互联网服务之一，基本功能是为用户查询信息提供方便。常见的搜索引擎推广方法有：登录分类目录、搜索引擎优化、关键词广告、关键词竞价排名、网页内容定位广告等。其中关键词广告、关键词竞价排名和网页内容定位广告一般需要支付高额费用，较适合资金雄厚的大型企业网站，对于中小型企业网站要视企业情况和营销预算而定。搜索引擎优化和登录分类目录这些免费的搜索引擎推广方法则更适合中小型企业的电子商务网站。通过优化网站设计使自己的网站更容易被搜索引擎发现，还有登录一些大型搜索引擎提供的免费登录入口，这样一些免费推广方法往往也能收到不错的效果，如表10.5 所示。

表 10.5　主要的搜索引擎提供的免费登录入口

搜索引擎名称	免费登录入口
百度	http://www.baidu.com/search/url_submit.html
Google	http://www.google.com/addurl/
Yahoo	http://search.help.cn.yahoo.com/h4_4.html
酷帝	http://www.coodir.com/accounts/addsite.asp
Bing	http://cn.bing.com/docs/submit.aspx?FORM=WSDD2
Dmoz	http://www.dmoz.org/World/Chinese_Simplified
Alexa	http://www.alexa.com/help/webmasters
搜狗	http://www.sogou.com/feedback/urlfeedback.php
Soso	http://www.soso.com/help/usb/urlsubmit.shtml
有道	http://tellbot.youdao.com/report

对于消费者来讲，使用搜索引擎非常简单：输入关键词，搜索引擎就会将结果列出；消费者点击这些结果的链接，就会进入相应的网站。尽管企业的网站可以被搜索引擎找到并列在搜索结果中，但如果企业没有对网站进行搜索优化设计，将很难达到网站推广的目的。在数以万计甚至百万计的搜索结果中，真正能产生客户流的是那些排在前 10 位的搜索结果。Forrester Research 的研究结果显示，90%的潜在客户只查看搜索引擎结果页面的第一页；50%的网上交易是和搜索引擎结果页面的头三个网站达成的。网站的搜索引擎优化便成为搜索排名靠前的必要手段，网站在程序设计的时候就要考虑到对搜索引擎友好。网站的搜索引擎优化方式有很多，网页的主题优化和头部优化是两种较为有效的方式。

1．网页主题优化

网页<Title>标签里的内容对搜索引擎的收录来说非常关键，因此，<Title>是优化关键词最重要的一部分，每一个页面应该有 2～3 个不同的主要关键词，这几个关键词最好在该网页中位置越靠前越好，一般情况下建议<Title>不超过 75 个字符。

2．页面头部优化

页面头部指的是代码中<head></head>部分，具体一点就是<meta>中的"Description（描述）"和"Keywords（关键字）"。

（1）Description（描述）部分应该用近乎描述的语言写下一段介绍网站的文字，应重点突出网站的特色内容，比如打开淘宝网首页，点击浏览器"查看"→"查看源代码"，在弹出的记事本中查看 Description 为：

"<meta name="description" content="淘宝网 - 亚洲最大、最安全的网上交易平台，提供各类服饰、美容、家居、数码、话费/点卡充值… 2 亿优质特价商品，同时提供担保交易(先收货后付款)、先行赔付、假一赔三、七天无理由退换货、数码免费维修等安全交易保障服务，让你全面安心享受网上购物乐趣！" /> "

该网站在描述中就恰到好处地介绍了网站的内容，同时反复强调了相关的关键字。

在运用 Dreamweaver CS3 进行网页设计的时候，可以为网页添加描述信息，如图 10.28所示，点击"插入"快捷键中的 META 标签，弹出如图 10.29 所示的 META 对话框，在

"值"中填写"Description"，"内容"中即可填写恰当的网页描述。

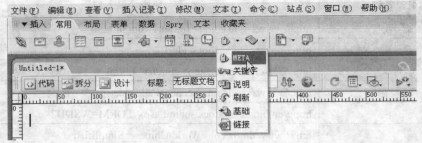

图 10.28　Dreamweaver CS3 插入 META 标签

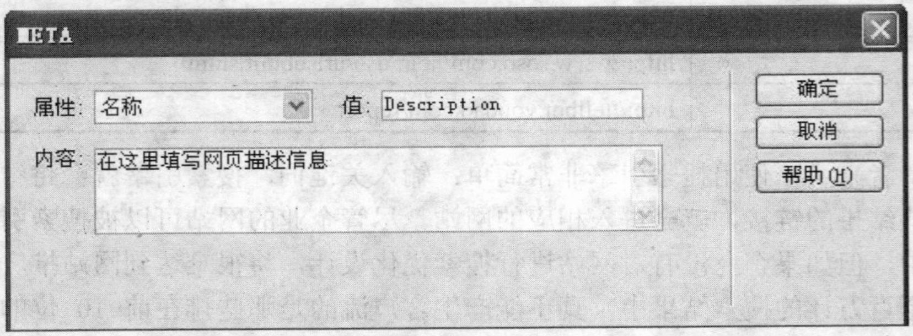

图 10.29　Dreamweaver CS3 插入网页描述信息

（2）Keywords（关键字）就是站点的关键字，在定义网站关键字时切记关键字不要乱写，不要重复，做到准确、简洁，同时要注意关键字内容一定要与网站的实际内容相匹配。keywords 的关键字用"，"来分隔。这里仍以淘宝网首页为例，点击浏览器"查看"→"查看源代码"，在弹出的记事本中查看 Keywords 为：

"<meta name="keywords" content="淘宝,掏宝,网上购物,C2C,在线交易,交易市场,网上交易,交易市场,网上买,网上卖,购物网站,团购,网上贸易,安全购物,电子商务,放心买,供应,买卖信息,网店,一口价,拍卖,网上开店,网络购物,打折,免费开店,网购,频道,店铺" />"

在运用 Dreamweaver CS3 进行网页设计的时候，可以为网页添加关键字信息，如图 10.30 所示，点击"插入"快捷键中的关键字标签，弹出如图 10.31 所示的关键字对话框，为网页填写合适的关键字。

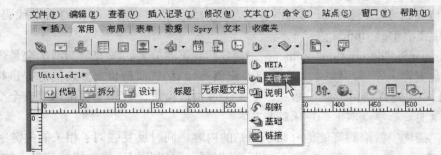

图 10.30　Dreamweaver CS3 插入关键字标签

图 10.31　Dreamweaver CS3 填写关键字

10.5.2　电子邮件的推广方法

电子邮件推广主要以发送电子邮件为网站推广手段，定期向邮件列表用户发送企业的最新信息、产品动态、行业动态、调查问卷以及企业举办的一些活动信息，通过这些可以与客户保持紧密联系，在建立信任、发展品牌及建立长期关系方面能起到很好的效果。常用的电子邮件推广内容包括电子刊物、会员通讯、专业服务商的电子邮件广告等。其中专业服务商的电子邮件广告通过第三方的用户 E-mail 列表发送产品服务信息，是需要付费的。多数企业采用电子刊物和会员通讯等免费途径来进行网站推广。这种方法通过会员注册信息、公开个人资料等方式获得目标客户的 E-mail 列表，然后定期按 E-mail 列表发送产品广告和促销信息，也可以在邮件签名栏留下公司名称、网址和产品信息等。E-mail 营销是网络营销方法体系中相对独立的一种，既可以与其他网络营销方法相结合，也可以独立应用。

10.5.3　资源合作的推广方法

资源合作推广方法是指通过网站交换链接、交换广告、内容合作、用户资源合作等方式，在具有类似目标网站之间实现互相推广的目的。网站资源合作最简单的方式为交换链接，在合作网站上提供自己网站链接可以大大增加被搜索引擎搜索到的几率。对于大多数中小网站来说，这种免费的推广手段由于其简单、有效而成为常用的网站推广方法之一。

交换链接或称互惠链接，是具有一定互补优势的网站之间的简单合作形式，即分别在自己的网站上放置对方网站的 LOGO 或网站名称并设置对方网站的超级链接，使得用户可以从合作网站中发现自己的网站，达到互相推广的目的。交换链接的作用主要表现在几个方面：获得访问量、增加用户浏览时的印象、在搜索引擎排名中增加优势、通过合作网站的推荐增加访问者的可信度等。在其他网站上放置自己的链接标志，一直是一种十分简单有效的网站推广方法，而且可以免费。国内外很多站点都提供链接标志交换服务，可以与其他会员互相交换链接标志。

10.5.4　信息发布的推广方法

将有关的网站推广信息发布在其他潜在用户可能访问的网站上，利用用户在这些网站获取信息的机会实现网站推广的目的，适用于这些信息发布的网站包括分类广告、论坛、博客网站、供求信息平台、行业网站等。信息发布是免费网站推广的常用方法之一，尤其在互联网发展早期，网上信息量相对较少时，往往通过信息发布的方式即可取得满意的效果，不过随着网上信息量爆炸式的增长，这种免费信息发布的方式所能发挥的作用日益降低，不过一些针对性、专业性的信息仍然可以引起人们极大的关注，尤其当这些信息发布在相关性比较高的网站时，将会有意想不到的效果。

10.5.5 病毒性营销方法

所谓病毒营销，并非是以传播病毒的方式开展营销，而是利用用户的口碑宣传网络，让信息像病毒那样传播和扩散，以滚雪球一样的方式传向数以百万计的网络用户，从而达到推广的目的。病毒性营销方法实质上是在为用户提供有价值的免费服务的同时，附加上一定的推广信息。

病毒性营销是一种营销思想和策略，并没有固定模式，适合大中小型企业和网站，如果应用得当，这种病毒性营销手段往往可以以极低的代价取得非常显著的效果。

10.5.6 网络广告的推广方法

网络广告是常用的网络营销策略之一，在网络品牌、产品促销、网站推广等方面均有明显作用。网络广告的常见形式包括：BANNER 广告、关键词广告、分类广告、赞助式广告、E-mail 广告等。BANNER 广告所依托的媒体是网页，关键词广告属于搜索引擎营销的一种形式，E-mail 广告则是许可 E-mail 营销的一种，可见网络广告本身并不能独立存在，需要与各种网络工具相结合才能实现信息传递的功能，因此也可以认为，网络广告存在于各种网络营销工具中，只是具体的表现形式不同。

10.6 任务实现：申请和使用免费空间

我就试试免费空间（http://www.5944.net/，首页如图 10.32 所示）由 5IDC.com 提供，该公司由全球最大的免费空间提供商携手美国 ManBusiese 于 2009 年 6 月 1 日在丹佛成立。下面以我就试试免费空间为例来展示申请和使用免费空间的具体流程。

图 10.32　我就试试免费空间首页

（1）在图 10.32 中点击"立刻注册"按钮，启动用户注册界面，如图 10.33 所示，填写相关注册信息。

用 户 名：	sunnysnow	＊ 填写数字,字母,-字符及组合
密　　码：	●●●●●●●●	＊ 密码长度为：5-16位
确 认 密 码：	●●●●●●●●	＊
姓名或昵称：	阳春白雪	＊
身 份 证 号：	441621197712035319	
QQ 号 码：	109573864	建议填写，我们有任何问题会第一时间通知您
电 子 邮 件：	paul2003@126.com	＊用于忘记密码,过期提醒等,请正确填写您的邮箱地址
联 系 电 话：	0755-82244306	
验 证 码：	4267	＊ 4267 看不清楚？点击换一个！
注 册 条 款：	☑ 我已经阅读并同意注册协议	
	注 册	

图 10.33　填写注册信息

（2）注册完成后进入空间管理首页，如图 10.34 所示，这里可以看到空间的基本信息，如空间资源使用情况、有效期、系统自动分配的域名、FTP 账号信息等。

图 10.34　管理首页

（3）在图 10.34 中点击左侧的"域名绑定"按钮，可以进行域名绑定，可以绑定个性化的二级域名，也可以绑定其他域名，但是需要将所填域名解析到 IP：76.73.66.242 方可生效，如图 10.35 所示。

（4）在图 10.34 中可以查看 FTP 配置信息，相关信息如图 10.36 所示，点击"上传文件"按钮，启动浏览器上传界面，如图 10.37 所示，通过浏览器可以进行文件（夹）的复制、粘贴、删除等操作，实现站点上传下载的目的。采用这一方法的弊端是不支持断点续传。

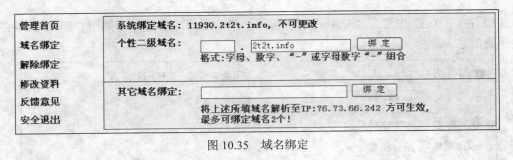

图 10.35　域名绑定

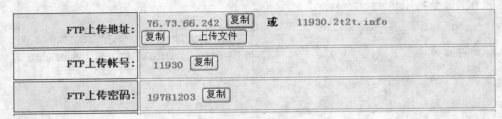

图 10.36　FTP 配置信息

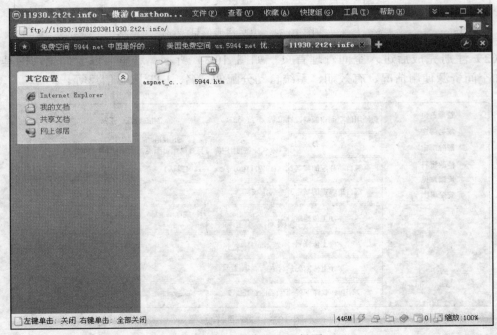

图 10.37　浏览器 FTP 界面

（5）按照图 10.36 中的 FTP 配置信息在 FlashFXP 中点击"站点"→"站点管理器"，然后新建名为"5944"的站点，如图 10.38 所示，点击"应用"按钮完成配置，然后点击"连接"登录免费空间，如图 10.39 所示。

（6）下面演示站点上传的操作。在 FlashFXP 右侧指向 D 盘 sunnysnow 文件夹，该文件夹中存放着个人网站程序，全部选中这一目录下的所有文件（夹），鼠标点击右键，选择"传输"，即可进行站点上传操作，如图 10.40 所示。

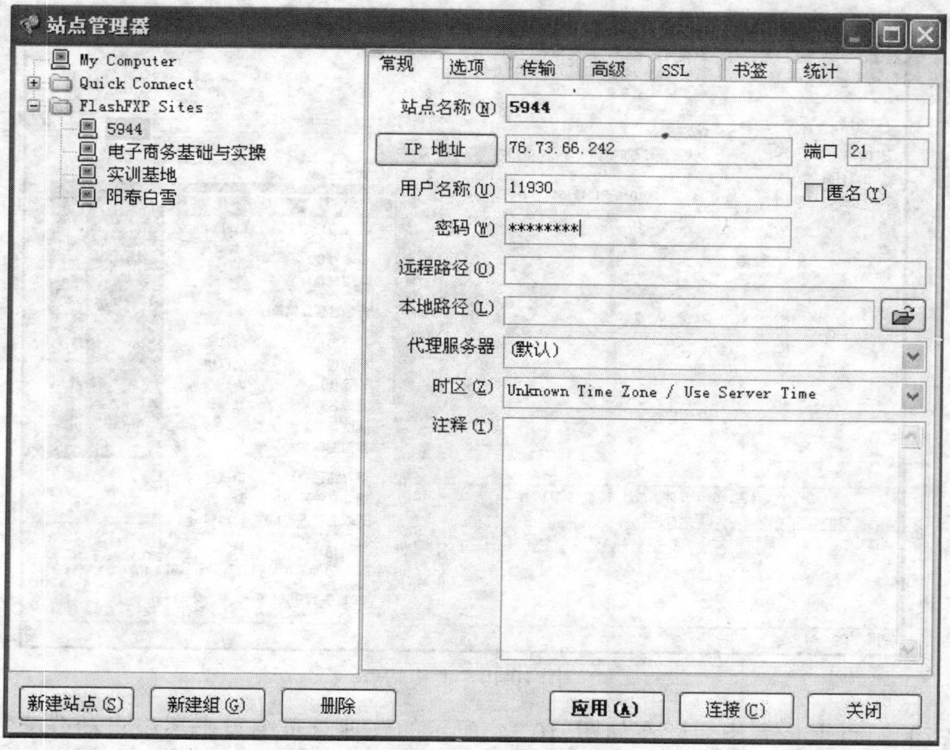

图 10.38　FlashFXP 新建 FTP 站点

图 10.39　成功登录 5944 免费空间界面

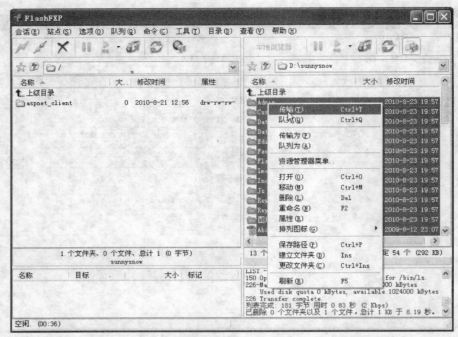

图 10.40　上传站点

（7）站点上传完毕后，在如图 10.34 所示的管理首页中点击系统自动分配的域名：http://11930.2t2t.info，就可以在浏览器中查看到站点的首页，如图 10.41 所示，点击"进入网站"可以进一步访问网站中的所有网页。

图 10.41　浏览站点首页

实训

1．浏览中国互联网络信息中心网站并阅读网站中关于域名管理的内容。

2．上网申请免费域名。

3．上网申请免费空间，制作一个个人主页并上传到该空间中，将该空间绑定到免费域名，输入免费域名，看看能否正常访问。

4．试将某一网站域名注册到百度和 Google 搜索引擎。

 习题十

1．什么是域名？

2．简述域名和 IP 地址的区别。

3．简述域名的结构。

4．简述域名的常见类型。

5．简述国内域名和国际域名注册流程有何不同。

6．简述网站空间的概念。

7．简述网站空间的常见形式。

8．什么是虚拟主机？

9．什么是服务器托管？它适合什么样的情况？

10．网站发布的常用工具有哪些？

11．FlashFXP 作为网站发布工具软件有什么特点？

12．通过网络了解断点续传的含义。

13．为什么要将网站域名注册到著名搜索引擎？

14．什么是交换链接？

15．我国有哪些著名的搜索引擎？其各自的特点是什么？

参考文献

[1] 陈学平. ASP.NET+Dreamweaver CS3+SQL Server 2005 电子商务网站建设与全程实例. 北京：科学出版社，2009.

[2] 吕弘文. Dreamweaver MX 2004 与 ASP.NET 动态网页设计. 北京：机械工业出版社，2006.

[3] 沈凤池. 电子商务网站设计与管理. 北京：北京大学出版社，2006.

[4] 冯英健. 网络营销基础与实践（第 3 版）. 北京：清华大学出版社，2007.

[5] 胡宝介. 搜索引擎优化（SEO）知识完全手册. http://www.jingzhengli.cn/sixiangku/ebook/2005_hbj_seo.htm

本书特色

- 入门容易。本书以Dreamweaver CS3作为开发工具，从静态网页设计逐步过渡到ASP.NET动态网页开发，循序渐进，学习门槛低

- 任务驱动。本书注重"教、学、做"的紧密结合，以工作任务驱动的思想组织内容，具有很强的可操作性，适合高职高专教育特点

- 案例详实。每章均设计了典型的网页开发工作任务，采用的案例较为经典，开发过程的描述完整详实，提供完整源代码和相关资源

- 按图索骥。本书讲解深入浅出、图文并茂，学生可以按图索骥，独立完成相关的任务，提高学生自主学习和解决问题的能力

- 资源丰富。本书配有丰富的电子课件、教案、实例素材及其他相关教学资源，并在教学网站上经常更新，供任课教师下载使用

21世纪高职高专新概念规划教材（网页设计与网站建设类）

ISBN 978-7-5084-8043-5

9 787508 480435 >

定价：30.00元

销售分类　网页设计与网站建设/动态网页设计